国家职业技能鉴定考试指导
国家职业资格培训教程配套辅导练习

计算机操作员

（高级）

主　编　柳　超
编　者　孙　平　柳　超　刘　妍　许志国
　　　　王晶晶　孙　静　孟庆远　陈　禹
　　　　陈　敏　陈瑛洁

中国劳动社会保障出版社

图书在版编目(CIP)数据

计算机操作员：高级/人力资源和社会保障部教材办公室组织编写. —北京：中国劳动社会保障出版社，2010
国家职业资格培训教程配套辅导练习
ISBN 978 - 7 - 5045 - 8478 - 6

Ⅰ.①计… Ⅱ.①人… Ⅲ.①电子计算机-技术培训-习题 Ⅳ.①TP3 - 44

中国版本图书馆 CIP 数据核字(2010)第 166467 号

中国劳动社会保障出版社出版发行

(北京市惠新东街1号 邮政编码：100029)
出 版 人：张梦欣

*

北京谊兴印刷有限公司印刷装订 新华书店经销
787 毫米×1092 毫米 16 开本 18.25 印张 353 千字
2010 年 8 月第 1 版 2023 年 5 月第 10 次印刷

定价：31.00 元

营销中心电话：400-606-6496
出版社网址：http://www.class.com.cn

版权专有　　侵权必究

如有印装差错，请与本社联系调换：(010) 81211666
我社将与版权执法机关配合，大力打击盗印、销售和使用盗版图书活动，敬请广大读者协助举报，经查实将给予举报者奖励。

举报电话：(010) 64954652

编 写 说 明

《国家职业资格培训教程配套辅导练习》（以下简称《辅导练习》）是《国家职业资格培训教程》（以下简称《教程》）的配套辅助教材，每本《教程》对应配套编写一册《辅导练习》。《辅导练习》共包括两部分：

第一部分：鉴定指导。此部分内容按照《教程》章的顺序，对照《教程》各章内容编写。每章包括五项内容：考核要点、重点复习提示、理论知识辅导练习题、操作技能辅导练习题、参考答案。

——考核要点是依据国家职业标准、结合《教程》内容归纳出的考核重点，以表格形式叙述。

——重点复习提示为《教程》各章内容的重点提炼，使读者在全面了解《教程》内容的基础上重点掌握核心内容，达到更好地把握考核要点的目的。

——理论知识辅导练习题题型采用三种客观性命题方式，即判断题、单项选择题和多项选择题，题目内容、题目数量严格依据理论知识考核要点，并结合《教程》内容设置。

——操作技能辅导练习题题型按职业实际情况安排了实际操作题、模拟操作题、案例选择题、案例分析题、情景题、写作题等，部分职业还依据职业特点及实际考核情况采用了其他题型。

第二部分：模拟试卷。包括该级别理论知识考核模拟试卷和操作技能考核模拟试卷若干套，并附有参考答案。理论知识考核模拟试卷体现了本职业该级别大部分理论知识考核要点的内容；操作技能考核模拟试卷完全涵盖了操作技能考核范围，体现了操作技能考核要点的内容。

本职业《辅导练习》共包括4本，即基础知识、初级、中级、高级。本书是其中的一本，适用于对高级计算机操作员的职业技能培训和鉴定考核。书中部分练习题配有素材，下载地址为：http://www.class.com.cn/datas/4/094105.zip。

本书在编写过程中得到了三河市人事劳动和社会保障局职业技能鉴定所、三河奥斯达职业技术学校、九江学院信息科学与技术学院的大力支持与协助，在此一并表示衷心的感谢。

编写《辅导练习》有相当的难度，是一项探索性工作。由于时间仓促，缺乏经验，不足之处在所难免，恳切欢迎各使用单位和个人提出宝贵意见和建议。

目 录

第一部分 鉴定指导

第1章 计算机的安装、连接、调试 ………………………………………………（ 1 ）
  考核要点 ……………………………………………………………………………（ 1 ）
  重点复习提示 ………………………………………………………………………（ 2 ）
  理论知识辅导练习题 ………………………………………………………………（ 11 ）
  操作技能辅导练习题 ………………………………………………………………（ 25 ）
  参考答案 ……………………………………………………………………………（ 26 ）

第2章 文字录入 ……………………………………………………………………（ 36 ）
  考核要点 ……………………………………………………………………………（ 36 ）
  重点复习提示 ………………………………………………………………………（ 37 ）
  理论知识辅导练习题 ………………………………………………………………（ 45 ）
  操作技能辅导练习题 ………………………………………………………………（ 56 ）
  参考答案 ……………………………………………………………………………（ 59 ）

第3章 通用文档处理 ………………………………………………………………（ 62 ）
  考核要点 ……………………………………………………………………………（ 62 ）
  重点复习提示 ………………………………………………………………………（ 63 ）
  理论知识辅导练习题 ………………………………………………………………（ 69 ）
  操作技能辅导练习题 ………………………………………………………………（ 78 ）
  参考答案 ……………………………………………………………………………（ 85 ）

第4章 电子表格处理 ………………………………………………………………（109）
  考核要点 ……………………………………………………………………………（109）
  重点复习提示 ………………………………………………………………………（110）
  理论知识辅导练习题 ………………………………………………………………（115）
  操作技能辅导练习题 ………………………………………………………………（125）

| 参考答案 | (131) |

第5章 演示文稿处理 (149)
- 考核要点 (149)
- 重点复习提示 (150)
- 理论知识辅导练习题 (156)
- 操作技能辅导练习题 (166)
- 参考答案 (169)

第6章 网络登录与信息浏览 (180)
- 考核要点 (180)
- 重点复习提示 (180)
- 理论知识辅导练习题 (184)
- 操作技能辅导练习题 (189)
- 参考答案 (190)

第7章 办公信息综合处理 (200)
- 考核要点 (200)
- 重点复习提示 (202)
- 理论知识辅导练习题 (215)
- 操作技能辅导练习题 (240)
- 参考答案 (244)

第二部分 模拟试卷

理论知识考核模拟试卷 (259)
理论知识考核模拟试卷参考答案 (274)
操作技能考核模拟试卷 (275)

第一部分 鉴定指导

第1章 计算机的安装、连接、调试

考 核 要 点

考核范围	理论知识考核要点	操作技能考核要点
多媒体设备连接与应用	1. 掌握多媒体技术的概念 2. 掌握多媒体系统的组成 3. 掌握多媒体设备的分类	1. 能安装机内即插即用式多媒体硬件设备 2. 能连接使用外部独立型多媒体设备
网络设备的连接与应用	1. 掌握计算机网络的概念 2. 掌握网络协议及 TCP/IP 的概念 3. 掌握网卡的基本概念 4. 掌握网卡的分类方法 5. 掌握无线网卡的应用 6. 掌握无线网卡的分类 7. 掌握网线的分类 8. 掌握集线器的应用 9. 掌握中继器的应用 10. 掌握网桥和交换机的应用 11. 掌握路由器的应用 12. 掌握集线器的连接和使用 13. 掌握局域网接口的种类 14. 掌握广域网接口的种类 15. 掌握路由器配置端口的应用	1. 能安装、配置网络终端设备 2. 能连接、使用集线器、交换机、路由器
操作系统设置与优化	1. 掌握多操作系统共存的方式 2. 掌握单硬盘多系统的设置 3. 掌握系统启动菜单的修改方法	1. 能安装多操作系统 2. 能优化系统性能

续表

考核范围	理论知识考核要点	操作技能考核要点
设备管理	1. 掌握控制台的用途 2. 掌握磁盘的管理操作 3. 掌握系统服务的概念 4. 掌握本地安全策略的概念 5. 掌握硬盘坏道的类型 6. 掌握硬盘坏道的修复方法 7. 掌握硬盘的使用注意事项	1. 能使用对象管理器进行权限设置 2. 能检查和修复磁盘
应用程序管理	1. 掌握启动的模式 2. 掌握常见服务的功能 3. 掌握注册表的概念 4. 掌握注册表值项的类型	1. 能调用系统程序编辑和修改系统配置文件 2. 能调用注册表编辑器修改注册表

重点复习提示

一、多媒体设备连接与应用

1. 多媒体技术的概念

"多媒体"原有两重含义:一是指存储信息的实体;二是指传递信息的载体。从字面上看,多媒体是由单媒体复合而成的。多媒体技术就是具有集成性、实时性和交互性的计算机综合处理音频和视频信息的技术。

2. 多媒体系统的组成

多媒体系统主要由多媒体硬件系统、多媒体操作系统、媒体处理系统工具和用户应用软件组成。

3. 多媒体设备的分类

一般将能够传递和处理多媒体信息的设备称为多媒体设备。根据不同的标准,多媒体设备有不同的分类方法。例如,根据功能可以将多媒体设备分为输入设备、输出设备、通信设备;根据用途可以将多媒体设备分为音频设备、视频设备等;根据结构可以将多媒体设备分为内置多媒体设备和外置多媒体设备。

二、网络设备的连接与应用

1. 计算机网络的概念

计算机网络就是将分布在不同地理位置上的具有独立功能的多台计算机、终端及其附属设备,用通信设备和通信线路连接起来,再配以相应的网络软件,以实现计算机资源共享的系统。计算机网络是高度发达的通信技术和快速发展的计算机技术相结合的产物。根据所覆盖地域范围的不同,网络基本上可分为广域网(WAN)和局域网(LAN)两大类。局域网顾名思义是指地理分布范围较小的网络。广域网往往跨越很大的地理范围,最大的广域网应该算是 Internet 网络。一般局域网的速率都较高,常能达到 100 Mb/s。

网络的主要特点是实现系统软、硬件资源的共享,局域网的主要用途是使网络上的许多用户共享高质量的打印机、大容量的存储设备,以及允许网络上的用户之间进行有关信息的交换。

2. 网络协议及 TCP/IP 的概念

(1) 网络协议的概念

网络协议是两个计算机之间通信的"语言",即彼此都遵循的一套规则。一般的操作系统均支持多种协议,但加载的协议越多,网络的配置和管理就越复杂,网络工作站的内存需求和维护费用也会随之增加。

(2) TCP/IP 的概念

TCP/IP 协议是计算机世界中通用的网络协议,它也是 Internet 的联系纽带。TCP/IP 网络的配置和管理比较复杂,用户必须为每个节点最少配置一个节点地址(IP 地址)、一个子网掩码、一个默认网关和一个主机名。

在 TCP/IP 网络中,所有的主机都必须分配一个 IP 地址,而且一个网络内的每一台主机其 IP 地址都是唯一的。IP 地址是由一组以小数点分隔的 4 个 0~255 之间的数字组成的。

3. 网卡的基本概念

网络适配卡(Network Interface Card,NIC)又称网卡,它负责计算机或其他设备与传输介质之间的物理及逻辑连接。一个网卡可以提供一个或多个连接器类型,只要是连接在网上的计算机,无论是工作站还是服务器至少都要配有一块网卡。

4. 网卡的分类方法

根据网卡所支持的物理层标准与主板接口的不同,网卡可以分为以下几种不同的类型:

(1) 按照网卡支持的计算机种类分类,主要包括用于台式计算机联网的标准以太网卡、多用于便携式计算机联网的 PCMCIA 网卡。

(2) 按照网卡支持的传输速率分类,主要包括 10 Mb/s、100 Mb/s、10/100 Mb/s、1 000

Mb/s。根据传输速率要求的不同，网卡可以仅支持 10 Mb/s 或 100 Mb/s 的传输速率，也可以同时支持 10 Mb/s 与 100 Mb/s 的传输速率。

（3）按网卡所支持的传输介质类型分类，主要包括双绞线网卡、粗缆网卡、细缆网卡、光纤网卡。针对不同的传输介质，网卡提供了相应的接口。适用于粗缆的网卡应提供 AUI 接口，适用于细缆的网卡应提供 BNC 接口，适用于非屏蔽双绞线的网卡应提供 RJ-45 接口，适用于光纤的网卡应提供光纤的 F/O 接口。

5．无线网卡的应用

目前，无线接入涉及两个方面，即无线局域网与无线广域网。前者基于 WAP、蓝牙、802.11 等无线网络技术，后者主要基于 GPRS、CDMA 等无线网络技术。不管是无线局域网还是无线广域网，用户只要拥有适当的无线网卡就可以轻松接入网络。

6．无线网卡的分类

从不同的角度可以对无线网卡进行不同的分类：

（1）从无线网卡采用的技术划分，目前使用较多的是 WLAN 上网卡（无线局域网卡）、GPRS 无线网卡和 CDMA 无线网卡。

（2）根据无线网卡采用的接口划分，有 PCI 无线网卡、USB 无线网卡和 PCMCIA 无线网卡。

（3）根据功能划分，可以把无线网卡分为单模无线网卡和双模无线网卡。

7．网线的分类

计算机网络中，常见的传输介质有同轴电缆、双绞线、光缆，以及在无线网络中使用的辐射介质。

现在的网卡大部分都使用双绞线作为传输线缆，双绞线两端安装有 RJ-45 头（水晶头），用于连接网卡与其他设备。将两根线均匀地扭绞在一起，其目的是将电磁辐射和外部电磁干扰减到最小。双绞线根据电气特性进行分类，可分为 STP（屏蔽双绞线）和 UTP（非屏蔽双绞线）。其中 STP（屏蔽双绞线）主要分为 3 类和 5 类两种，UTP（非屏蔽双绞线）主要分为 3 类、4 类、5 类、超 5 类、6 类几种。1 类和 2 类双绞线主要用于语音通信，在计算机网络中没有应用。一般计算机网络主要使用的是 5 类双绞线。

8．集线器的应用

集线器（Hub）属于数据通信系统中的基础设备，是一种不需任何软件支持或只需很少管理软件管理的硬件设备。连接计算机和 Hub 的双绞线最长不得超过 100 m。集线器有很多种类型，按结构和功能分类，集线器可分为未管理的集线器、堆叠式集线器和底盘集线器。

（1）未管理的集线器是最简单的集线器，它通过以太网总线提供中央网络连接，以星形的形式连接起来。

（2）堆叠式集线器是稍微复杂一些的集线器，它最显著的特征是 8 个转发器可以直接彼此相连。

（3）底盘集线器是一种模块化的设备，在其底板电路板上可以插入多种类型的模块。

按支持的传输速率区分，常见的集线器包括 10 Mb/s 集线器、100 Mb/s 集线器、10/100 Mb/s 自适应集线器。

9．中继器的应用

中继器（Repeater）的作用是将电缆上传输的数据信号再生放大，再转发到与其相连的电缆段上去。它工作在 OSI 模型的最低层——物理层。中继器主要用于扩充局域网电缆段的距离限制，它不具备检查错误和纠正错误的能力。

中继器不需软件，是一种独立设备，不增加数据传输的开销。中继器接入后，对数据传输来说是透明的，也不会产生延时。

10．网桥和交换机的应用

（1）网桥的应用

当两个使用不同通信协定（或者传输媒介）的网络要彼此相连时，必须使用网桥。

（2）交换机的应用

交换机的每个端口都有其专用的连接，可允许多对端口之间同时相互传递数据而不引起冲突。其基本元素有四个：端口、端口缓冲器、信息包转发机制、底板体系结构。

利用交换机的网络微分段技术，可以将一个大型的共享式局域网的用户分成许多独立的网段，减少竞争带宽的用户数量，增加每个用户的可用带宽，从而缓解共享网络的拥挤状况。

11．路由器的应用

路由是把信息从源通过网络传递到目的地址或站点的行为。它包含两个基本的动作：确定最佳路径和通过网络传输信息。

路由器是在网络层实现互连的设备。它能实现网络层以下各层协议的转换，并提供一个网络层，处理网际功能，实现子网互连。它在执行网络路径选择时，可能考虑的因素包括链路的速度、稳定性、经济性、可靠性等。

12．集线器的连接和使用

常用集线器的连接和使用都非常简单，对于无源集线器，只要将网线的 RJ-45 接头插入集线器的 RJ-45 接口，将集线器和计算机上的网卡连接即可；对于有源集线器，则还需要连接电源。一般连接好后，集线器不需要专门的设置即可直接使用。

通常集线器上的每一个连接端口有两个状态指示灯。其中一个指示灯呈绿色，表示与一台计算机建立了一个连接，并正进行工作；另一个指示灯多呈棕黄色，当该端口检测到数据传输时该灯会闪烁。

13．局域网接口的种类

常见的以太网接口主要有 AUI、BNC 和 RJ-45 接口，还有 FDDI、ATM、千兆以太网等都有相应的网络接口。

（1）AUI 端口是用来与粗同轴电缆连接的接口，是一种"D"型 15 针接口。

（2）RJ-45 端口是最常见的双绞线以太网端口。根据端口的通信速率不同，RJ-45 端口又可分为 10Base-T 网 RJ-45 端口和 100Base-TX 网 RJ-45 端口两类。

（3）SC 端口也就是常说的光纤端口，主要用于和光纤的连接。

14．广域网接口的种类

常见的广域网接口有以下几种：

（1）RJ-45 端口

因为广域网规模大，网络环境复杂，所以这里的 RJ-45 端口一般都是 100 Mb/s 以上的快速以太网端口。

（2）高速同步串口（SERIAL）

它主要应用于 DDN、帧中继（Frame Relay）、X.25、PSTN（模拟电话线路）等网络连接模式。

（3）异步串口（ASYNC）

它主要应用于 Modem 或 Modem 池的连接，实现远程计算机通过公用电话网拨入网络，连接的通信方式速率较低。

15．路由器配置端口的应用

路由器的配置端口有两个："Console"和"AUX"。

（1）Console 端口常是通过专用连线与计算机连接，用来对路由器进行基本配置。当通过 Console 端口使用计算机配置路由器时，必须使用翻转线将路由器的 Console 口与计算机的串口/并口连接在一起。

（2）AUX 端口为异步端口，主要用于远程配置，也可用于拨号连接，还可通过连接线与 Modem 进行连接。

三、操作系统设置与优化

1．多操作系统共存的方式

如果计算机上已经安装了操作系统，并且希望在保留现有系统的基础上安装新的操作系统，则可以采用两种方式：一是设置物理盘的引导次序，二是修改主引导程序的分区表。

（1）多硬盘的多系统共存

如果使用的是多硬盘的计算机，而且每块硬盘都安装有不同操作系统时，则可以通过在 BIOS 中指定硬盘的启动次序，实现多操作系统的共存。由于操作系统之间互不影响，所以这种方法不受兼容性等其他因素的影响。

（2）单硬盘的多系统共存

如果希望在一块硬盘上安装多个操作系统而相互不受影响，一般有两种方法：一是修改主引导记录，在主引导记录的最后用 JMP 指令跳到自己的代码上来，从而控制计算机的引导过程；二是修改主分区第一个扇区的引导代码，以实现多系统的共存。

2. 单硬盘多系统的设置

（1）单硬盘多系统的安装过程如下：

1）安装第一个操作系统、驱动程序和应用程序。

2）使用安装光盘安装下一个操作系统，安装时选择全新安装，并指定安装路径为与第一个操作系统不同的路径，最好不在同一个分区。

3）如果需要，重复上一步骤，安装下一个操作系统。

安装多系统后，重新启动计算机时，在显示屏上会出现操作系统列表，用户可以选择所要使用的操作系统。

（2）一些资源的共享

例如，需要各操作系统共用一个"我的文档"或共用一个邮件收件夹，则可以进行如下操作：

1）修改"我的文档"文件夹的位置。鼠标右键单击"我的文档"图标，在弹出的快捷菜单中选择"属性"命令，弹出"我的文档属性"对话框。在"目标文件夹位置"栏中可以修改目标文件夹。依次在多个操作系统中设置目标文件夹为同一个文件夹，即可实现多系统中"我的文档"的共享。

2）收藏夹的共享。如果希望导入另外一个系统中 IE 的收藏夹，只需将对应的文件夹复制过来即可。Windows XP 系统下 IE 的收藏夹一般在"操作系统所在逻辑驱动器 \ Documents and Settings \ 用户名称 \ Favorites"文件夹中。

3）Outlook Express 存储文件夹的共享。启动 Outlook Express，选择"工具"菜单下的"选项"命令，弹出"选项"对话框。在对话框中"维护"选项卡下单击"存储文件夹"命令，然后在"存储位置"对话框中修改存储文件夹的位置。依次在多个操作系统中设置存储文件夹为同一个文件夹，即可实现 Outlook Express 存储文件夹的共享。

3. 系统启动菜单的修改方法

安装多操作系统后，系统的启动菜单其实保存在启动盘根目录的 Boot.ini 文件中，它是一个只读的系统配置文件，可以控制计算机启动时不同操作系统的启动选择。

这个文件分为引导加载部分（boot loader）和操作系统部分（operating systems）。其中的命令和参数的含义见教程内容。

四、设备管理

1. 控制台的用途

微软管理控制台（简称 MMC）是用来创建、保存、打开管理工具集合的工具，又称控制台。可以通过控制台创建、保存或打开系统管理工具，从而管理计算机的硬件、软件和 Windows 系统的网络组件，以及进行系统的维护。控制台本身并不执行管理功能，它只是集成众多的管理工具，接纳并管理执行各种系统功能的工具。用户可以向现有的控制台添加项目，或者创建新的控制台并将其配置为管理特定的系统组件。

2. 磁盘的管理操作

在"计算机管理"控制台窗口的左窗格选择"磁盘管理"后，控制台的右窗格将显示磁盘管理界面。在上方的磁盘列表中可以观察到当前计算机磁盘的状态，包括逻辑驱动器的盘符、类型、文件系统、容量、可用空间等信息。在下方则以图形视图的方式显示磁盘的分区情况。用户可以在其中对计算机的硬盘进行管理，包括删除逻辑驱动器、格式化磁盘、更改驱动器号等。

3. 系统服务的概念

服务是 Windows XP 中一种特殊的应用程序，不过它是在后台运行的，所以在任务管理器中看不到它，但它也会占用部分系统资源。在 Windows XP 中，用户通过"服务"这一管理单元，可以在本地计算机上开始、停止或继续某项服务，并配置启动或故障恢复选项，还可以为特定的硬件配置文件启用或禁用服务。

服务分为三种启动类型：

（1）自动，表示这种服务会随机器一起启动，会延长系统启动时间。

（2）手动，表示这种服务只有在需要它的时候才会被启动。

（3）已禁用，表示这种服务即使是在需要它的时候也不会被启动，除非修改为以上两种类型。

4. 本地安全策略的概念

安全策略是影响计算机安全性的安全设置的组合。用户可以利用"本地安全策略"编辑本地计算机上的账户策略和本地策略，以控制访问计算机的用户，授权用户使用的计算机资源，以及设置是否在事件日志中记录用户或组的操作。

5. 硬盘坏道的类型

硬盘坏道分为逻辑坏道和物理坏道两种。逻辑坏道通常为软件操作或使用不当造成的，可使用软件修复；物理坏道是硬盘的物理性损坏造成的，表明硬盘磁道上产生了物理损伤，这只能通过更改硬盘分区或扇区的使用情况来解决。

6. 硬盘坏道的修复方法

（1）逻辑坏道的修复

对于逻辑坏道，可以使用操作系统自带的工具和一些专门的硬盘检查工具来发现并修复。例如，Windows 自带的 Scandisk 磁盘扫描程序就是发现硬盘逻辑坏道最常用的工具。另外，使用格式化操作也是解决硬盘逻辑坏道的好办法。

（2）物理坏道的修复

如果硬盘上出现了无法修复的物理坏道，可使用 Fdisk、PartitionMagic、DiskManager 等磁盘软件将坏道单独分为一个区，并隐藏起来不去使用，以延长硬盘的使用寿命。

7. 硬盘的使用注意事项

正确使用硬盘是减少硬盘坏道发生、提高硬盘使用寿命的最好方法。所以应该注意以下几方面的问题：

（1）硬盘在工作时，不要突然关机。
（2）不要移动正在工作的硬盘。
（3）硬盘在机箱中要固定。
（4）定期对硬盘进行杀毒。
（5）防止灰尘。
（6）防止温度过高。
（7）整理硬盘上的"碎片"。

五、应用程序管理

1. 启动的模式

默认情况下，Windows 采用的是正常启动模式，但是有时候由于设备驱动程序遭到破坏或服务故障，常常会导致启动出现问题，此时可以利用系统配置实用程序的其他启动模式来解决问题。

（1）选择"诊断启动"，可以仅加载基本的驱动与服务，帮助用户快速找到启动故障的原因。诊断启动是指系统启动时仅加载基本设备驱动程序（如显卡驱动），而不加载网卡等设备，服务也仅加载系统必需的一些服务。这时系统是最干净的。

（2）选择"有选择的启动"，可以按需要勾选启动项目，看系统是否可以正常启动，来查找故障原因。

2. 常见服务的功能

（1）NetMeeting Remote Desktop Sharing。这项服务就是允许授权的用户通过 NetMeeting 在网络上互相访问对方。

（2）Universal Plug and Play Device Host。这项服务是为通用的即插即用设备提供支持。

（3）Messenger。这项服务俗称信使服务，计算机用户在局域网内可以利用它进行资料交换。

（4）Terminal Services。这项服务允许多位用户连接并控制一台机器，并且在远程计算机上显示桌面和应用程序。

（5）Remote Registry。这项服务使远程用户能修改此计算机上的注册表设置。

（6）Telnet。这项服务允许远程用户登录到此计算机并运行程序，而且支持多种 TCP/IP Telnet 客户，包括基于 UNIX 和 Windows 的计算机。

（7）Performance Logs And Alerts。收集本地或远程计算机基于预先配置的日程参数的性能资料，然后将此资料写入日志或触发警报。

（8）Remote Desktop Help Session Manager。禁用此服务，可以禁止远程协助。

（9）TCP/IP NetBIOS Helper。对于不需要文件和打印共享的用户，此项服务可以设置为禁用。

（10）Alerter。可以将系统管理级警报通知所选用户。

（11）Indexing Service。本地和远程计算机上文件的索引内容和属性，提供文件快速访问。

（12）Application Layer Gateway Service。为 Internet 连接共享和 Internet 连接防火墙提供第三方协议插件的支持。

（13）Uninterruptible Power Supply。管理连接到计算机的 UPS 电源。

（14）Print Spooler。这项服务可以将文件加载到内存中以便稍后打印。

（15）Smart Card。管理计算机对智能卡的读取访问。

（16）Ssdp Discovery Service。这项服务启动家庭网络上的 upnp 设备的发现。

（17）Automatic Updates。这项服务可以自动从 Windows Update 更新补丁，利用 Windows Update 功能进行升级。

（18）Imapi Cd-burning ComService。管理 CD 录制。

（19）Error Reporting Service。这项服务允许错误报告。

3. 注册表的概念

注册表是一个保存 Windows 配置信息的数据库。在注册表中，存放了所有的硬件信息、Windows 的信息以及和 Windows 有联系的 32 位应用程序的信息。用户可以通过注册表编辑器对注册表进行查看、编辑或修改。各注册表项功能如下：

（1）HKEY_CLASSES_ROOT，此处存储的信息可以确保当使用 Windows 打开文件时，使用正确的应用程序。

（2）HKEY_CURRENT_USER，包含当前登录用户的配置信息的根目录。

（3）HKEY_LOCAL_MACHINE，包含计算机针对于任何用户的配置信息。

（4）HKEY_USERS，包含计算机上所有用户的配置文件的根目录。

（5）HKEY_CURRENT_CONFIG，包含计算机在系统启动时所用的硬件配置文件信息。

4．注册表值项的类型

字串值（REG_SZ）、二进制值（REG_BINARY）、DWORD 值（REG_DWORD）、多字符串值（REG_MULTI_SZ）、可扩充字符串值（REG_EXPAND_SZ）。

理论知识辅导练习题

一、判断题（下列判断正确的请在括号内打"√"，错误的请在括号内打"×"）

1．一般将能够传递和处理多媒体信息的设备称为多媒体设备。（　　）
2．根据功能，多媒体设备可以分为音频设备、视频设备等。（　　）
3．一般局域网的速率都较高，常能达到 100 Mb/s 的速率。（　　）
4．最大的局域网应该是 Internet。（　　）
5．一般的操作系统均支持多种协议，但加载的协议越多，网络的配置和管理就越简单。（　　）
6．一个网卡可以提供一个或多个连接器类型。（　　）
7．工作站的计算机上不必配置网卡。（　　）
8．根据传输速率的要求，网卡可以仅支持 10 Mb/s 或 100 Mb/s 的传输速率，也可以同时支持 10 Mb/s 与 100 Mb/s 的传输速率。（　　）
9．适用于非屏蔽双绞线的网卡应提供 AUI 接口。（　　）
10．无线广域网基于 WAP 等无线网络技术。（　　）
11．CDMA 无线网卡的覆盖范围大，而且速度较快。（　　）
12．单模无线网卡只能提供无线局域网接入功能或者无线广域网接入功能。（　　）
13．双绞线将两根线均匀地扭绞在一起，旨在使电磁辐射和外部电磁干扰减到最小。（　　）
14．屏蔽双绞线主要分为 3 类、4 类、5 类、超 5 类、6 类几种。（　　）
15．集线器（Hub）属于数据通信系统中的基础设备，是一种不需任何软件支持或只需

很少管理软件管理的硬件设备。（ ）
16. 底盘集线器通过以太网总线提供中央网络连接，以星形的形式连接起来。（ ）
17. 中继器具备检查错误和纠正错误的能力。（ ）
18. 中继器接入后，对数据传输来说是透明的，也不会产生延时。（ ）
19. 当两个使用不同通信协定（或者传输媒介）的网络要彼此相连时，必须使用网桥。（ ）
20. 交换机与网桥和路由器相比，性能及吞吐能力更低。（ ）
21. 路由是把信息从源通过网络传递到目的地址的行为。（ ）
22. 路由器是在物理层实现互连的设备。（ ）
23. 有源集线器不需要连接电源。（ ）
24. 集线器连接好后，一般不需要专门的设置即可直接使用。（ ）
25. 10Base-T网的RJ-45端口在路由器中通常标识为"ETH"。（ ）
26. AUI端口就是常说的光纤端口，它用于和光纤的连接。（ ）
27. 在广域网中，RJ-45端口一般都是100 Mb/s以上的快速以太网端口。（ ）
28. 异步串口主要用于实现远程计算机通过公用电话网拨入网络，连接的通信方式速率较高。（ ）
29. 路由器的配置端口有两个，分别是"Console"和"AUX"。（ ）
30. AUX端口常通过专用连线与计算机连接，用来对路由器进行基本配置。（ ）
31. 如果想要实现单硬盘的多系统共存，可以通过修改主分区第二个扇区的引导代码来实现。（ ）
32. 对于单硬盘多系统的安装，所有操作系统要使用相同路径。（ ）
33. 多硬盘的计算机可以通过在BIOS中指定硬盘的启动次序，实现多操作系统的共存。（ ）
34. 对于单硬盘多系统的安装，使用安装光盘安装第二个操作系统时要选择全新安装。（ ）
35. 安装多操作系统后，系统的启动菜单其实保存在启动盘根目录的Boot.ini文件中。（ ）
36. Boot.ini文件的操作系统部分中，Rdisk(0)表示SCSI总线号。（ ）
37. MMC也可执行管理功能。（ ）
38. MMC只是集成众多的管理工具，接纳并管理执行各种系统功能的工具。（ ）
39. "计算机管理"控制台的磁盘管理界面下方以图形视图的方式显示磁盘的分区情况。（ ）

40. 格式化磁盘时"分配单位大小"下拉列表表示容纳一个文件所需分配的最大磁盘空间。（　　）
41. "服务"是Windows XP中一种特殊的应用程序，它是在后台运行的。（　　）
42. "服务"是Windows XP中一种特殊的应用程序，不占用任何系统资源。（　　）
43. 用户可以利用"本地安全策略"编辑本地计算机上的账户策略和网络策略。
（　　）
44. 安全策略是影响计算机安全性的安全设置的组合。（　　）
45. 物理坏道只能通过更改硬盘分区或扇区的使用情况来解决。（　　）
46. 硬盘不断读盘并发出刺耳的杂音是因为硬盘有了逻辑坏道。（　　）
47. Windows自带的Scandisk磁盘扫描程序是发现硬盘逻辑坏道最常用的工具。（　　）
48. 对于物理坏道，可以使用操作系统自带的工具和一些专门的硬盘检查工具来发现并修复。（　　）
49. 正确使用硬盘是减少硬盘坏道发生、提高硬盘使用寿命的最好方法。（　　）
50. 默认情况下，Windows采用的是正常启动模式。（　　）
51. 正在工作的硬盘可以移动。（　　）
52. 在系统配置实用程序中选择"诊断启动"，可以按需要勾选启动项，看系统是否可以正常启动，来查找故障原因。（　　）
53. 禁用Remote Desktop Help Session Manager服务，可以禁止远程协助。（　　）
54. Indexing Service为Internet连接共享和Internet连接防火墙提供第三方协议插件的支持。（　　）
55. 用户可以通过注册表编辑器对注册表进行查看、编辑或修改。（　　）
56. 在注册表中存放了所有的软件信息、Windows的信息以及和Windows有联系的32位应用程序的信息。（　　）
57. 若在注册表中新建"DWORD值"，其类型为REG_SZ。（　　）
58. 在注册表编辑器中可以新建注册表项或值项，也可以对已有的注册表项或值项进行修改。（　　）

二、**单项选择题**（下列每题有4个选项，其中只有1个是正确的，请将其代号填写在横线空白处）

1. 下列关于多媒体的说法中错误的是_____
   A. 指存储信息的实体　　　　　　B. 指传递信息的载体
   C. 由单媒体复合而成　　　　　　D. 和单媒体没有区别

2. _____技术就是具有集成性、实时性和交互性的计算机综合处理音频和视频信息的技术。

　　A. 网络　　　B. 多媒体　　　C. 维修　　　D. 应用

3. 根据结构，多媒体设备可以分为_____。

　　A. 音频设备和视频设备　　　　B. 内置多媒体设备和外置多媒体设备
　　C. 输入设备和输出设备　　　　D. 通信设备和网络设备

4. 网络的主要特点是实现系统软、硬件资源的_____。

　　A. 存储　　　B. 输出　　　C. 输入　　　D. 共享

5. 下列关于局域网的主要用途的说法中错误的是_____。

　　A. 使用户共享打印机
　　B. 使用户共享大容量的存储设备
　　C. 允许网络用户之间进行信息交换
　　D. 实现 Internet 上的所有功能

6. 下列关于 TCP/IP 协议的说法中错误的是_____。

　　A. TCP/IP 协议是计算机世界中通用的网络协议
　　B. TCP/IP 协议是 Internet 的联系纽带
　　C. 所有的主机都必须分配一个 IP 地址
　　D. 一个网络内的每一台主机的 IP 地址都不是唯一的

7. IP 地址是由一组以小数点分隔的_____个 0～255 之间的数字组成的。

　　A. 1　　　B. 2　　　C. 3　　　D. 4

8. 计算机要连接进入网络，必须安装_____。

　　A. 网卡　　　B. 路由器　　　C. 交换机　　　D. 网桥

9. 适用于粗缆的网卡应提供_____。

　　A. FDDI 接口　B. AUI 接口　C. BNC 接口　D. RJ-45 接口

10. 适用于细缆的网卡应提供_____。

　　A. FDDI 接口　B. AUI 接口　C. BNC 接口　D. RJ-45 接口

11. 适用于光纤的网卡应提供光纤的_____。

　　A. F/O 接口　B. AUI 接口　C. BNC 接口　D. RJ-45 接口

12. _____主要基于 GPRS、CDMA 等无线网络技术。

　　A. 无线局域网　B. 无线广域网　C. 互联网　D. Internet

13. 不管是无线局域网还是无线广域网都需要使用_____。

　　A. 无线网卡　B. 蓝牙　C. WAP　D. CDMA

14. _____是在无线局域网中使用的网卡，主要采用的是蓝牙技术、802.11a、

802.11b 技术。

  A. WLAN 网卡   B. 单模无线网卡

  C. 双模无线网卡   D. CDMA 无线网卡

15. CDMA 1X 的传输速率比_____无线网卡快一倍。

  A. PCI   B. USB   C. PCMCIA   D. GPRS

16. 从功能上划分，可以把无线网卡分为_____。

  A. 单模无线网卡和双模无线网卡

  B. USB 无线网卡和 PCMCIA 无线网卡

  C. 中速无线网卡和高速无线网卡

  D. GPRS 无线网卡和 CDMA 无线网卡

17. 一般来说，网卡安装在计算机上，通过_____连接到电缆上。

  A. 中继器   B. 水晶头   C. 交换机   D. 路由器

18. 双绞线两端安装有_____头，用于连接网卡与其他设备。

  A. RJ-45   B. F/O   C. AUI   D. BNC

19. _____双绞线主要用于语音通信，在计算机网络中没有应用。

  A. 1 类   B. 3 类   C. 5 类   D. 6 类

20. 一般计算机网络主要使用的是_____类双绞线。

  A. 2   B. 3   C. 4   D. 5

21. 连接计算机和 Hub 的双绞线最长不得超过_____m。

  A. 80   B. 90   C. 100   D. 110

22. _____最显著的特征是 8 个转发器可以直接彼此相连。

  A. 未管理的集线器   B. 堆叠式集线器

  C. 底盘集线器   D. 10 Mb/s 集线器

23. _____是一种模块化的设备，在其底板电路板上可以插入多种类型的模块。

  A. 未管理的集线器   B. 堆叠式集线器

  C. 底盘集线器   D. 10 Mb/s 集线器

24. _____的作用是将电缆上传输的数据信号再生放大，再转发到与它相连的电缆段上去。

  A. 中继器   B. 连接器   C. 交换机   D. 路由器

25. 中继器工作在 OSI 模型的_____。

  A. 传输层   B. 表示层   C. 物理层   D. 应用层

26. 以太网标准规定单段信号传输电缆的最大长度为_____m。

A. 200　　　　B. 300　　　　C. 400　　　　D. 500

27. ＿＿＿＿的每个端口都有其专用的连接，可允许多对端口之间同时相互传递数据而不引起冲突。

　　A. 中继器　　　B. 连接器　　　C. 交换机　　　D. 路由器

28. 路由器是在＿＿＿＿实现互连的路由设备。

　　A. 传输层　　　B. 网络层　　　C. 物理层　　　D. 应用层

29. 路由器能实现的功能不包括＿＿＿＿。

　　A. 提供一个网络层　　　　　B. 处理网际功能
　　C. 实现子网互连　　　　　　D. 减少竞争带宽的用户数量

30. ＿＿＿＿能实现网络层以下各层协议的转换。

　　A. 集线器　　　B. 交换机　　　C. 中继器　　　D. 路由器

31. 对于无源集线器，只要将网线的 RJ-45 接头插入集线器的 RJ-45 接口，将集线器和计算机上的＿＿＿＿连接即可。

　　A. 集线器　　　B. 交换机　　　C. 中继器　　　D. 网卡

32. 通常集线器上的每一个连接端口有＿＿＿＿个状态指示灯。

　　A. 两　　　　　B. 三　　　　　C. 四　　　　　D. 五

33. 集线器连接端口的＿＿＿＿指示灯表示与一台计算机建立了一个连接，并正进行工作。

　　A. 绿色　　　　B. 红色　　　　C. 黄色　　　　D. 棕黄色

34. ＿＿＿＿应用于以细同轴电缆为传输介质的以太网中。

　　A. FDDI 接口网卡　　　　　B. AUI 接口网卡
　　C. BNC 接口网卡　　　　　 D. RJ-45 接口网卡

35. ＿＿＿＿应用于以双绞线为传输介质的以太网中。

　　A. FDDI 接口网卡　　　　　B. AUI 接口网卡
　　C. BNC 接口网卡　　　　　 D. RJ-45 接口网卡

36. ＿＿＿＿是用来与粗同轴电缆连接的接口，它是一种"D"型 15 针接口。

　　A. AUI 端口　　B. BNC 端口　　C. RJ-45 端口　　D. SC 端口

37. ＿＿＿＿是最常见的双绞线以太网端口。

　　A. AUI 端口　　B. BNC 端口　　C. RJ-45 端口　　D. SC 端口

38. ＿＿＿＿就是常说的光纤端口，它用于和光纤的连接。

　　A. AUI 端口　　B. BNC 端口　　C. RJ-45 端口　　D. SC 端口

39. 在广域网中，＿＿＿＿一般都是 100 Mb/s 以上的快速以太网端口。

　　A. RJ-45 端口　　B. 高速同步串口　　C. 异步串口　　D. FDDI 接口

40. _____主要是用于连接目前应用非常广泛的DDN、帧中继、X.25、PSTN等网络连接模式。

　　A. RJ-45端口　　B. 高速同步串口　　C. 异步串口　　D. FDDI接口

41. _____端口常是通过专用连线与计算机连接,用来对路由器进行基本配置。

　　A. Console　　B. AUX　　C. DDN　　D. PSTN

42. 当通过Console端口使用计算机配置路由器时,必须使用_____将路由器的Console口与计算机的串口/并口连接在一起。

　　A. 双绞线　　B. 翻转线　　C. 光纤　　D. 细缆

43. _____端口为异步端口,主要用于远程配置,也可用于拨号连接,还可通过连接线与Modem进行连接。

　　A. Console　　B. AUX　　C. DDN　　D. PSTN

44. 针对多硬盘的计算机,可以通过在_____中指定硬盘的启动次序,实现多操作系统的共存。

　　A. IIS　　B. BIOS　　C. ISO　　D. BOS

45. 如果想要实现单硬盘的多系统共存,可以修改主引导记录,在主引导记录的最后用_____指令跳到自己的代码上来。

　　A. JMP　　B. ISO　　C. BOS　　D. JOP

46. 要修改"我的文档"文件夹的位置,可以利用快捷菜单中的"_____"命令。

　　A. 搜索　　B. 重命名　　C. 属性　　D. 资源管理器

47. Windows XP下IE的收藏夹一般在"操作系统所在逻辑驱动器_____\用户名称\Favorites"。

　　A. Program File　　　　B. Documents and Settings
　　C. WINDOWS　　　　D. All Users

48. 要实现Outlook Express存储文件夹的共享,需选择"工具"菜单下的"_____"命令。

　　A. 查找　　B. 窗体　　C. 选项　　D. 自定义

49. Boot.ini文件的引导加载部分,_____表示等待用户选择操作系统的时间。

　　A. timeout=xx　　B. timeout=xxxxx　　C. default=xxxxx　　D. dcfault=xx

50. Boot.ini文件的引导加载部分,_____表示缺省情况下系统默认要加载的操作系统路径,表现为启动时等待用户选择的高亮条部分。

　　A. timeout=xx　　B. timeout=xxxxx　　C. default=xxxxx　　D. default=xx

51. Boot.ini文件的操作系统部分,_____表示SCSI总线号。

A. Rdisk(0)　　B. Disk(0)　　C. Partition(3)　　D. Partition(0)

52. MMC 是_____的简称。
    A. 管理工具　　B. 网络设备　　C. 微软管理控制台　D. 工作站

53. _____是集成众多的管理工具，接纳并管理执行各种系统功能的工具。
    A. 服务器　　B. 网络设备　　C. 控制台　　D. 工作站

54. 格式化磁盘时，在"_____"编辑框可以指定磁盘的卷标名。
    A. 卷标　　B. 文件系统　　C. 分配单位大小　　D. 更改

55. 格式化磁盘时，在"_____"下拉列表中可以选择磁盘要格式化成的文件系统。
    A. 卷标　　B. 文件系统　　C. 分配单位大小　　D. 更改

56. 格式化磁盘时，在"_____"下拉列表中可以指定磁盘分配单元的大小。
    A. 卷标　　B. 文件系统　　C. 分配单位大小　　D. 更改

57. 服务的启动类型中，"_____"表示这些服务会随机器一起启动，会延长系统启动时间。
    A. 自动　　B. 手动　　C. 已禁用　　D. 半自动

58. 服务的启动类型中，"_____"表示只有在需要它的时候，才会被启动。
    A. 自动　　B. 手动　　C. 已禁用　　D. 半自动

59. 服务的启动类型中，"_____"表示这种服务即使是在需要它时，也不会被启动。
    A. 自动　　B. 手动　　C. 已禁用　　D. 半自动

60. _____是影响计算机安全性的安全设置的组合。
    A. 服务策略　　B. 安全策略　　C. 网络策略　　D. 配置策略

61. 用户可以通过在"开始"菜单中选择"_____"命令来设置"本地安全策略"。
    A. 控制面板　　B. 网络连接　　C. 运行　　D. 帮助

62. _____通常为软件操作或使用不当造成，可使用软件修复。
    A. 逻辑坏道　　B. 程序坏道　　C. 网络坏道　　D. 物理坏道

63. 物理坏道能通过_____来解决。
    A. 更改硬盘分区或扇区　　　　B. 查杀病毒
    C. 软件修复　　　　　　　　　D. 网络升级

64. 用磁盘扫描程序修复逻辑坏道时，选择"_____"复选框，表示在磁盘检查过程中修复发现的文件系统错误。
    A. 自动修复文件系统错误　　　B. 扫描并试图恢复坏扇区
    C. 更新　　　　　　　　　　　D. 修改

65. 用磁盘扫描程序修复逻辑坏道时，若选择"扫描并试图恢复坏扇区"复选框，则运行时必须_____。

　　A. 进行格式化操作　　　　　　　　B. 关闭所有文件

　　C. 使用磁盘软件　　　　　　　　　D. 隐藏文件

66. 如果已不能进入 Windows 系统，也可用软盘或光盘启动计算机，在提示符后键入"_____"来扫描硬盘。

　　A. disk 盘符　　　B. scandisk 盘符　　C. scan 盘符　　D. fdisk 盘符

67. 下列关于硬盘使用的说法中错误的是_____。

　　A. 硬盘在工作时，不要突然关机　　B. 正在工作的硬盘可以移动

　　C. 硬盘在机箱中要固定　　　　　　D. 应定期对硬盘进行杀毒

68. 默认情况下，Windows 采用的是"_____"模式。

　　A. 正常启动　　　　　　　　　　　B. 诊断启动

　　C. 有选择的启动　　　　　　　　　D. 无选择的启动

69. 选择"_____"，可以仅加载基本的驱动与服务，帮助用户快速找到启动故障的原因。

　　A. 正常启动　　　　　　　　　　　B. 诊断启动

　　C. 有选择的启动　　　　　　　　　D. 无选择的启动

70. 选择"_____"，可以按需要勾选启动项目，看系统是否可以正常启动，来查找故障原因。

　　A. 正常启动　　　　　　　　　　　B. 诊断启动

　　C. 有选择的启动　　　　　　　　　D. 无选择的启动

71. _____服务允许授权的用户通过 NetMeeting 在网络上互相访问对方。

　　A. NetMeeting Remote Desktop Sharing

　　B. Universal Plug and Play Device Host

　　C. Messenger

　　D. Terminal Services

72. _____服务是为通用的即插即用设备提供支持。

　　A. NetMeeting Remote Desktop Sharing　　B. Universal Plug and Play Device Host

　　C. Messenger　　　　　　　　　　　　　　D. Terminal Services

73. _____服务允许多位用户连接并控制一台机器，并且在远程计算机上显示桌面和应用程序。

　　A. NetMeeting Remote Desktop Sharing　　B. Universal Plug and Play Device Host

　　C. Messenger　　　　　　　　　　　　　　D. Terminal Services

74. _____是一个保存 Windows 配置信息的数据库。
    A. 注册表   B. 文档   C. 文件系统   D. Office
75. 在注册表中，_____中存储的信息可以确保当使用 Windows 打开文件时，使用正确的应用程序。
    A. HKEY_CLASSES_ROOT   B. HKEY_CURRENT_USER
    C. HKEY_LOCAL_MACHINE   D. HKEY_CURRNT_CONFIG
76. 在注册表中，_____包含计算机上所有用户的配置文件的根目录。
    A. HKEY_CURRENT_USER   B. HKEY_LOCAL_MACHINE
    C. HKEY_CURRENT_CONFIG   D. HKEY_USERS
77. 若在注册表中新建"字串值"，其类型为_____。
    A. REG_SZ   B. REG_BINARY
    C. REG_DWORD   D. REG_MULTI_SZ
78. 若在注册表中新建"二进制值"，其类型为_____。
    A. REG_SZ   B. REG_BINARY
    C. REG_DWORD   D. REG_MULTI_SZ
79. 若在注册表中新建"DWORD 值"，其类型为_____。
    A. REG_SZ   B. REG_BINARY
    C. REG_DWORD   D. REG_MULTI_SZ

三、多项选择题（下列每题有 4 个选项，其中有 2 个或 2 个以上是正确的，请将其代号填写在横线空白处）

1. 多媒体系统主要由_____组成。
    A. 多媒体硬件系统   B. 多媒体操作系统
    C. 媒体处理系统工具   D. 用户应用软件
2. 根据功能，多媒体设备可以分为_____。
    A. 输入设备   B. 通信设备   C. 输出设备   D. 音频设备
3. 根据所覆盖地域范围的不同，网络基本上可分为_____两大类。
    A. 广域网   B. 局域网   C. 内网   D. 外网
4. 下列关于计算机网络的说法中正确的是_____。
    A. 计算机网络可分为广域网和局域网两大类
    B. 局域网是指地理分布范围较小的网络
    C. 最大的广域网应该算是 Internet 网络
    D. 计算机网络是高度发达的通信技术和快速发展的计算机技术两方面结合的产物

5. 一般的操作系统均支持多种协议，但加载的协议越多，_____。

   A. 网络的配置和管理越简单

   B. 网络的配置和管理越复杂

   C. 网络工作站的内存需求和维护费用也随着减少

   D. 网络工作站的内存需求和维护费用也随着增加

6. TCP/IP 网络的配置和管理比较复杂，用户必须为每个节点配置_____。

   A. 节点地址　　　B. 子网掩码　　　C. 默认网关　　　D. 主机名

7. 网卡支持的传输速率主要包括_____。

   A. 10 Mb/s　　　B. 100 Mb/s　　　C. 10/100 Mb/s　　　D. 1 000 Mb/s

8. 无线局域网基于_____等无线网络技术。

   A. WAP　　　B. 蓝牙　　　C. 802.11　　　D. GPRS

9. 按采用的接口划分，无线网卡分为_____。

   A. PCI 无线网卡　　　　　　　B. USB 无线网卡

   C. PCMCIA 无线网卡　　　　　D. CDMA 无线网卡

10. 计算机网络中，常见的传输介质有_____。

    A. 同轴电缆　　　　　　　B. 双绞线

    C. 光缆　　　　　　　　　D. 在无线网络中使用的辐射介质

11. 双绞线可分为_____。

    A. STP　　　B. UTP　　　C. 粗缆　　　D. 细缆

12. 按支持的传输速率区分，常见的集线器包括_____。

    A. 10 Mb/s 集线器　　　　　　B. 100 Mb/s 集线器

    C. 1 000 Mb/s 集线器　　　　　D. 10/100 Mb/s 自适应集线器

13. 下列关于中继器的说法中正确的是_____。

    A. 它工作在 OSI 模型的最低层

    B. 它的作用是将电缆上传输的数据信号再生放大

    C. 它主要用于扩充局域网电缆段的距离限制

    D. 它具备检查错误和纠正错误的能力

14. 下列关于中继器的说法中错误的是_____。

    A. 它具备检查错误和纠正错误的能力

    B. 它工作在 OSI 模型的应用层

    C. 它会增加数据传输的开销

    D. 它是一种独立设备

15. 交换机的每个端口都有其专用的连接，其基本元素包括_____。
    A. 端口　　　　　　　　　　　　　　B. 端口缓冲器
    C. 信息包转发机制　　　　　　　　　D. 底板体系结构
16. 利用交换机的网络微分段技术，可以_____。
    A. 将一个大型的共享式局域网的用户分成许多独立的网段
    B. 减少竞争带宽的用户数量
    C. 增加每个用户的可用带宽
    D. 缓解共享网络的拥挤状况
17. 路由包含两个基本的动作，即_____。
    A. 确定最佳路径　　　　　　　　　　B. 设置防火墙
    C. 通过网络传输信息　　　　　　　　D. 过滤数据
18. 路由器在执行网络路径选择时，可能考虑的因素包括链路的_____。
    A. 速度　　　B. 稳定性　　　C. 经济性　　　D. 可靠性
19. 集线器连接端口有_____和_____两个状态指示灯。
    A. 绿色　　　B. 红色　　　　C. 黄色　　　　D. 棕黄色
20. 常见的以太网接口主要有_____。
    A. AUI 接口　B. BNC 接口　　C. RJ-45 接口　D. FDDI 接口
21. 根据端口通信速率的不同，RJ-45 端口可分为_____。
    A. 10Base-T 网 RJ-45 端口　　　　B. 100Base-TX 网 RJ-45 端口
    C. AUI 端口　　　　　　　　　　　 D. SC 端口
22. 异步串口（ASYNC）主要应用于_____的连接。
    A. DDN　　　B. PSTN　　　　C. Modem　　　D. Modem 池
23. 路由器的配置端口有两个，分别是_____。
    A. Console　B. AUX　　　　 C. DDN　　　　D. PSTN
24. AUX 端口为异步端口，主要用于_____。
    A. 远程配置　　　　　　　　　　　　B. 拨号连接
    C. 通过连接线与 Modem 进行连接　　 D. 对路由器进行基本配置
25. 如果计算机上已经安装了操作系统，并且希望在保留现有系统的基础上安装新的操作系统，则可以_____。
    A. 设置物理盘的引导次序　　　　　　B. 修改主引导程序的分区表
    C. 设置网络的引导次序　　　　　　　D. 修改辅助程序的分区表
26. 下列关于多操作系统共存方式的说法中正确的是_____。

A. 可通过在 BIOS 中指定硬盘的启动次序，实现多操作系统的共存

B. 可通过修改主引导记录，从而控制计算机的引导过程

C. 可通过修改主分区第一个扇区的引导代码，实现多系统的共存

D. 设置物理盘的引导次序的方法不受兼容性等因素的影响

27. 下列关于单硬盘多系统安装的说法中正确的是_____。

A. 使用安装光盘安装下一个操作系统时应选择全新安装

B. 不同的系统要指定不同的路径

C. 不同的系统最好不在同一个分区

D. 不同的系统最好在同一个分区

28. 安装多操作系统后，系统的启动菜单其实保存在启动盘根目录的 Boot.ini 文件中，这个文件分为_____。

A. 引导加载部分   B. 操作系统部分

C. 引导注册部分   D. 应用软件部分

29. 下列关于 Boot.ini 文件的引导加载部分的说法中正确的是_____。

A. Disk(0) 表示 SCSI 总线号   B. Rdisk(0) 表示硬盘的序号

C. Partition(3) 为分区序号   D. (0) 是硬件适配卡序号

30. 下列关于控制台的说法中正确的是_____。

A. 它可以管理 Windows 系统的许多硬件、软件

B. 它可以执行管理功能

C. 用户可以向现有的控制台添加项目

D. 它用来创建、保存、打开管理工具集合

31. 控制台是用来_____管理工具集合的工具。

A. 创建   B. 保存   C. 打开   D. 传输

32. 在"计算机管理"控制台的磁盘管理界面可以观察到当前计算机磁盘的状态，包括逻辑驱动器的_____。

A. 盘符   B. 类型   C. 文件系统   D. 容量

33. 下列关于格式化磁盘的说法中正确的是_____。

A. 在"卷标"编辑框中可以指定磁盘的卷标名

B. 在"文件系统"下拉列表中可以选择磁盘要格式化成的文件系统

C. 在"分配单位大小"下拉列表中可以指定磁盘分配单元的大小

D. "分配单位大小"表示容纳一个文件所需分配的最大磁盘空间

34. 在 Windows XP 中，用户通过"服务"这一管理单元，可以在本地计算机上

_____。

    A. 开始、停止或继续某项服务   B. 配置启动或故障恢复选项

    C. 为特定的硬件配置文件启用服务   D. 为特定的硬件配置文件禁用服务

35. 用户可以利用"本地安全策略"_____。

    A. 编辑本地计算机上的账户策略和本地策略

    B. 控制访问计算机的用户

    C. 授权用户使用的计算机资源

    D. 设置是否在事件日志中记录用户或组的操作

36. 硬盘坏道分为_____。

    A. 逻辑坏道   B. 程序坏道   C. 网络坏道   D. 物理坏道

37. 如果硬盘有了逻辑坏道，通常表现为_____。

    A. 正常使用计算机频繁出现死机   B. 硬盘空间莫名其妙减少

    C. 运行某个软件时经常出错   D. 硬盘不断读盘并发出刺耳的杂音

38. 用磁盘扫描程序修复逻辑坏道时，选择"扫描并试图恢复坏扇区"复选框表示_____。

    A. 修复在磁盘检查过程中发现的错误

    B. 定位坏的扇区

    C. 恢复可读的信息

    D. 自动修复文件系统错误

39. 使用_____等磁盘软件可以修复物理坏道。

    A. Fdisk   B. PartitionMagic   C. DiskManager   D. Scandisk

40. 使用硬盘时应注意的问题包括_____。

    A. 防止灰尘   B. 防止温度过高

    C. 定期整理硬盘上的"碎片"   D. 定期对硬盘进行杀毒

41. 下列关于"诊断启动"的说法中正确的是_____。

    A. 仅加载基本设备驱动程序   B. 仅加载网卡等设备

    C. 仅加载系统必需的一些服务   D. 系统是最干净的

42. 下列关于设置一般启动选项的说法中正确的是_____。

    A. 默认情况下 Windows 采用的是正常启动模式

    B. 选择"诊断启动"可以仅加载基本的驱动与服务

    C. 选择"有选择的启动"可以按需要勾选启动项

    D. 从安装光盘可以提取丢失的系统文件

43. 下列服务中主要是针对远程的是_____。
    A. Terminal Services B. Remote Registry
    C. Telnet D. Performance Logs And Alerts

44. 下列服务功能的说明中正确的是_____。
    A. Error Reporting Service：允许错误报告
    B. Ssdp Discovery Service：启动家庭网络上的 upnp 设备的发现
    C. Automatic Updates：自动从 Windows Update 更新补丁，利用 Windows Update 功能进行升级
    D. Print Spooler：将文件加载到内存中以便稍后打印

45. 在注册表中存放了所有的_____。
    A. 硬件信息
    B. 软件信息
    C. Windows 的信息
    D. 和 Windows 有联系的 32 位应用程序的信息

46. 若要新建注册表值项，可选择"编辑"菜单"新建"子菜单下的"_____"命令。
    A. 字串值 B. 二进制值 C. DWORD 值 D. 多字符串值

47. 新建注册表值项的类型包括_____。
    A. REG_SZ B. REG_BINARY
    C. REG_DWORD D. REG_MULTI_SZ

操作技能辅导练习题

【试题 1】
1. 考核要求
（1）解决计算机启动时不显示操作系统列表的问题。
（2）禁用计算机的网络适配器。
2. 考核时限
完成本题操作基本时间为 15 min；超出要求时间 5 min 内（含）扣 1 分，超出要求时间 5 min 以上停止操作。

【试题 2】
1. 考核要求
（1）解决用 IE 浏览网页时无法显示网页中的图片、无法自动调节网页中图片大小的问题。

(2) 修改注册表，设置 Windows 系统自动登录（只需找出设置该功能的最后一层）。

2. 考核时限

完成本题操作基本时间为 15 min；超出要求时间 5 min 内（含）扣 1 分，超出要求时间 5 min 以上停止操作。

【试题 3】

1. 考核要求

(1) 解决因刷新频率过低而导致显示器"抖动现象"的问题，设置屏幕刷新率为 85 Hz。

(2) 通过修改系统属性来解决进入 Windows 系统时出现"注册表空间不足"错误提示的问题。

2. 考核时限

完成本题操作基本时间为 15 min；超出要求时间 5 min 内（含）扣 1 分，超出要求时间 5 min 以上停止操作。

参考答案
理论知识辅导练习题参考答案

一、判断题

1. √ 2. × 3. √ 4. × 5. × 6. √ 7. × 8. √ 9. × 10. × 11. ×
12. √ 13. √ 14. × 15. √ 16. × 17. × 18. √ 19. √ 20. × 21. √
22. × 23. √ 24. √ 25. √ 26. √ 27. √ 28. × 29. √ 30. × 31. ×
32. √ 33. √ 34. √ 35. √ 36. √ 37. √ 38. √ 39. √ 40. √ 41. √
42. √ 43. √ 44. √ 45. √ 46. × 47. √ 48. √ 49. √ 50. √ 51. ×
52. × 53. √ 54. × 55. √ 56. × 57. × 58. √

二、单项选择题

1. D 2. B 3. B 4. D 5. D 6. D 7. D 8. A 9. B 10. C 11. A 12. B
13. A 14. A 15. D 16. A 17. B 18. A 19. A 20. D 21. C 22. A 23. C
24. A 25. C 26. D 27. C 28. B 29. D 30. D 31. D 32. A 33. C 34. C
35. D 36. A 37. D 38. D 39. A 40. B 41. D 42. B 43. B 44. B 45. A
46. C 47. D 48. C 49. C 50. D 51. B 52. C 53. C 54. B 55. C 56. C
57. D 58. B 59. D 60. B 61. B 62. A 63. A 64. C 65. B 66. B 67. B
68. A 69. B 70. C 71. A 72. B 73. D 74. D 75. C 76. D 77. A 78. B
79. C

三、多项选择题

1. ABCD 2. ABC 3. AB 4. ABCD 5. BD 6. ABCD 7. ABCD 8. ABC 9. ABC
10. ABCD 11. AB 12. ABD 13. ABC 14. ABC 15. ABCD 16. ABCD 17. AC
18. ABCD 19. AD 20. ABCD 21. AB 22. CD 23. AB 24. ABC 25. AB 26. ABCD
27. ABC 28. AB 29. ABCD 30. ACD 31. ABC 32. ABCD 33. ABC 34. ABCD
35. ABCD 36. AD 37. ABC 38. ABC 39. ABC 40. ABCD 41. ACD 42. ABCD
43. ABCD 44. ABCD 45. ACD 46. ABCD 47. ABCD

操作技能辅导练习题参考答案

【试题1】

1. 操作步骤及注意事项

(1) 解决计算机启动时不显示操作系统列表的问题

1) 鼠标右键单击桌面上"我的电脑"图标,在弹出的快捷菜单中选择"属性"选项,弹出如图1—1所示的"系统属性"对话框。

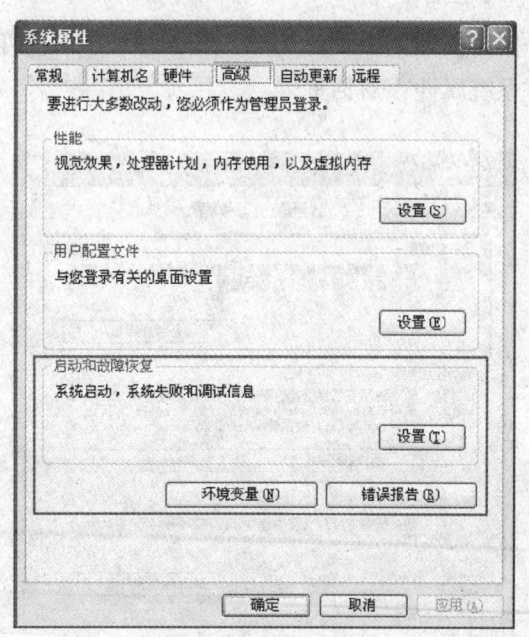

图1—1

2) 在"高级"选项卡下,单击"启动和故障恢复"选项下的"设置"按钮,弹出如图1—2所示的"启动和故障恢复"对话框,将"显示操作系统列表的时间"复选框选中,单击"确定"按钮返回到"系统属性"对话框,再次单击"确定"按钮即可。

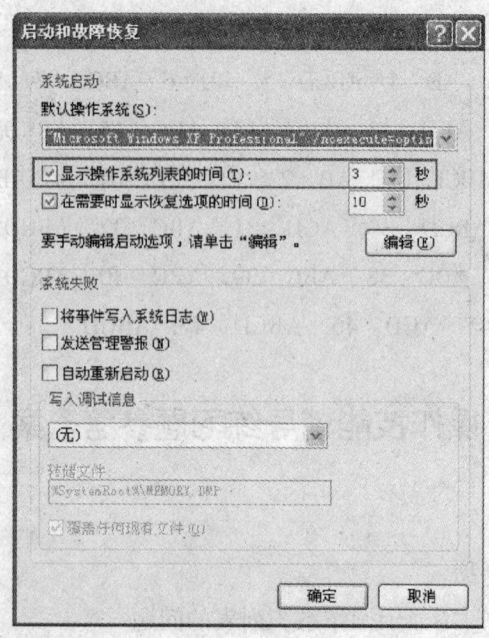

图1—2

(2) 禁用计算机的网络适配器

1) 鼠标右键单击桌面上"我的电脑"图标,在弹出的快捷菜单中选择"属性"选项,弹出如图1—3所示的"系统属性"对话框。

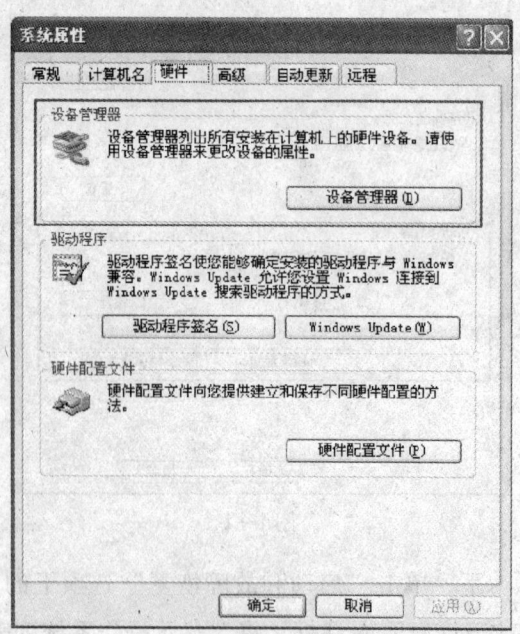

图1—3

2）在"硬件"选项卡下,单击"设备管理器"栏下的"设备管理器"按钮,弹出如图1—4所示的"设备管理器"窗口。

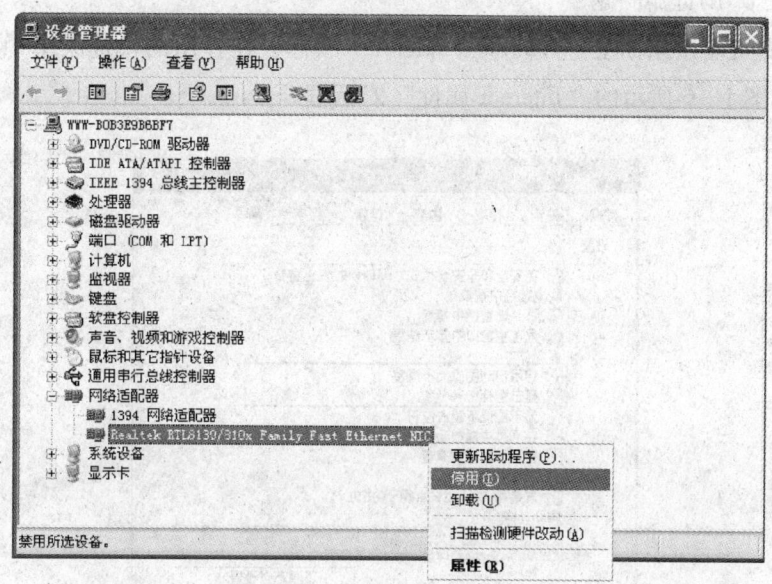

图1—4

3）双击列表中的"网络适配器",此时出现的下拉列表中会显示计算机中存在的全部网络适配器。

4）鼠标右键单击想要禁用的网络适配器,在弹出的快捷菜单中选择"停用"选项,弹出如图1—5所示的对话框,单击"是"按钮即可。

图1—5

2. 评分项目及标准

评分项目	评分要点	配分	评分标准及扣分
操作系统设置与优化	优化系统性能	2.5分	按要求完成得2.5分,否则不得分
网络设备的连接与应用	禁用网络适配器	2.5分	按要求完成得2.5分,否则不得分

【试题2】

1. 操作步骤及注意事项

（1）解决 IE 浏览器问题

1）鼠标右键单击桌面上"Internet Explorer"图标，在弹出的快捷菜单中选择"属性"选项，弹出如图1—6所示的"Internet 属性"对话框。

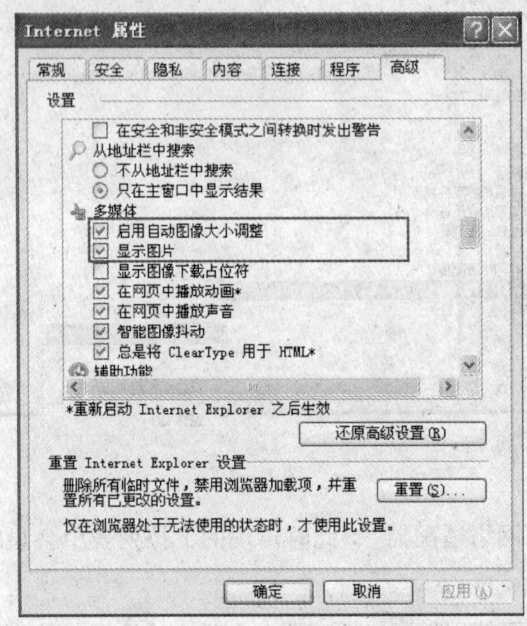

图1—6

2）在"高级"选项卡的"多媒体"列表中选中"启用自动图像大小调整"和"显示图片"复选框，单击"确定"按钮即可。

（2）修改注册表，设置 Windows 系统自动登录

1）单击"开始"按钮，执行"运行"命令，弹出如图1—7所示的"运行"对话框，在"打开"后的列表框中输入"regedit"命令，单击"确定"按钮。

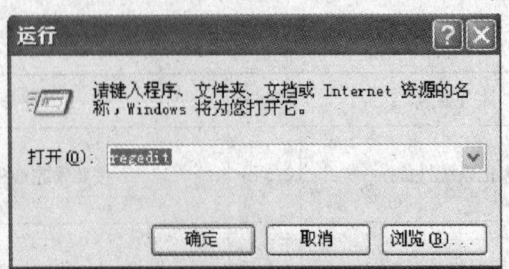

图1—7

2）如图 1—8 所示，在打开的"注册表编辑器"窗口中定位 HKEY_ LOCAL_ MACHINE \ SOFTWARE \ Microsoft \ WindowsNT \ CurrentVersion \ Winlogon，在右侧区域将会显示键值的名称、类型和数据。

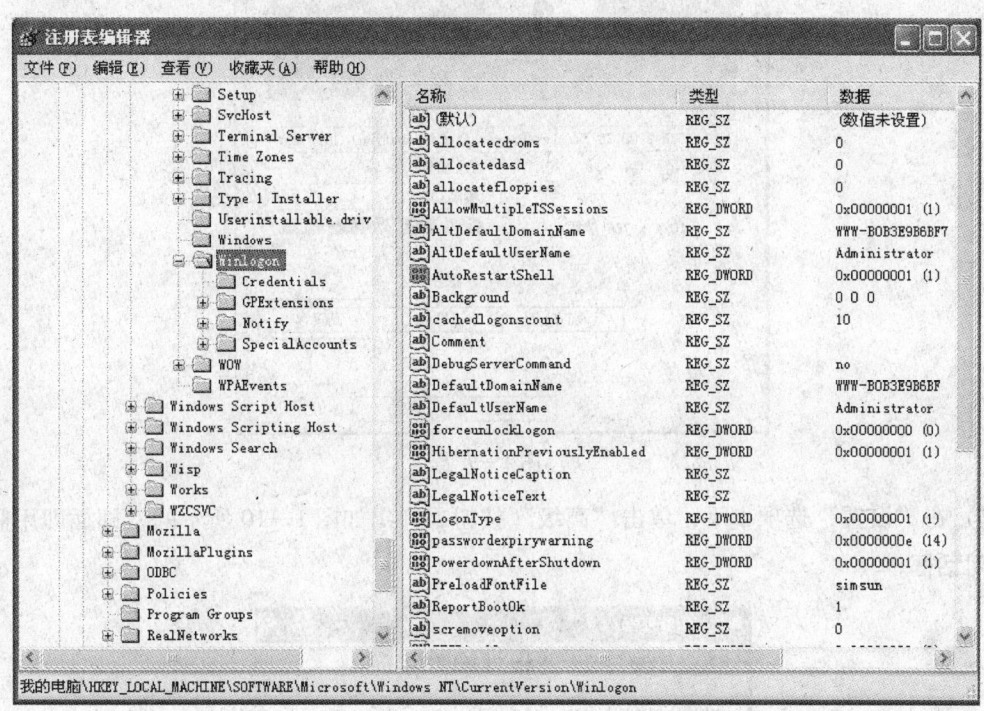

图 1—8

2. 评分项目及标准

评分项目	评分要点	配分	评分标准及扣分
操作系统设置与优化	系统性能的优化	2.5 分	按要求完成得 2.5 分，否则不得分
应用程序管理	调用注册表编辑器和修改注册表	2.5 分	按要求完成得 2.5 分，否则不得分

【试题 3】

1. 操作步骤及注意事项

（1）解决因刷新频率过低而导致显示器"抖动现象"的问题

1）在桌面空白处单击鼠标右键，在弹出的快捷菜单中选择"属性"命令，弹出如图 1—9 所示的"显示 属性"对话框。

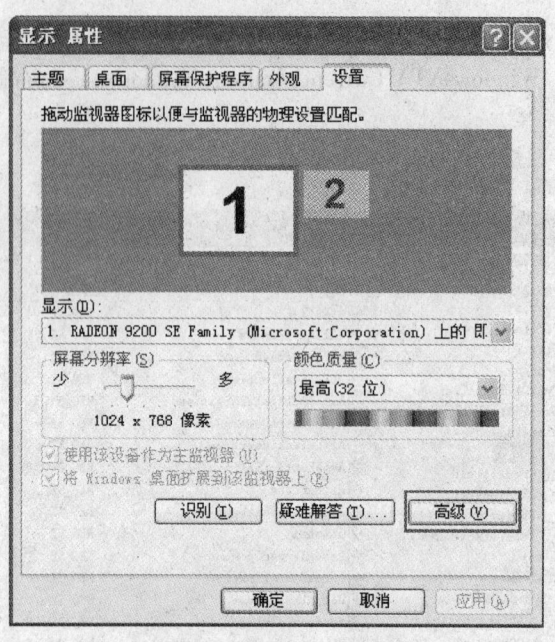

图 1—9

2）在"设置"选项卡下，单击"高级"按钮，弹出如图 1—10 所示的"即插即用监视器"对话框。

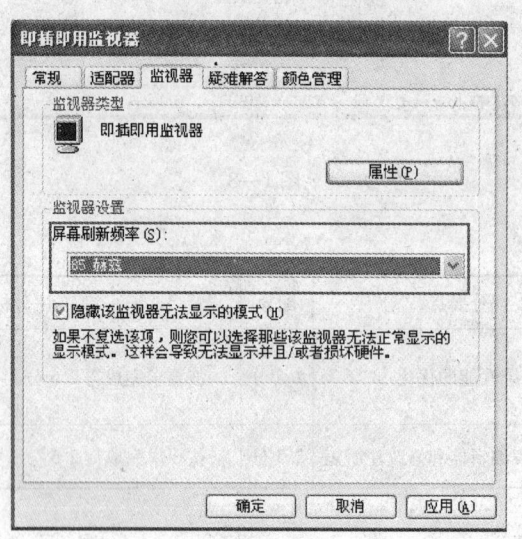

图 1—10

3）选择"监视器"选项卡，在"屏幕刷新频率"的下拉列表框中选择"85 赫兹"，单击"确定"按钮，返回到"显示 属性"对话框，再次单击"确定"按钮。弹出如图 1—11 所示的"监视器设置"对话框，单击"是"按钮即可。

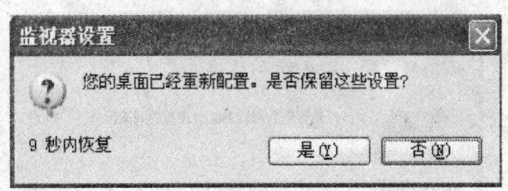

图 1—11

（2）解决进入 Windows 系统时出现"注册表空间不足"错误提示的问题

1）鼠标右键单击桌面上"我的电脑"图标，在弹出的快捷菜单中选择"属性"选项，弹出如图 1—12 所示的"系统属性"对话框。

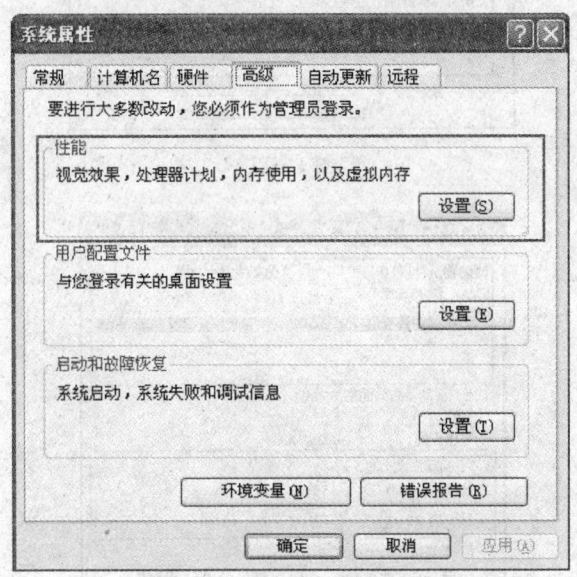

图 1—12

2）在"高级"选项卡下，单击"性能"列表下的"设置"按钮，弹出如图 1—13 所示的"性能选项"对话框。

3）选择"高级"选项卡，单击"虚拟内存"列表下的"更改"按钮，弹出如图 1—14 所示的"虚拟内存"对话框。

4）在上面的"驱动器［卷标］"列表框中选中"E:"一栏（虚拟内存一般设置在系统盘之外的硬盘上，选择可用空间比较大的硬盘，故这里选择了 E 盘），再选中下面的"自定义大小"单选按钮。

5）根据下面"所有驱动器页面文件大小的总数"下的"推荐"和"当前已分配"来确定"自定义大小"下的"初始大小（MB）"和"最大值（MB）"的数值（建议设置虚拟内存的大小为物理内存大小的 1.5～2 倍）。

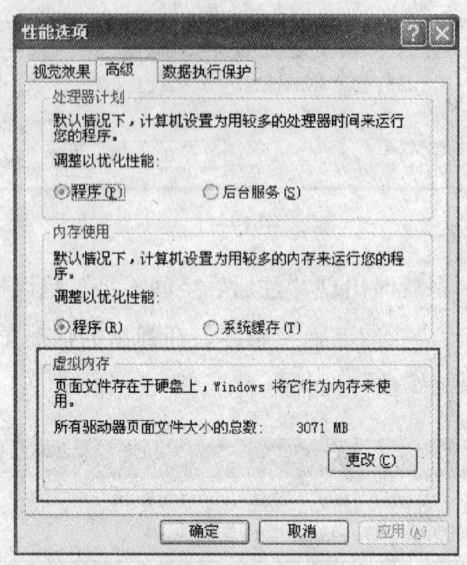

图1—13

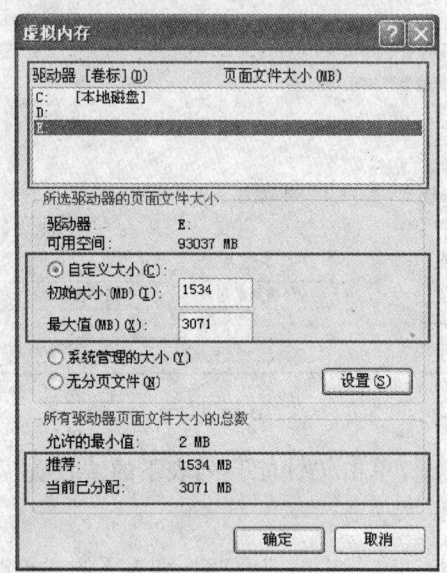

图1—14

6）设置完成后先单击上方的"设置"按钮，然后再单击下方的"确定"按钮，弹出如图1—15所示的"系统控制面板小程序"对话框，单击"确定"按钮。

7）返回到"性能选项"对话框后，依次单击"确定"按钮，最后弹出如图1—16所示的"系统设置改变"对话框，单击"是"按钮（如果有其他程序在运行，可以单击"否"按钮，稍后重启），这样在重启后进入Windows系统时就不会出现"注册表空间不足"的错误提示了。

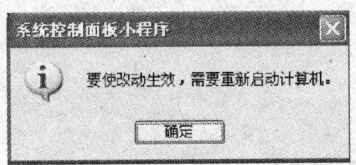
图 1—15

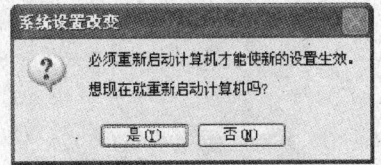
图 1—16

2. 评分项目及标准

评分项目	评分要点	配分	评分标准及扣分
多媒体设备连接与应用	即插即用式硬件设备的设置	2.5 分	按要求完成得 2.5 分,否则不得分
应用程序管理	调用系统程序编辑和修改系统配置文件	2.5 分	按要求完成得 2.5 分,否则不得分

第 2 章　文字录入

考 核 要 点

考核范围	理论知识考核要点	操作技能考核要点
中英文录入基本知识	1. 掌握校对的基础知识 2. 掌握校对的要求 3. 掌握用白正体的外文字母和符号 4. 掌握用白斜体的外文字母及符号 5. 掌握用黑体的外文符号 6. 掌握科技书中外文字母大小写的用法 7. 掌握适当加空的应用 8. 掌握化学排版的技巧 9. 掌握"公式"工具栏的应用 10. 掌握公式的编辑界面	1. 能在 10 min 内,以每分钟不低于 200 个英文字符的速度,使用计算机键盘输入指定的英文文稿,错误率不高于 3‰ 2. 能在 10 min 内,以每分钟不低于 120 个汉字的速度,使用计算机键盘输入指定的中文文稿,错误率不高于 3‰ 3. 能输入常用数学公式 4. 能输入逻辑、物理、化学等其他公式
汉字输入法	1. 掌握默认热键的使用 2. 掌握手写板的应用 3. 掌握汉字输入的方法 4. 掌握输入法的安装和删除方法 5. 掌握语言栏显示风格的设置方法 6. 掌握语音识别的使用条件 7. 掌握语音识别的安装方法 8. 掌握语音识别的删除方法 9. 掌握语音识别引擎的训练方法 10. 掌握使用语音识别进行文字输入时应注意的问题 11. 掌握使用语音识别输入文字的方法	

续表

考核范围	理论知识考核要点	操作技能考核要点
汉字输入实用技巧	1. 掌握手工造词的方法 2. 掌握繁体字的应用 3. 掌握特殊符号的输入方法 4. 掌握设置编码提示的方法 5. 掌握造字程序指导栏的应用 6. 掌握造字程序工具箱的功能 7. 掌握造字字符的使用	

重点复习提示

一、中英文录入基本知识

1. 校对的基础知识

校对人员的基本职责是对原稿负责。所谓对原稿负责,就是忠实地反映原稿上所书写和批注的一切内容,即通过校对,消灭校样上一切与原稿不符的文字、符号、标点、图表及版式等错误。

一般书刊所采取的是三校付印。校对方法主要有以下3种:

(1) 对校

对校是指将原稿放在左方或上方,与校样对照着核对的方法。

(2) 折校

折校是指用大拇指、中指和食指夹持校样,校对前将校样轻折一下,然后将校样靠近原稿文字相对的校对方法。

(3) 读校

读校是两人合作进行的校对方法。校对时,一人读原稿,一人看校样。

2. 校对的要求

(1) 校正校样上的错字、倒字及缺字,不要存在颠倒、多余或遗漏字句行段,以及接排、另行、字体、字号等差错。

(2) 改正符号和公式的错误。

(3) 检查处理是否符合要求,标题、表题、图题有无偏斜,字体、字号是否统一,页码是否连贯，书眉有无，线的粗细等。

(4) 检索注解和参考文献的次序与正文所标号码是否吻合。

(5) 注意插图、表格、数学公式、化学方程式等的位置是否恰当和美观。

(6) 检查图的位置方位是否平正。

(7) 检查行距是否匀称，字距是否合乎规定。

(8) 统一各级标题。

(9) 其他排版版式中指出的排版要求。

3. 用白正体的外文字母和符号

(1) 三角函数符号：如 sin（正弦）、cos（余弦）。

(2) 反三角函数符号：如 arctan。

(3) 双曲函数符号：如 sh（双曲正弦）。

(4) 反双曲函数符号：如 Arsh 或 Arsinh。

(5) 对数符号：如 log（通用对数）、lg（常用对数）。

(6) 公式中常用缩写字和常数符号：如 max（最大值）、min（最小值）。

(7) 其值不变的数学常数：如 e（自然对数函数的底数），π（圆周率）。

(8) 虚数单位：i。

(9) 公式中常用算符：Σ（连加）、∏（连乘）、d（微分算子）。

(10) 罗马数字：Ⅰ、Ⅱ、Ⅲ、Ⅳ等。

(11) 化学元素符号：单字母排大写；双字母前者排大写，后者排小写。

(12) 我国法定计量单位符号：如 kg（千克）、m（米）。

(13) 温度符号：℃（摄氏度）等。

(14) 硬度符号：HB（布氏硬度）、HV（维氏硬度）等。

(15) 代表形状、方位的外文字母：如 V 形、U 形、N（北极）、S（南极）。

(16) 国名及专用名缩写：如 P.R.C（中华人民共和国）。

(17) 各种计算机程序语言语句。

(18) 参考资料中的外文书刊名、人名、地名。

(19) 仪器、元件、产品等的型号：如 QJ-18 型、74LS00 等。

4. 用白斜体的外文字母及符号

(1) 代数中的已知数：如 a、b、c。

(2) 几何中代表点（A、B、$C\cdots$）、线段（a、$b\cdots$），角度（α、β、θ 等）的外文字母。

(3) 代表未定义的函数符号：如 $F(x)$。

(4) 数值不确定的物理标量：如用 v 表示速度的大小。

(5) 化学中容易与元素符号混淆的外文字母：如 L（左型）。

(6) 易与数码混淆的字母：如"1"应用"l"。

(7) 其他未特殊标注的数学式符号。

5. 用黑体的外文符号

(1) 近代物理学和代数学中的"张量"用黑正体，如张量 **S**、张量 **T** 等。

(2) 近代物理学和代数学中的"矢量"用黑斜体，如矢量 $\boldsymbol{A}$、矢量 $\boldsymbol{B}$、磁场 $\boldsymbol{H}$、电场 $\boldsymbol{E}$ 等。

6. 科技书中外文字母大小写的用法

(1) 科技书中，同一个字母的大小写所代表的数或量往往不同。例如，pH 值（氢离子的浓度值）中的"p"一定要排小写，如果排成大写，其含义就完全不同。

(2) 化学元素符号中，凡由两个字母组成的，第 2 个字母必须排小写，如 Cu、Fe。

7. 适当加空的应用

排复杂公式时，应插入适当的三分空（即 ASCII 码空），以增强阅读效果。一般来讲，下列情况可插入三分空：

(1) 正体与正体符号之间，如 arc sin、lim cos 等。

(2) 正体与斜体之间，如 $\lim x$、$\tan x$ 等。

(3) 数值与度量单位之间，如 10 mm、5 kHz 等。

8. 化学排版的技巧

简单的化学方程式排版可借助公式编辑器实现，但要注意：

(1) 化学元素全部用白正体。

(2) 核素的核子数（质量数）表示在左上标位置。

(3) 分子中核素的原子数表示在右下标位置。

(4) 质子数、原子序数可在左下标位置指明。

(5) 如有必要，离子态或激发态可在右上标位置指明。

9. "公式"工具栏的应用

"公式"工具栏是 Microsoft 公式 3.0 的核心，该工具栏包括"模板"工具条和"符号"工具条两部分。

(1) 工具栏的顶行是"符号"工具条，其中的按钮可插入 150 多个数学符号。"符号"工具条依次是："关系符号""间距和省略符号""修饰符号""运算符号""箭头符号""逻辑符号""集合论符号""其他符号""希腊字母（小写）""希腊字母（大写）"。

(2) 工具栏的底行是"模板"工具条，用于插入模板或结构。许多模板包含插槽（键入文字和插入符号的空间）。"模板"工具条依次是："围栏模板""分式和根式模板""下标和上标模板""求和模板""积分模板""底线和顶线模板""标签箭头模板""乘积集合论模板""矩阵模板"。

10. 公式的编辑界面

在创建公式时,"公式编辑器"会根据数学排版惯例自动调整字号、间距和格式。

公式编辑界面提供了"格式""样式"和"尺寸"菜单。利用"格式"菜单,可以改变公式中字符等元素的对齐方式。利用"样式"菜单,可以改变公式中的文字、函数、变量及数字等元素的字体。利用"尺寸"菜单,可以改变公式中普通字符、公式符号及上下标等各元素的尺寸。

二、汉字输入法

1. 默认热键的使用

汉字输入法默认的几种热键如下:

(1) 打开/关闭输入法:Ctrl + Space 组合键。

(2) 全角/半角切换:Shift + Space 组合键。

(3) 中英文符号切换:Ctrl + 。(句号键) 组合键。

2. 手写板的应用

手写板的出现主要是为了输入中文,使用者不需要再学习其他的输入法就可以很轻松地输入中文。现在的手写板普遍采用了比较先进、成熟的电磁压感技术,即所谓的感应式手写板。感应手写板又分为有压感和无压感两种。有压感的手写板可以输入字,而且可以直接用来进行绘画。

3. 汉字输入的方法

用键盘输入汉字已是一项非常成熟的技术,另外还可使用手写板和麦克风进行文字输入。非键盘输入的产品分为4类:手写笔,语音识别,手写加语音识别,手写、语音识别加光学字符识别(OCR)扫描阅读器。

4. 输入法的安装和删除方法

(1) 在语言栏上单击鼠标右键,在弹出的菜单中选择"设置"命令,打开"文字服务和输入语言"对话框。

(2) 单击对话框中的"添加"按钮,弹出"添加输入语言"对话框。

(3) 在"键盘布局/输入法"下拉列表框中选择输入法名称,如"中文(简体)—全拼"。

(4) 单击"确定"按钮,所选择的中文输入法就出现在"已安装的服务"列表框中,再单击"应用"或"确定"按钮,所选的输入法即被添加成功。

(5) 删除输入法的方法很简单，在"文字服务和输入语言"对话框中，选择需要删除的输入法，然后单击"删除"按钮即可。

5. 语言栏显示风格的设置方法

(1) 打开"文字服务和输入语言"对话框并单击"语言栏"按钮，弹出"语言栏设置"对话框，可以选中相应的复选框，进行语言栏的设置。

(2) 选中"在桌面上显示语言栏"复选框，它也是激活其他各选项的前提条件。如果取消选中该复选框，则无法对其他选项进行设置，且在整个屏幕上找不到输入法的踪迹，而只能使用快捷键。

(3) 若选中"处于非活动状态时，将语言栏显示为透明"复选框，则当光标不在语言栏上时，语言栏呈半透明状态。

6. 语音识别的使用条件

要使用麦克风进行文字输入，需要配置如下硬件及软件组件：

(1) 计算机 CPU 主频为 400 MHz 或更高，内存至少为 128 MB。

(2) 安装并配置一个高质量的声卡。

(3) 使用高质量近距离的（头戴式）麦克风。

(4) Internet Explorer 5.0 或者更高版本。

(5) 必须安装语音识别引擎，它是 Microsoft Office 附带的，但可能尚未安装。

7. 语音识别的安装方法

(1) 判断计算机是否已安装语音识别

1) 单击"开始"→"控制面板"命令，然后双击"语音"选项，弹出"语音属性"对话框。

2) 在"语音属性"对话框中，如果有"语音识别"选项卡，则表明已安装了语音识别引擎；否则，表示语音识别引擎没有安装。

(2) 从 Microsoft Word 2003 安装语音识别引擎

1) 打开 Microsoft Word 2003，单击"工具"→"语音"命令。

2) 系统弹出对话框提示"Microsoft Word 无法加载'语音识别文件'文件。这项功能目前尚未安装，是否现在安装?"。

3) 单击"是"按钮，开始安装语音识别引擎。

4) 语音识别引擎安装完毕，在语言栏中出现了一个"麦克风"和一个"语音工具"按钮。同时，系统弹出"欢迎使用 Office 语音识别"对话框。

5) 依次单击"下一步"按钮，完成对麦克风的设置。

6) 单击"完成"按钮，弹出"语音识别"提示框，单击"是"后就可以使用语音识别了。

语音识别在所有 Office 程序以及其他可以激活语音识别的程序（如 Internet Explorer）中都可使用。语音识别引擎具有指定的语言，目前有 3 个可用的 Microsoft 语音引擎，分别是简体中文、美国英语和日语。

8. 语音识别的删除方法

（1）在"控制面板"中，双击"区域和语言选项"选项。

（2）在系统弹出的"区域和语言选项"对话框中，选择"语言"选项卡，单击"详细信息"按钮。

（3）在弹出的"文字服务和输入语言"对话框的"已安装的服务"选项组下，单击"语音识别"选项，然后单击"删除"按钮。

删除语音识别并非将其从计算机上删除，而是使其成为不可用的服务，并且不再加载到内存。但可以随时像添加其他输入法一样进行添加。

9. 语音识别引擎的训练方法

训练语音识别引擎的过程就是教授语音识别引擎识别用户的声音与说话模式的过程。

（1）在"控制面板"中双击"语音"选项。

（2）在"语音属性"对话框的"语音识别"选项卡下，从"语言"选项组中的下拉列表框中选择需要的语音识别引擎。

（3）从"识别配置文件"选项组中选择需要的配置文件。训练只能针对特定的引擎和配置文件，因此训练一个引擎或配置文件不影响其他引擎或配置文件。单击"训练配置文件"按钮。

（4）出现"声音训练"向导，按照向导的指示进行操作即可。

训练计算机的建议时间至少为 15 min。训练得越多，识别精确度也就越高。

10. 使用语音识别进行文字输入时应注意的问题

（1）以一致而平稳的语调讲话。讲话声音过低或过于柔和，都会使计算机难以识别用户所讲的内容。

（2）使用一致的速率。

（3）在字和字之间不要停顿。

（4）在安静的环境下讲话，同时还应该使用优质扬声器。

（5）通过大声阅读在"语音训练"向导中准备好的训练文本来训练计算机识别用户的声音。

（6）在口述时，不要考虑为什么没有立即在屏幕上看到字词。连续讲话直到全部表达完毕，计算机将在完成声音处理后在屏幕上显示识别出的文本。

（7）发音要清晰，但是不要以每个单词的音节为分隔单位。

11. 使用语音识别输入文字的方法

首先打开语言栏上的麦克风 按钮，就可以在听写模式 和声音命令模式 之间切换。

若单击或者说出听写模式，就可以在任何可输入文字的位置进行听写。但语音识别方式输入的文字准确率不高，需要用户将声音、鼠标或键盘结合起来使用，对文字进行修改，以达到最佳的效果。

三、汉字输入实用技巧

1. 手工造词的方法

（1）用鼠标单击任务栏菜单中的输入法图标后，在输入法列表中选择五笔字型输入法或王码五笔输入法，在屏幕的左下方会出现输入法指示器图标。

（2）右击输入法指示器时会出现"版本信息""帮助""手工造词""设置"等选项列表。

（3）选择其中的"手工造词"选项会出现"手工造词"对话框。在"词语"选项后面录入自造词组或短语的文字，同时"外码"选项会自动地给出该词组或短语的五笔输入码。录入完毕后，单击"添加"按钮，所自造的词组或短语已经添加到了五笔字型词库中供用户调用。在此次自造词组或短语完成后，单击"关闭"按钮退出"手工造词"对话框。

如果认为系统给出的五笔字型输入码冗长而不便记忆，可以在外码后给出便于自己记忆的编码。

2. 繁体字的应用

繁体汉字输入主要用于以下几个方面：

（1）在繁体网页和搜索引擎、聊天室中输入汉字，能被繁体网站正确识别。

（2）在简体 Word、Excel 中输入繁体汉字，能被繁体 Word、Excel 正确识别。

（3）在 Outlook Express 中输入繁体汉字，能被繁体 Outlook 正确识别。

另外要注意的是，GBK 繁体码并不等于香港、澳门、台湾计算机所使用的 Big5 繁体码，两者互不兼容。

3. 特殊符号的输入方法

（1）单击"开始"→"所有程序"→"附件"→"系统工具"→"字符映射表"命令，打开"字符映射表"对话框。

（2）选择所要的符号，然后单击"选择"按钮，此时所选中的字符就会出现在"复制字符"文本框中。如果需要的话，用户可一次选择多个符号。但是，每次选择一个符号后均需单击"选择"按钮。此外,如果当前字体中没有所需符号,可通过对话框上方的"字体"下拉列表更换字体。

(3) 单击"复制"按钮,将选定符号复制到剪贴板。

(4) 打开需要插入符号的文档,按 Ctrl + V 键将剪贴板中的内容粘贴到文件中。

(5) 将插入的符号的字体设置为与字符映像表中的一致即可。

4. 设置编码提示的方法

(1) 先将输入法切换到五笔字型输入法状态下,然后右键单击输入法状态条除 ▓ 外的任意位置,在弹出的菜单中选择"设置"命令,弹出"输入法设置"对话框。

(2) 在"输入法功能设置"选项组中单击"逐渐提示"复选框,然后单击"确定"按钮,这样每当输入某个字母时,系统会显示以该字母开头的相关字或词组的编码。

5. 造字程序指导栏的应用

造字程序的指导栏位于菜单栏的下方,用于显示造字字符的相关信息,其中:

(1) 字符集:显示造字字符的当前字符集。

(2) 代码:显示该字符的十六进制代码。

(3) 字体:显示关联的字体或全部字体的名称。

(4) 文件:显示造字字符的名称,如果造字字符已经与系统所有字体建立关联,则文件名为 EUDC。

6. 造字程序工具箱的功能

造字程序中工具箱用于绘制字符图形。各个工具的功能如下:

(1) 铅笔工具(✎):用来绘制任意形状的图形。

(2) 刷子工具(♣):用来绘制任意形状的图形,其宽度是铅笔工具的 2 倍。

(3) 直线工具(╲):用来绘制直线图形。

(4) 中空矩形工具(▢):用来绘制中间为空的矩形图形。

(5) 实心矩形工具(■):用来绘制中间为实心的矩形图形,即被填充的矩形。

(6) 空心椭圆工具(○):用来绘制中间为空的椭圆图形。

(7) 实心椭圆工具(●):用来绘制中间为实心的椭圆图形,即被填充的椭圆。

(8) 矩形选择工具(▨):用来选择矩形区域内的图形。

(9) 任意形状选择工具(⌇):用来选择任意形状区域内的图形。

(10) 橡皮擦工具(⌀):用来擦除图形。

7. 造字字符的使用

使用造字程序开始造字的主要方法是利用其他汉字的偏旁、部首或笔画来拼凑出新的汉字,然后使用造字程序提供的工具对汉字进行修改。

在造了汉字之后，还需要把新造汉字的编码加到输入法中去，这样所造的汉字才能够使用。这时可选择"编辑"→"输入法链接"命令，系统将弹出"输入法链接"对话框，这时在"五笔型"文本框中输入所造字的五笔输入法外码，单击"注册"按钮。至此，新造的字符可以使用了。

用造字程序造好的字符只能在自己的计算机上使用，不能用于其他计算机。另外，包含造字字符的文件在其他用户计算机上打开以后将显示成空格，看不到该字符内容。

理论知识辅导练习题

一、**判断题**（下列判断正确的请在括号内打"√"，错误的请在括号内打"×"）

1. 所谓对原稿负责，就是忠实地反映原稿上所书写和批注的一切内容。（　　）
2. 对校是两人合作进行的校对方法。（　　）
3. 校对时不必注意检索注解和参考文献的次序。（　　）
4. 校对时要注意插图、表格、数学公式、化学方程式等的位置是否恰当和美观。
（　　）
5. 进行公式排版时，变量使用白斜体。（　　）
6. 进行公式排版时，三角函数符号使用白正体。（　　）
7. 进行公式排版时，代数中的已知数使用白正体。（　　）
8. 进行公式排版时，易与数码混淆的字母使用白正体。（　　）
9. 科技书中，同一个字母的大、小写所代表的数或量往往不同。（　　）
10. 化学元素符号中，凡由两个字母组成的，第2个字母必须排大写。（　　）
11. 排复杂公式时，应插入适当的三分空（即 ASCII 码空），以增强阅读效果。（　　）
12. 大、小写字母之间需嵌入三分空。（　　）
13. 质子数、原子序数可在左下标位置指明。（　　）
14. 化学元素符号全部用白斜体。（　　）
15. "公式"工具栏里的许多模板都没有插槽。（　　）
16. "公式"工具栏底行的"模板"工具条用于插入模板或结构。（　　）
17. 在创建公式时，"公式编辑器"会根据数学排版惯例自动调整字号、间距和格式。
（　　）
18. 在公式编辑界面，利用"格式"菜单，可以改变公式中的文字、函数、变量及数字等元素的字体。（　　）
19. Windows XP 操作系统捆绑了一些输入法供人们使用。（　　）

20. 在初次安装 Windows XP 操作系统后，由于系统不带任何输入法，所以每个输入法都需要计算机使用者进行安装。（   ）

21. 用户安装完一种输入法，它一定会在语言栏上显示出来。（   ）

22. 现在很多输入法软件都有自动安装程序，能够自动安装。（   ）

23. 切换打开/关闭输入法的默认热键是 Ctrl + Space。（   ）

24. 切换中英文符号的默认热键是 Ctrl + Space。（   ）

25. 在"语言栏设置"中，取消选中"在桌面上显示语言栏"复选框则可激活其他各选项。（   ）

26. 使用手写板不仅能够输入汉字，还能绘图。（   ）

27. 手写板采用了电磁压感技术，因此手写板又称为电磁板。（   ）

28. 语音识别就是口头解释词汇并将其转变为计算机可读文本的能力。（   ）

29. 要使用麦克风进行文字输入，计算机 CPU 主频需要为 200 MHz 或更高。（   ）

30. 语音识别在所有 Office 程序及其他可以激活语音识别的程序中都可使用。（   ）

31. 语音识别在 Internet Explorer 中不可使用。（   ）

32. 语音识别不会影响计算机的性能。（   ）

33. 训练语音识别引擎的过程就是教授语音识别引擎识别用户的声音与说话模式的过程。（   ）

34. 训练语音识别引擎可以针对不同的引擎和配置文件。（   ）

35. 语音识别引擎使用户能够利用特定的程序向文档中输入文本。（   ）

36. 不论讲话声音过低还是过于柔和，计算机都能识别。（   ）

37. 打开语言栏上的麦克风按钮，就可以在听写模式和声音命令模式之间切换。（   ）

38. 单击声音命令模式，就可以在任何可输入文字的位置进行听写。（   ）

39. 用鼠标单击任务栏菜单中的输入法图标后，选择五笔字型输入法或王码五笔输入法，在屏幕的左上方会出现输入法指示器图标。（   ）

40. 手工造词时，如果认为系统给出的五笔字型输入码太冗长不便记忆，可以在外码后给出便于自己记忆的编码。（   ）

41. 在繁体网页和搜索引擎、聊天室中输入繁体汉字，能被繁体网站正确识别。（   ）

42. GBK 繁体码等于香港、澳门、台湾计算机所使用的 Big5 繁体码，两者可以兼容。（   ）

43. 在输入特殊符号时，如果需要，用户可一次选择多个符号。（   ）

44. 在输入特殊符号时，选择多个特殊符号只需单击一次"选择"按钮。（ ）
45. 通过切换提示可以在拼音输入法和五笔输入法间互查编码。（ ）
46. 如果造字字符已经与系统所有字体建立关联，则造字程序指导栏中显示的文件名为EUDC。（ ）
47. 造字程序的指导栏位于菜单栏的上方，用于显示造字字符的相关信息。（ ）
48. 造字程序中的工具箱用于绘制字符图形。（ ）
49. 在造字程序的工具箱中，直线工具用来绘制任意形状的图形。（ ）
50. 通过"插入"菜单可以把新造汉字的编码加到输入法中去。（ ）
51. 在造了汉字之后，还需要把新造汉字的编码加到输入法中去，这样所造的汉字才能够使用。（ ）

二、单项选择题（下列每题有4个选项，其中只有1个是正确的，请将其代号填写在横线空白处）

1. 校对人员的基本职责是_____。
   A. 查找错误   B. 修改错误
   C. 对原稿负责   D. 对安排校对工作的人负责

2. 一般书刊所采取的是_____校付印。
   A. 一   B. 三   C. 五   D. 七

3. _____是将原稿放在左方或上方，与校样对照着核对的方法。
   A. 对校   B. 折校   C. 读校   D. 看校

4. _____是用大拇指、中指和食指夹持校样，校对前将校样轻折一下，然后将校样靠近原稿文字相对的校对方法。
   A. 对校   B. 折校   C. 读校   D. 看校

5. _____是两人合作进行的校对方法。
   A. 对校   B. 折校   C. 读校   D. 看校

6. 下列关于校对要求的说法中错误的是_____。
   A. 不必注意检索注解和参考文献的次序
   B. 统一各级标题
   C. 改正符号和公式的错误
   D. 校正图的位置方位的平正

7. 进行公式排版时，_____使用白正体。
   A. 变量   B. 函数符号   C. 矢量   D. 张量

8. 进行公式排版时，_____使用白斜体。

A. 变量 　　　B. 函数符号 　　　C. 矢量 　　　D. 张量

9. 进行公式排版时，_____使用黑斜体。

　　A. 变量 　　　B. 函数符号 　　　C. 矢量 　　　D. 张量

10. 进行公式排版时，下列符号使用白正体的是_____。

　　A. 三角函数符号 　　　　　B. 代数中的已知数
　　C. 代表未定义的函数符号 　　D. 易与数码混淆的字母

11. 进行公式排版时，反三角函数符号使用_____。

　　A. 白正体 　　　B. 白斜体 　　　C. 黑正体 　　　D. 黑斜体

12. 进行公式排版时，化学元素符号全部用_____。

　　A. 白正体 　　　B. 白斜体 　　　C. 黑正体 　　　D. 黑斜体

13. 进行公式排版时，下列符号使用白斜体的是_____。

　　A. 三角函数符号 　　　　　B. 代数中的已知数
　　C. 虚数单位 　　　　　　　D. 对数符号

14. 进行公式排版时，易与数码混淆的字母使用_____。

　　A. 白正体 　　　　　　　　B. 白斜体
　　C. 黑正体 　　　　　　　　D. 黑斜体

15. 进行公式排版时，近代物理学和代数学中的"张量"使用_____。

　　A. 白正体 　　　B. 白斜体 　　　C. 黑正体 　　　D. 黑斜体

16. 进行公式排版时，近代物理学和代数学中的"矢量"使用_____。

　　A. 白正体 　　　B. 白斜体 　　　C. 黑正体 　　　D. 黑斜体

17. 排复杂公式时，应插入适当的_____，以增强阅读效果。

　　A. 一分空 　　　B. 二分空 　　　C. 三分空 　　　D. 四分空

18. 不必插入三分空的情况是_____。

　　A. 正体与正体符号之间 　　　B. 正体与斜体之间
　　C. 数值与度量单位之间 　　　D. 大小写字母之间

19. 核素的核子数（质量数）表示在_____位置。

　　A. 左上标 　　　B. 左下标 　　　C. 右上标 　　　D. 右下标

20. 分子中核素的原子数表示在_____位置。

　　A. 左上标 　　　B. 左下标 　　　C. 右上标 　　　D. 右下标

21. "公式"工具栏的顶行是"符号"工具条，其中的按钮可插入_____多个数学符号。

　　A. 100 　　　B. 150 　　　C. 200 　　　D. 250

22. "公式"工具栏的"模板"工具条不包括_____。
    A. 求和模板　　　B. 积分模板　　　C. 围栏模板　　　D. 运算模板

23. 在公式编辑界面，利用"_____"菜单，可以改变公式中字符等元素的对齐方式。
    A. 格式　　　　　B. 样式　　　　　C. 尺寸　　　　　D. 积分

24. 在公式编辑界面，利用"_____"菜单，可以改变公式中的文字、函数、变量及数字等元素的字体。
    A. 格式　　　　　B. 样式　　　　　C. 尺寸　　　　　D. 积分

25. 在 Windows XP 中，捆绑的输入法不包括_____。
    A. 微软拼音输入法　　　　　　　B. 英语（英文）输入法
    C. 郑码输入法　　　　　　　　　D. 五笔字型输入法

26. 在 Windows XP 中，下列输入法需要用户自己安装的是_____。
    A. 紫光拼音输入法　　　　　　　B. 全拼输入法
    C. 智能 ABC 输入法　　　　　　 D. 郑码输入法

27. 安装输入法需要使用"_____"对话框。
    A. 文字服务和输入语言　　　　　B. 日期和时间属性
    C. 系统属性　　　　　　　　　　D. Internet 属性

28. 打开/关闭输入法的默认热键是_____。
    A. Ctrl + Space　　　　　　　　B. Shift + Space
    C. Ctrl + 。（句号键）　　　　　D. Ctrl + Alt

29. 切换全半角的默认热键是_____。
    A. Ctrl + Space　　　　　　　　B. Shift + Space
    C. Ctrl + 。（句号键）　　　　　D. Ctrl + Alt

30. 切换中英文标点符号的默认热键是_____。
    A. Ctrl + Space　　　　　　　　B. Shift + Space
    C. Ctrl + 。（句号键）　　　　　D. Ctrl + Alt

31. 在"语言栏设置"中，选中"_____"是激活其他各选项的前提条件。
    A. 在桌面上显示语言栏
    B. 处于非活动状态时，将语言栏显示为透明
    C. 在任务栏中显示其他语言栏图标
    D. 在语言栏上显示文字标签

32. 在"语言栏设置"中，取消选中"_____"，则无法对其他选项进行设置。

A. 在桌面上显示语言栏

B. 处于非活动状态时，将语言栏显示为透明

C. 在任务栏中显示其他语言栏图标

D. 在语言栏上显示文字标签

33. 在"语言栏设置"中，选中"_____"，则当光标不在语言栏上时，语言栏呈半透明状态。

A. 在桌面上显示语言栏

B. 处于非活动状态时，将语言栏显示为透明

C. 在任务栏中显示其他语言栏图标

D. 在语言栏上显示文字标签

34. _____的出现主要是为了输入中文，使用者不需要再学习其他的输入法就可以很轻松地输入中文。

A. 键盘输入　　B. 手写板　　C. 麦克风　　D. 音箱

35. _____就是口头解释词汇并将其转变为计算机可读文本的能力。

A. 语音识别　　B. 手写板　　C. 键盘输入　　D. 光学识别

36. 语音识别程序使用户能通过_____的方式输入文本。

A. 扬声器讲话　　B. 键盘输入　　C. 手写笔输入　　D. 光学输入

37. 要查看计算机上是否已经安装了语音识别，需要通过"开始"→"_____"命令。

A. 控制面板　　B. 搜索　　C. 运行　　D. 连接到

38. 从 Microsoft Word 2003 安装语音识别引擎，需要单击"_____"菜单中的"语音"命令。

A. 编辑　　B. 视图　　C. 插入　　D. 工具

39. 下列关于语音识别的说法中错误的是_____。

A. 语音识别需要使用计算机内存

B. 语音识别不会影响计算机的性能

C. 如果不使用语音识别，可以将其删除

D. 删除语音识别并非将其从计算机上删除

40. 删除语音识别，需要在"控制面板"中双击"_____"选项。

A. 区域和语言选项　　　　B. 外观和主题

C. 声音、语音和音频设备　　D. 性能和维护

41. 下列关于训练语音识别引擎的说法中错误的是_____。

A. 语音识别引擎会注意用户说话的模式

B. 要朗读培训向导中的文章来训练引擎

C. 在工作时口述文本以继续培训引擎

D. 训练语音识别引擎可以针对不同的引擎和配置文件

42. 要训练语音识别引擎，需要通过"开始"菜单中的"_____"命令。

 A. 控制面板　　　　B. 搜索　　　　C. 运行　　　　D. 连接到

43. 训练计算机语音识别引擎的建议时间为至少_____ min。

 A. 5　　　　B. 8　　　　C. 10　　　　D. 15

44. 使用语音识别进行文字输入时语调要_____。

 A. 平稳　　　　B. 尽量低　　　　C. 尽量高　　　　D. 柔和

45. 下列关于使用语音识别进行文字输入时应注意问题的说法中错误的是_____。

 A. 应以一致而平稳的语调讲话　　　　B. 应使用一致的速率

 C. 在字和字之间要停顿　　　　D. 发音要清晰

46. 打开语言栏上的_____按钮，就可以在听写模式和声音命令模式之间切换。

 A. 麦克风　　　　B. 软键盘　　　　C. 音箱　　　　D. 手写笔

47. 单击_____，就可以在任何可输入文字的位置进行听写。

 A. 听写模式　　　　B. 声音模式　　　　C. 录音模式　　　　D. 手写模式

48. 用鼠标单击任务栏菜单中的输入法图标后，选择五笔字型输入法或王码五笔输入法，在屏幕的_____会出现输入法指示器图标。

 A. 左下方　　　　B. 左上方　　　　C. 右上方　　　　D. 右下方

49. _____输入法指示器时会出现"版本信息""帮助""手工造词""设置"等选项列表。

 A. 左键单击　　　　B. 左键双击　　　　C. 右键单击　　　　D. 右键双击

50. 我国内地计算机普遍使用的是_____。

 A. 简体汉字 GB 字库　　　　B. GBK 繁体字库

 C. 简体汉字 GBK 字库　　　　D. GB 繁体字库

51. 我国大陆计算机普遍使用的是简体汉字 GB 字库，字库中大约只有_____个汉字可用。

 A. 1 000　　　　B. 2 000　　　　C. 2 500　　　　D. 3 000

52. 繁体字使用的是_____。

 A. 简体汉字 GB 字库　　　　B. GBK 繁体字库

 C. 简体汉字 GBK 字库　　　　D. GB 繁体字库

53. 要输入特殊符号,可以通过单击"开始"→"所有程序"→"_____"→"系统工具"→"字符映射表"命令。

 A. 启动　　　　　　B. 附件　　　　　C. 远程协助　　　D. 系统

54. 下列关于插入特殊符号的说法中错误的是_____。

 A. 如果需要的话,用户可一次选择多个符号

 B. 选择多个特殊符号时只需单击一次"选择"按钮

 C. 如果当前字体中没有所需符号,可通过对话框上方的"字体"下拉列表更换字体

 D. 将插入的符号的字体设置为与字符映像表中的一致即可

55. 通过_____可以在拼音输入法和五笔输入法间互查编码。

 A. 编码提示　　　　　　　　B. 编码切换

 C. 编码设置　　　　　　　　D. 编码输入

56. 设置编码提示要在"输入法功能设置"选项组选中"_____"复选框。

 A. 逐渐提示　　　　　　　　B. 外码提示

 C. 词语联想　　　　　　　　D. 词语输入

57. 在造字程序的指导栏中,"_____"用来显示造字字符的当前字符集。

 A. 字符集　　　B. 代码　　　C. 字体　　　D. 文件

58. 在造字程序的指导栏中,"_____"用来显示关联的字体或全部字体的名称。

 A. 字符集　　　B. 代码　　　C. 字体　　　D. 文件

59. 在造字程序的工具箱中,_____用来绘制任意形状的图形。

 A. 铅笔工具　　　　　　　　B. 直线工具

 C. 任意形状选择工具　　　　D. 橡皮擦工具

60. 在造字程序的工具箱中,_____用来绘制中间为空的矩形图形。

 A. 中空矩形工具　　　　　　B. 直线工具

 C. 任意形状选择工具　　　　D. 橡皮擦工具

61. 在造字程序的工具箱中,_____用来选择任意形状区域内的图形。

 A. 中空矩形工具　　　　　　B. 直线工具

 C. 任意形状选择工具　　　　D. 橡皮擦工具

62. 在造了汉字之后,还需要把新造汉字的编码加到_____中去,这样所造的汉字才能够使用。

 A. 编码　　　B. 输入法　　　C. 程序　　　D. 工具

63. 通过"_____"菜单可以把新造汉字的编码加到输入法中去。

 A. 编辑　　　B. 视图　　　C. 插入　　　D. 工具

64. 下列关于使用造字字符的说法中错误的是_____。

 A. 能在自己的计算机上使用

 B. 也能用于其他计算机

 C. 包含造字字符的文件在其他用户的计算机上打开以后将显示成空格

 D. 在其他用户的计算机上看不到该字符内容

三、**多项选择题**（下列每题有4个选项，其中有2个或2个以上是正确的，请将其代号填写在横线空白处）

1. 所谓对原稿负责，就是通过校对，消灭校样上一切与原稿不符的_____及版式等错误。

 A. 文字　　　　　B. 符号　　　　　C. 标点　　　　　D. 图表

2. 常用的校对方法包括_____。

 A. 对校　　　　　B. 折校　　　　　C. 读校　　　　　D. 看校

3. 下列关于校对要求的说法中正确的是_____。

 A. 要改正符号和公式的错误

 B. 要检索注解和参考文献的次序与正文所标号码是否吻合

 C. 要统一各级标题

 D. 要检查行距是否匀称，字距是否合乎规定

4. 校对时要校正校样上的错字、倒字及缺字，不要存在_____。

 A. 颠倒字句行段　　　　　　　　　B. 多余字句行段

 C. 遗漏字句行段　　　　　　　　　D. 接排、另行、字体、字号等差错

5. 进行公式排版时，用白正体的外文字母和符号包括_____。

 A. 公式中常用算符　　　　　　　　B. 虚数单位

 C. 对数符号　　　　　　　　　　　D. 硬度符号

6. 进行公式排版时，用白正体的外文字母和符号包括_____。

 A. sin　　　　　B. arctan　　　　C. max　　　　　D. Σ

7. 进行公式排版时，用白斜体的外文字母和符号包括_____。

 A. 几何中代表点的外文字母　　　　B. 代表未定义的函数符号

 C. arctan　　　　　　　　　　　　D. max

8. 进行公式排版时，用白斜体的外文字母和符号包括_____。

 A. 代表未定义的函数符号　　　　　B. 数值不确定的物理标量

 C. 公式中常用算符　　　　　　　　D. 易与数码混淆的字母

9. 进行公式排版时，用黑正体的外文字母和符号包括_____。

A. 矢量 A　　　　B. 张量 S　　　　C. 磁场 H　　　　D. 张量 T

10. 进行公式排版时，用黑斜体的外文字母和符号包括_____。

　　A. 矢量 A　　　　B. 张量 S　　　　C. 磁场 H　　　　D. 电场 E

11. 下列嵌入三分空的情况正确的是_____。

　　A. arc sin　　　　B. lim cos　　　　C. lim x　　　　D. 10 mm

12. 下列关于化学排版注意事项的说法中不正确的是_____。

　　A. 化学元素全部用白斜体

　　B. 核素的核子数（质量数）表示在右上标位置

　　C. 分子中核素的原子数表示在右上标位置

　　D. 质子数、原子序数可在左下标位置指明

13. "公式"工具栏是 Microsoft 公式 3.0 的核心，该工具栏包括_____。

　　A. "模板"工具条　　　　　　　　B. "数字"工具条

　　C. "符号"工具条　　　　　　　　D. "字母"工具条

14. "公式"工具栏的"符号"工具条包括_____。

　　A. 关系符号　　　B. 箭头符号　　　C. 逻辑符号　　　D. 修饰符号

15. 在创建公式时，"公式编辑器"会根据数学排版惯例自动调整_____。

　　A. 字号　　　　　B. 间距　　　　　C. 格式　　　　　D. 函数

16. 公式编辑界面提供了_____菜单。

　　A. "格式"　　　　B. "样式"　　　　C. "尺寸"　　　　D. "积分"

17. 下列关于输入法软件的说法中错误的是_____。

　　A. 都有自动安装程序

　　B. 不提供自动卸载程序

　　C. 可通过输入法的设置对话框来卸载

　　D. 用户安装完了一种输入法，它一定会在语言栏上显示出来

18. 在"语言栏设置"中取消选中"在桌面上显示语言栏"复选框，则_____。

　　A. 可激活其他各选项

　　B. 无法对其他选项进行设置

　　C. 在整个屏幕上将找不到输入法

　　D. 只能使用快捷键切换输入法

19. 非键盘输入方式主要包括_____。

　　A. 手写笔

　　B. 语音识别

C. 手写加语音识别

D. 手写、语音识别加光学字符识别

20. 感应手写板分为_____。

    A. 有压感　　　B. 无压感　　　C. 有质感　　　D. 无质感

21. 在 Windows XP 系统中，能够输入汉字的设备有_____。

    A. 键盘　　　　B. 手写板　　　C. 麦克风　　　D. 音箱

22. 要使用麦克风进行文字输入，需要的硬件组件包括_____。

    A. CPU 主频为 400 MHz 或更高

    B. 内存至少为 128 MB

    C. 一个高质量的声卡

    D. 高质量近距离的麦克风

23. 要使用麦克风进行文字输入，需要的硬件和软件组件包括_____。

    A. Internet Explorer 5.0 或者更高版本

    B. 语音识别引擎

    C. 一个高质量的声卡

    D. 高质量近距离的麦克风

24. 语音识别引擎安装完毕，在语言栏中会出现_____按钮。

    A. 麦克风　　　B. 语音工具　　　C. 音箱　　　D. 手写笔

25. 语音识别引擎目前指定的语言包括_____。

    A. 简体中文　　　B. 美国英语　　　C. 日语　　　D. 德语

26. 下列关于删除语音识别的说法中正确的是_____。

    A. 并非将其从计算机上删除

    B. 是使其成为不可用的服务

    C. 是使其不再加载到内存

    D. 删除后可以再随时添加

27. 使用语音识别进行文字输入时应注意的问题包括_____。

    A. 在安静的环境下开始讲话

    B. 大声阅读

    C. 发音要清晰

    D. 使用优质扬声器

28. 下列关于使用语音识别输入文字的说法中错误的是_____。

    A. 单击听写模式就可以在任何可输入文字的位置进行听写

B. 文字准确率高

C. 需要用户将声音、鼠标或键盘结合起来使用

D. 不需要对文字进行修改

29. 右击输入法指示器时会出现_____等选项列表。

  A. "版本信息"   B. "帮助"   C. "手工造词"   D. "设置"

30. 繁体汉字输入主要用于_____。

  A. 在繁体网页和搜索引擎、聊天室中输入汉字，能被繁体网站正确识别

  B. 在简体 Word 中输入繁体汉字，能被繁体 Word 正确识别

  C. 在简体 Excel 中输入繁体汉字，能被繁体 Excel 正确识别

  D. 在 Outlook Express 中输入繁体汉字，能被繁体 Outlook 正确识别

31. 常用的符号字体有_____。

  A. Symbol   B. Webdings   C. Wingdings   D. Signs

32. "输入法功能设置"选项组的复选框包括_____。

  A. "逐渐提示"   B. "外码提示"

  C. "词语联想"   D. "词语输入"

33. 造字程序的指导栏的选项包括_____。

  A. 字符集   B. 代码   C. 字体   D. 文件

34. 造字程序的工具箱包括_____等工具。

  A. 中空矩形工具   B. 直线工具

  C. 任意形状选择工具   D. 橡皮擦工具

35. 使用造字程序开始造字的主要方法是利用其他汉字的_____来拼凑出新的汉字，然后用造字程序提供的工具对汉字进行修改。

  A. 偏旁   B. 部首   C. 笔画   D. 拼音

操作技能辅导练习题

1. 考核要求

（1）英文基本录入：在 10 min 之内录入以下内容。

Daily, moderate drinking could almost halve the risk of developing Alzheimer's disease or other types of dementia, according to new research.

The finding adds to a growing body of evidence for the health benefits of moderate drinking which is already known to protect against heart disease and stroke.

The adverse effect of excess alcohol is beyond question. Besides destroying the liver, several studies have shown that exessive drinking can be toxic to the brain. Alcoholics can end up with a shrunken brain, which is linked to dementia. There is even a medical condition called alcoholic dementia.

Scientists at Erasmus University in Rotterdam, the Netherlands, conducted a six-year study of 5,395 people aged 55 and over who did not have signs of dementia. They were asked whether they ever drank alcohol. Those who said yes were quizzed on how often they drank and details on their consumption of specific drinks such as wine, beer, spirits and fortified wine such as sherry and port.

The men mostly drank beer and liquor, while women preferred wine and fortified wine. The researchers also checked whether participants' drinking habits had changed over the preceding five years or whether they had engaged in binge drinking—more than six drinks in one day.

Everyone was categorized according to how much they drank. Four or more glasses of alcohol perday were considered heavy drinking.

By the end of the study in 1999, 197 of the participants had developed Alzheimer's or another form of dementia. Those who fared best were people who drank between one and three drinks a day. They had a 42 percent lower risk of developing dementia than the nondrinkers.

Those who weren't daily drinkers but had more than one drink per week had a 25 percent lower risk and those who drank less than a glass a week were 18 percent less likely than nondrinkers to develop dementia. Heavy drinkers, who numbered 165—mostly men—were 1 1/2 times more likely to get vascular dementia and slightly more likely than nondrinkers of ending up with Alzheimer's.

Researchers suggested the blood-thinning and cholesterol-lowering properties of ethanol in alcohol may ward off dementia, which is often caused by a blood vessel problem.

Another possibility, the study speculated, is that low levels of alcohol could stimulate the release acetylcholine, a brain chemical believed to facilitate learning and memory.

(2) 中文基本录入：在 10 min 之内录入以下内容。

冰川是一种巨大的流动固体，是在高寒地区由雪再结晶聚积成巨大的冰川冰，因重力这主要因素使冰川冰流动，成为冰川。冰川作用包括侵蚀、搬运、堆积等，这些作用造成许多地形，使得经过冰川作用的地区形成多样的冰川地貌。此外，若将冰川的体积换成水量，则除海水之外，占地球上所有的水量的 97.8%。

在极地和高山地区，气候严寒，常年积雪，当雪积聚在地面上后，如果温度降低到零下，可以受到它本身的压力作用或经再度结晶而造成雪粒，称为粒雪。当雪层增加，将粒雪往更深处推，冰的结晶越变越粗，而粒雪的密度则因存在于粒雪颗粒间的空气体积不断减少而增加，使粒雪变得更为密实而形成蓝色的冰川冰，冰川冰形成后，因受自身很大的重力作用形成塑性体，沿斜坡缓慢运动或在冰层压力下缓缓流动形成冰川。

冰川是个开放的系统，冰川在重力的作用之下流动。雪以堆积的方式进入到冰川系统，而且转变形成冰，冰在其本身重量的压力之下由堆积带向外流动，而冰在消融带以蒸发和溶融方式离开系统。在堆积速度与消融速度之间的平衡决定了冰川系统的规模。

冰川前后可以分为两部分，在后者或上游部分称为冰川堆积带；在前者或下游部分称为冰川消融带，其分界线是雪线，在雪线处雪的累积量与消融量处于平衡状态。

冰川是地表上长期存在并能自行运动的天然冰体。由大气固体降水经多年积累而成，是地表重要的淡水资源。冰川一词来自拉丁文 glacier（意为冰）。《世界冰川目录资料编辑指南》把冰川面积超过 0.1 平方千米者作为统计对象。以平衡线（又称雪线）为界把冰川分为两部分，上部为粒雪盆，下部为冰舌区，它们构成一个完整的冰川系统。

冰川自两极到赤道带的高山都有分布，总面积约达 16 227 500 平方千米，即覆盖了地球陆地面积的 11%，约占地球上淡水总量的 69%。现代冰川面积的 97%、冰量的 99% 为南极大陆和格陵兰两大冰盖所占用，特别是南极大陆冰盖面积达到 1 398 万平方千米（包括冰架），最大冰厚度超过 4 000 米，冰从冰盖中央向四周流动，最后流到海洋中崩解。

冰川是由多年积累起来的大气固体降水在重力作用下，经过一系列变质成冰过程形成的，主要经历粒雪化和冰川冰两个阶段。它不同于冬季河湖冻结的水冻冰，构成冰川的主要物质是冰川冰。

新雪降落到地面后，经过一个消融季节未融化的雪叫粒雪。新雪的水分子从雪片的尖端和边缘向凹处迁移，使晶体变圆的过程叫粒雪化。在这个过程中，雪逐步密实，经融化、再冻结、碰撞、压实，使晶体合并，数量减少而体积增大，冰晶间的孔隙减少，发展成颈状连接，称为密实化。粒雪化和密实化过程在接近融点的温度下，进行很快；在负低温下，进行缓慢。

当粒雪密度达到 0.5～0.6 克/厘米^3 时，粒雪化过程变得缓慢。在自重的作用下，粒雪进一步密实或由融水渗浸再冻结，晶粒改变其大小和形态，出现定向增长。当其密度达到 0.84 克/厘米^3 时，晶粒间失去透气性和透水性，便成为冰川冰。粒雪转化成冰川冰的时间从数年至数千年。

(3) 公式录入：在文档的结尾处录入下列公式。

$$\sum_{k=0}^{\infty} P = \sqrt{\frac{M_R - M_W}{S_T}}$$

2. 考核时限

完成本题操作基本时间为 30 min；超出要求时间 5 min 内（含），从本题总分中扣除 10%，超出要求时间 5 min 以上停止操作。

参考答案
理论知识辅导练习题参考答案

一、判断题
1. √ 2. × 3. × 4. √ 5. √ 6. √ 7. × 8. × 9. √ 10. × 11. √
12. × 13. √ 14. × 15. × 16. √ 17. √ 18. × 19. √ 20. × 21. ×
22. √ 23. √ 24. × 25. √ 26. √ 27. √ 28. √ 29. √ 30. √ 31. √
32. × 33. √ 34. √ 35. √ 36. √ 37. √ 38. √ 39. √ 40. √ 41. √
42. × 43. √ 44. × 45. × 46. √ 47. × 48. √ 49. √ 50. × 51. √

二、单项选择题
1. C 2. B 3. A 4. B 5. C 6. A 7. B 8. A 9. C 10. A 11. A 12. A
13. B 14. B 15. C 16. D 17. C 18. D 19. A 20. D 21. D 22. D 23. A
24. B 25. D 26. A 27. A 28. A 29. B 30. C 31. A 32. A 33. B 34. B
35. A 36. A 37. A 38. D 39. B 40. A 41. D 42. A 43. D 44. A 45. C
46. A 47. A 48. C 49. D 50. A 51. D 52. D 53. D 54. D 55. D 56. A
57. A 58. C 59. A 60. A 61. C 62. B 63. A 64. B

三、多项选择题
1. ABCD 2. ABC 3. ABCD 4. ABCD 5. ABCD 6. ABCD 7. AB 8. ABD
9. BD 10. ACD 11. ABCD 12. ABC 13. AC 14. ABCD 15. ABC 16. ABC
17. BD 18. BCD 19. ABCD 20. AB 21. ABC 22. ABCD 23. ABCD 24. AB
25. ABC 26. ABCD 27. ABCD 28. BD 29. ABCD 30. ABCD 31. ABCD
32. ABCD 33. ABCD 34. ABCD 35. ABC

操作技能辅导练习题参考答案

1. 操作步骤及注意事项

（1）选择英文输入法，在 10 min 以内，以每分钟不低于 200 个英文字符的速度，录入指定的英文文稿。

（2）选择中文输入法，在 10 min 以内，以每分钟不低于 120 个汉字的速度，录入指定的中文文稿。

（3）将光标置于文档结尾处，执行"插入"菜单下的"对象"命令，弹出如图 2—1 所示的"对象"对话框,在"对象类型"列表中选择"Microsoft 公式 3.0",单击"确定"按钮。

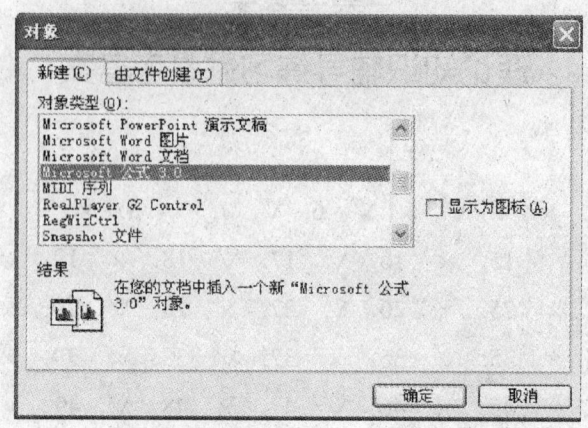

图 2—1

在公式编辑框中,依次选择工具条中的相应符号,输入指定的字符:

1)在"求和模板"(第 2 行第 4 个)中,单击第 1 行第 3 个的"带中上标和中下标极限的求和符"符号(图 2—2a)。

2)将光标置于"中上标"位置,插入"其他符号"(第 1 行第 8 个)中的"无穷"(第 1 行第 3 个)符号(图 2—2b)。然后依次在"中下标"位置直接输入"k=0",在求和符后直接输入"P="。

3)将光标置于"="后面,在"分式和根式模板"(第 2 行第 2 个)中,单击第 4 行第 1 个的"平方根"符号(图 2—2c);在平方根符号下,再单击该模板中第 1 行第 1 个的"标准尺寸的竖分式"符号。

4)将光标置于竖分式的分子位置,输入大写字母"M",然后在"下标和上标模板"(第 2 行第 3 个)中,单击第 1 行第 2 个的"下标"符号(图 2—2d),在下标位置处输入"R"。用相同的方法录入"M_W"和"S_T"。最后,用鼠标单击公式编辑区域外的任意位置,完成公式的创建。

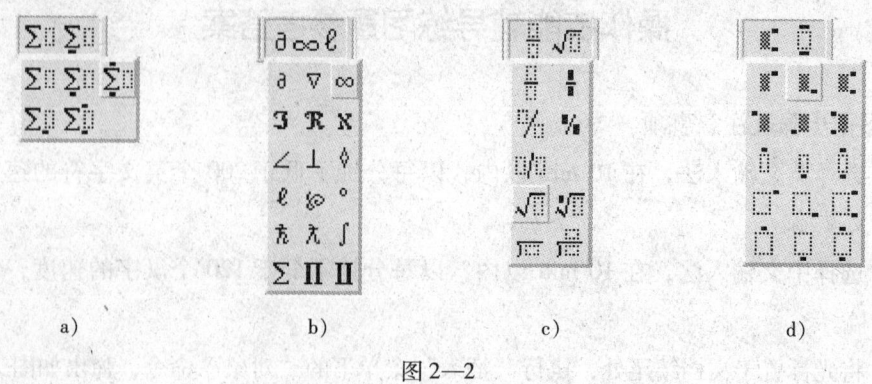

a)　　　　　b)　　　　　c)　　　　　d)

图 2—2

2. 评分项目及标准

评分项目	评分要点	配分	评分标准及扣分
英文录入	录入英文文档	8分	按要求完成得8分；输入有误但错误率不高于3‰，酌情得6~7分；错误率高于3‰，酌情得3~5分
中文录入	录入中文文档	8分	按要求完成得8分；输入有误但错误率不高于3‰，酌情得6~7分；错误率高于3‰，酌情得3~5分
公式录入	录入公式	4分	按要求录入公式得4分；每错一处，扣0.5分，直至扣完为止

第3章　通用文档处理

考 核 要 点

考核范围	理论知识考核要点	操作技能考核要点
选项设置和常用工具	1. 掌握 Word 中的"常规"选项卡 2. 掌握 Word 中的"编辑"选项卡 3. 掌握 Word 中的"视图"选项卡 4. 掌握 Word 中的"保存"选项卡 5. 掌握 Word 中的字数统计功能 6. 掌握 Word 中的自动编写摘要功能	1. 能设置属性选项 2. 能使用常用工具
文档属性管理和文档保护	1. 掌握 Word 中查看文档属性的方法 2. 掌握 Word 中加密文档的方法 3. 掌握 Word 中保护文档的方法	1. 能设置、修改文档属性和密码 2. 能设置文档内容的锁定保护
样式与模板应用	1. 掌握 Word 中样式的概念 2. 掌握 Word 中样式的应用方法 3. 掌握 Word 中样式的创建、修改和删除方法 4. 掌握 Word 中模板的概念 5. 掌握 Word 中模板的创建和修改方法 6. 掌握 Word 中管理模板的方法	1. 能打开、关闭、创建、修改、更新与使用样式 2. 能创建、修改、更新、添加与使用文档模板
编辑网页	1. 掌握 Word 中的网页结构标记 2. 掌握 HTML 的概念 3. 掌握 Word 中网页的创建方法 4. 掌握 Word 中 Web 工具箱的使用方法 5. 掌握 Word 中主题和框架的作用 6. 掌握 Word 中的 Web 脚本语言设置方法	1. 能创建网页并添加基本内容 2. 能打开、关闭、创建、删除、调整网页框架 3. 能创建、查看、编辑、复制、移动、删除网页脚本

续表

考核范围	理论知识考核要点	操作技能考核要点
表格统计处理	1. 掌握 Word 中的表格排序的作用 2. 掌握 Word 中的编址方式 3. 掌握 Word 中的常用函数 4. 掌握 Word 中 XML 的概念	1. 能创建列表，并对列表进行筛选和排序 2. 能在表格中进行统计计算 3. 能创建与使用 XML 格式的数据文件
宏与内嵌脚本语言	1. 掌握 Word 中宏的概念 2. 掌握 Word 中创建宏的方式 3. 掌握 Word 中管理宏的方法	1. 能创建、编辑、删除宏 2. 能通过运行宏进行文档处理

重点复习提示

一、选项设置和常用工具

1. Word 中的字数统计功能

Word 的自动统计字数功能可以统计文档的各种统计信息，包括文档的页数、字数、字符数（计空格）、字符数（不计空格）、段落数、行数、非中文单词数、中文字符和朝鲜语单词数。

2. Word 中的自动编写摘要功能

Word 的自动编写摘要功能可以自动把文档中的重要部分提取出来。

二、文档属性管理和文档保护

1. Word 中查看文档属性的方法

有多种方法可以查看文档属性：

（1）如果要查看当前打开文档的属性，可以单击"文件"菜单的"属性"命令，将弹出文档属性对话框。在对话框中单击不同的选项卡，可以查看文档的相关属性。

（2）单击"文件"菜单的"打开"命令，在"打开"对话框中选择所要查看属性的文档。然后在视图下拉列表中选择"属性"命令，则对话框将显示文档属性信息。

(3) 右击要查看属性的文档的图标,在快捷菜单中选择"属性"命令,将弹出文档属性对话框。在对话框中单击不同的选项卡,也可以查看文档的相关属性。

2. Word 中加密文档的方法

用户可以使用密码来保护文档,包括设置文档的打开密码或修改密码。其操作步骤如下:

(1) 打开要设置密码的文档。

(2) 在"工具"菜单中单击"选项"命令,屏幕弹出"选项"对话框,在其中单击"安全性"选项卡。

(3) 如果要使文档在提供密码后才能打开,可以在"打开权限密码"框中键入打开密码。

(4) 如果要使文档在提供密码后才能编辑修改,则可以在"修改权限密码"框中键入修改密码。

设置修改权限密码的文档虽然允许不知道密码的用户查看,但却不允许他们对文档进行任何修改。

3. Word 中保护文档的方法

通过设置保护文档选项可以保护文档中样式的格式或文档中的修订、批注和填写窗体。通过选择"工具"菜单中的"保护文档"命令,可打开"保护文档"任务窗格。

在"保护文档"任务窗格中选择"仅允许在文档中进行此类编辑"复选框,则可以在其下方的下拉列表中指定文档允许的编辑操作。选择"未做任何更改(只读)"表示文档只能以只读方式打开,而无法进行编辑修改。

三、样式与模板应用

1. Word 中样式的概念

样式是有特定的样式名的一组格式,包括字符样式和段落样式。使用样式可以使文档格式的设置更便捷,减少大量的重复劳动,并保持格式的一致性。

2. Word 中样式的应用方法

样式包罗了一系列的格式特征,包括字体、段落格式、制表位、语言、边框和底纹、项目符号和编号等。样式可以应用于任何模板和文档中,使用方法为:

(1) 若使用段落样式,将光标置于段落的任意位置。

(2) 若使用字符样式,选定所有要应用样式的文本。

(3) 使用"格式"工具栏的"样式"下拉框,在其中选择所需样式,并单击选择。

用户也可以使用"格式"菜单中的"样式和格式"命令,在弹出的"样式和格式"任务窗格的"请选择要应用的格式"区内找到所需样式,在该条目上单击鼠标左键,完成样式的应用。

3. Word 中样式的创建、修改和删除方法

使用"格式"菜单中的"样式和格式"命令,打开"样式和格式"任务窗格,可以进行创建、修改和删除样式的操作。

(1)创建样式

单击"新样式"按钮,在打开的"新建样式"对话框中可以对要创建的新样式进行详细设置。

(2)修改样式

在"请选择要应用的格式"区内找到要进行修改的样式名。单击该样式名右端的按钮,并在弹出的菜单中选择"修改样式"命令,屏幕上将弹出"修改样式"对话框,在该对话框中可对所选样式进行修改。

修改样式后,Word 会自动更新文档中使用这一样式的文本格式。

(3)删除样式

在"请选择要应用的格式"区内找到要删除的样式名。单击该样式名右端的按钮,并在弹出的菜单中选择"删除"命令。

删除某样式后,文档中所有使用这一样式的文本都会恢复成默认的"正文"样式。

4. Word 中模板的概念

模板这类特殊的文档可以作为其他文档创建时的框架,它包含了一系列的文字和样式等项目,基于这个框架可以建立其他文档。以 .dot 结尾的模板为普通模板,以 .wiz 结尾的模板为向导类模板。向导类模板会自动引导建立基于它的新文档。

5. Word 中模板的创建和修改方法

(1)创建模板

1)新建文档,或者打开已有的文档。

2)在文档中修改各种格式、样式、宏、自动图文集、菜单命令、快捷键、工具栏按钮,并添加文本和图片,得到满意的模板外观。

3)选择"文件"菜单中的"另存为"命令,在"另存为"对话框的"保存类型"下拉列表中选择"文档模板"。然后单击"保存"按钮,即可将编辑好的文档存为新的模板。

(2)修改模板

1)打开要修改的模板文档。

2)修改模板的格式、样式等内容。

3)保存该模板文档。

更改了模板后,默认不影响基于这个模板已经建立的文档的格式。

6. Word 中管理模板的方法

如果需要在模板或文档间复制样式、宏、自动图文集、工具栏等内容,可使用"管理器"对话框。给当前文档加载新的模板并不会影响文档中的文本,只是改变了宏、自动图文集、菜单命令、快捷键、工具栏按钮和页边距等设置。

四、编辑网页

1. Word 中的网页结构标记

(1) <html>告诉浏览器这是 HTML 文件的头。</html>表示 HTML 文件到此结束。

(2) 在<head>和</head>之间的内容,是 Head 信息。

(3) 在<title>和</title>之间的内容,是标题的信息。

(4) 在<body>和</body>之间的信息是正文。

2. HTML 的概念

HTML 是万维网文档所用的标准标记语言。HTML 使用标记来指定 Web 浏览器对文字和图形等网页元素的显示方式,以及对用户操作的响应方式。

3. Word 中网页的创建方法

(1) 创建空白的网页

1) 选择"文件"菜单中的"新建"命令,弹出"新建文档"任务窗格。

2) 在"新建文档"任务窗格中单击"本机上的模板"超链接,弹出"模板"对话框。

3) 在"模板"对话框的"常用"选项卡中选择"网页",然后单击"确定"按钮即可。

(2) 根据已有文档创建网页

1) 打开已有文档。

2) 选择"文件"菜单中的"另存为网页"命令,在弹出的对话框中选择网页保存的位置即可。

4. Word 中 Web 工具箱的使用方法

使用"Web 工具箱"工具栏可以为网页添加影片、声音、滚动文字、下拉列表、文本框、按钮等对象元素,使网页更加生动。

选中"视图"菜单中"工具栏"子菜单下的"Web 工具箱"命令,屏幕弹出"Web 工具箱"工具栏。

Word 提供了在网页中插入用于和用户动态交互的窗体控件的功能。这些控件有复选框、选项按钮、下拉框、列表框、文本框、文本区、提交按钮、带图像提交按钮、重新设置按钮、隐藏文本框、密码框等。通过单击"Web 工具箱"工具栏中的相应按钮即可将控件插入到网页中。

如果需要查看和编辑网页的 HTML 源文件，则可以单击"Web 工具箱"工具栏中的"Microsoft 脚本编辑器"按钮，打开 Microsoft 脚本编辑器，编辑网页的HTML源文件。

5．Word 中主题和框架的作用

（1）主题的作用

Word 在主题中预定义了一系列文档主题，包括了字体、背景图案、标题样式、项目符号和横线等一系列的显示格式。使用它可以快速地编辑自己网页的格式，并使页面保持风格一致。

（2）框架的作用

框架可以将网页分为多个部分，分别显示不同类型的内容。

6．Word 中的 Web 脚本语言设置方法

使用 Microsoft 脚本编辑器可以查看和编辑 HTML 文件中的 HTML 标记。用户还可向文件中添加脚本，并进行调试。

用户可以设置默认使用的脚本语言是 VBScript 还是 JavaScript，其操作步骤如下：

（1）选择"工具"菜单中的"宏"子菜单，单击"Microsoft 脚本编辑器"命令，屏幕弹出"Microsoft 脚本编辑器"窗口。

（2）在"属性"窗格中，将"defaultClientScript"属性更改为所需的脚本语言。

五、表格统计处理

1．Word 中的表格排序的作用

Word 表格提供了数据排序功能，用户可以按照拼音、字母或数字等将表格内容升序或降序排列。

2．Word 中的编址方式

Word 表格在公式计算时采用和 Excel 类似的编址方式，列用 A、B、C、D 等标识，行用 1、2、3、4 等标识。

3．Word 中的常用函数

函数	功　能
ABS(x)	求绝对值
AND(x, y)	求"逻辑与"操作，若 x、y 均为 1，则结果为 1；否则结果为 0
AVERAGE( )	求平均值

续表

函数	功能
COUNT( )	返回一组数的个数
DEFINED(x)	求表达式 x 是否合法,若合法则结果为 1,否则结果为 0
IF(x, y, z)	若 x 为 1 则返回结果 y,若 x 为 0 则返回结果 z
INT(x)	对 x 进行取整操作
MAX( )	返回一组数的最大值
MIN( )	返回一组数的最小值
MOD(x, y)	求 x 被 y 整除后的余数
NOT(x)	对 x 进行"逻辑非"操作,若 x 为 1,则结果为 0;若 x 为 0,则结果为 1
OR(x, y)	求"逻辑或"操作,若 x,y 均为 0,则结果为 0,否则结果为 1
PRODUCT( )	返回一组值的乘积
ROUND(x, y)	返回对 x 进行舍入操作的结果,y 为规定的小数位
SIGN(x)	若 x 为正则返回 1,若 x 为负则返回 -1
SUM( )	返回一组数的和

4. Word 中 XML 的概念

可扩展标记语言(XML)是一项用于管理和共享文本文件中的结构化数据的技术。XML 是标准标记语言(SGML)的一种浓缩形式,可用其创建自定义标签,为整理和提供信息提供了灵活性。XML 可以将结构数据(如表格中的数据)按照标准原则转化为文本文件,以供报表、数据库、网页和越来越多的应用程序读取。

六、宏与内嵌脚本语言

1. Word 中宏的概念

宏是一系列 Word 命令的集合,通过运行宏这一个命令就可以完成一系列的 Word 命令,达到简化编辑操作的目的。

2. Word 中创建宏的方式

一般创建宏的方式有两种:录制法(用键盘和鼠标)和直接输入法(利用宏编辑窗口)。

3. Word 中管理宏的方法

管理宏,即对已经存在的宏进行改变说明、改变内容以及删除等操作。Word 中管理宏的操作步骤如下:

（1）选择"工具"菜单中的"宏"子菜单，单击"宏"命令，屏幕弹出"宏"对话框。

（2）对话框的"宏名"列表框中显示了宏的名称，在其中可以修改它的名字。如果所要编辑的宏没有出现在列表中，可以在"宏的位置"下拉列表中选择宏所在的位置。

（3）选定一个宏之后，如果想运行它，可以单击"运行"按钮。

（4）如果想改变某个宏的说明，可在"说明"框中进行修改。

（5）如果想删除宏，可以在"宏"对话框中选择宏后，单击"删除"按钮。

（6）如果单击"编辑"按钮，屏幕将弹出"Visual Basic 编辑器"窗口。在其中可以查看和修改用 Microsoft Visual Basic 编写的宏的程序。

理论知识辅导练习题

一、判断题（下列判断正确的请在括号内打"√"，错误的请在括号内打"×"）

1. 在 Word 2003 中，"文件"菜单最多可以列出 8 个最近使用的文件。（   ）
2. 在 Word 2003 中，文档的编辑状态只能设为插入模式。（   ）
3. 在 Word 2003 中，自动保存间隔时间最多可设为 120 min。（   ）
4. Word 2003 有自动统计字数的功能。（   ）
5. Word 2003 的查找功能可以自动把文档中的重要部分提取出来。（   ）
6. 在 Word 2003 中，有多种方法可以查看文档属性。（   ）
7. 在 Word 2003 中，设置了打开密码的文档允许不知道密码的用户查看。（   ）
8. 在 Word 2003 中，"保护文档"就是给文档加密。（   ）
9. 在 Word 2003 中，通过设置保护文档选项可以保护文档中样式的格式。（   ）
10. 在 Word 2003 中，使用样式可以减少大量的重复劳动。（   ）
11. 在 Word 2003 中，使用样式的目的是为了在文档里设置更多不同的格式。（   ）
12. 在 Word 2003 中，样式的类型包括字符样式和词样式。（   ）
13. 在 Word 2003 中，样式包罗了一系列的格式特征，包括边框和底纹、制表位和项目符号等。（   ）
14. 在 Word 2003 中，普通模板会自动引导建立基于它的新文档。（   ）
15. 在 Word 2003 中，更改了模板后，默认不影响基于这个模板已经建立的文档的格式。（   ）
16. 在 Word 2003 中，给当前文档加载新的模板并不会影响文档中的文本。（   ）
17. 万维网文档所用的标准标记语言是 HTML。（   ）

18. HTML 文件的结构中，在 <body> 和 </body> 之间的内容是标题的信息。（   ）
19. 在 Word 2003 中，可以为网页添加文本框。（   ）
20. Word 2003 中没有和用户动态交互的窗体控件。（   ）
21. 在 Word 2003 中，使用文档主题可以快速地编辑自己网页的格式，并使页面保持风格一致。（   ）
22. 在 Word 2003 中，使用框架只能将网页分为两部分。（   ）
23. 在 Word 2003 中，可以向 HTML 文件中添加 C#代码。（   ）
24. 在 Word 2003 中，不能对表格中数据进行排序。（   ）
25. Word 2003 表格的编址方式中，列用字母表示。（   ）
26. 在 Word 2003 中，可以使用 SUM() 函数返回一组数的和。（   ）
27. 在 Word 2003 中，可以使用 COUNT() 函数返回一组数的个数。（   ）
28. 在 Word 2003 中，SIGN(x) 的意义为"若 x 为正则返回 1，若 x 为负则返回 0"。（   ）
29. 在 Word 2003 中，能实现取整的函数是 ABS()。（   ）
30. 在 Word 2003 中，XML 是一项用于管理和共享文本文件中的结构化数据的技术。（   ）
31. 函数是一系列 Word 命令的集合。（   ）
32. 在 Word 2003 中，创建宏的方式一般有两种：录制法和嵌套法。（   ）
33. 在 Word 2003 中，宏的程序是用 VB 编写的。（   ）

二、**单项选择题**（下列每题有 4 个选项，其中只有 1 个是正确的，请将其代号填写在横线空白处）

1. 在 Word 2003 中，"选项"命令在"_____"菜单中。
   A. 文件　　　B. 工具　　　C. 格式　　　D. 视图

2. 在 Word 2003 中，"文件"菜单最多可以列出_____个最近使用的文件。
   A. 6　　　　B. 7　　　　C. 8　　　　D. 9

3. 在 Word 2003 中，在"选项"对话框的"_____"选项卡中有"使用智能指针"复选框。
   A. 常规　　　B. 编辑　　　C. 修订　　　D. 拼写和语法

4. 在 Word 2003 中，在"选项"对话框选择"_____"复选框，表示在向上或向下滚动时移动插入点。
   A. 改写模式　　　　　　　　B. 使用智能指针
   C. 使用智能段落选择范围　　D. 保持格式跟踪

5. 在 Word 2003 中，在"选项"对话框中选择"_____"复选框，表示显示审阅者的批注。

    A. 突出显示   B. 书签   C. 屏幕提示   D. 智能标记

6. 在 Word 2003 中，自动保存间隔时间最多可以设置_____ min。

    A. 30   B. 60   C. 90   D. 120

7. 在 Word 2003 中，自动保存间隔时间以_____为单位。

    A. 秒   B. 分钟   C. 小时   D. 天

8. Word 2003 的自动统计字数功能不可以统计_____。

    A. 页数   B. 字数   C. 段落数   D. 中文词组数

9. Word 2003 的自动统计字数功能可以统计_____。

    A. 段落数   B. 更改次数   C. 各行字数   D. 数据类型数

10. 在 Word 2003 中，"自动编写摘要"命令在"_____"菜单中。

    A. 文件   B. 编辑   C. 插入   D. 工具

11. 在 Word 2003 中，_____是摘要类型之一。

    A. 突出显示要点   B. 把要点移到首行

    C. 把要点移到文档开头   D. 对要点不做任何处理

12. 在 Word 2003 中，选择"_____"菜单的"属性"命令，将弹出文档属性对话框。

    A. 文件   B. 编辑   C. 格式   D. 工具

13. 右击要查看属性的文档，在快捷菜单中选择"_____"命令，将弹出文档属性对话框。

    A. 文档属性   B. 设置属性   C. 常规属性   D. 属性

14. 在 Word 2003 中，要对文档进行加密，应在"选项"对话框中选择"_____"选项卡。

    A. 加密   B. 保密   C. 设置密码   D. 安全性

15. 在 Word 2003 中，对文档设置修改权限密码后，不知道该密码的用户_____。

    A. 只能查看，不能修改   B. 不能查看，不能修改

    C. 可以查看，可以修改   D. 不能查看，只能修改

16. 在 Word 2003 中，在"保护文档"任务窗格中选择"_____"，则文档只能以只读方式打开。

    A. 修订   B. 批注   C. 填写窗体   D. 未做任何更改

17. 在 Word 2003 中，_____是有特定的样式名的一组格式。

A. 样式　　　　B. 格式集　　C. 模板　　　　D. 段式

18. 在Word 2003中,样式包罗了一系列的格式特征,包括边框和底纹、_____和项目符号等。

　　A. 段落符号　　B. 制表位　　C. 换行符　　D. 网格线

19. 在Word 2003中,要修改样式,应在"样式和格式"任务窗格中先单击该样式名_____端的按钮。

　　A. 上　　　　B. 下　　　　C. 左　　　　D. 右

20. 在Word 2003中,删除某样式后,文档中所有使用这一样式的文本都会恢复成默认的_____样式。

　　A. 正文　　　　B. 标题　　　C. 段落　　　D. 字符

21. 在Word 2003中,以_____结尾的模板为普通模板。

　　A. .doc　　　　B. .wiz　　　C. .tem　　　D. .dot

22. 在Word 2003中,以_____结尾的模板为向导类模板。

　　A. .doc　　　　B. .wiz　　　C. .tem　　　D. .dot

23. 在Word 2003中,_____会自动引导建立基于它的新文档。

　　A. 向导类模板　　B. 普通模板　　C. 通用模板　　D. 专用模板

24. 在Word 2003中,创建模板时,保存类型应选择_____。

　　A. Word文档　　B. 模板文档　　C. 文档模板　　D. Word模板

25. 在Word 2003中,保存文档模板时应该把模板保存在Office文件夹中的_____文件夹中。

　　A. Templates　　B. dot　　　　C. wiz　　　　D. tem

26. 在Word 2003中,更改了模板后,默认_____基于这个模板已经建立的文档的格式。

　　A. 自动更新　　　　　　　　B. 不影响
　　C. 影响但不确定　　　　　　D. 可能影响,可能不影响

27. 在Word 2003中,给当前文档加载新的模板,_____文档中的文本。

　　A. 会自动更新　　B. 不会影响　　C. 一定会影响　　D. 可能影响

28. 在Word 2003中,如果需要在模板或文档间复制样式、宏、自动图文集等内容,可使用"_____"对话框。

　　A. 管理器　　　B. 管理模板　　C. 管理样式　　D. 管理模板/样式

29. _____文档所用的标准标记语言是HTML。

　　A. 标准　　　　B. 文本　　　　C. 万维网　　　D. 二进制

30. HTML 文件结构中，在_____之间的内容是标题的信息。
   A. <head>和</head>　　　　B. <title>和</title>
   C. <body>和</body>　　　　D. <html>和</html>

31. HTML 文件结构中，在<body>和</body>之间的内容是_____的信息。
   A. 格式　　　B. 标题　　　C. 正文　　　D. 地址

32. 个人主页是将多个页面通过_____的形式组织起来的。
   A. 超链接　　B. 合并　　　C. 指针　　　D. 锚记链接

33. 在 Word 2003 中，在"模板"对话框中选择"_____"，可以创建一个空白的网页。
   A. 空白文档　B. XML 文档　C. 网页　　　D. 空白网页

34. 在 Word 2003 中，要根据已有的文档创建网页，可在"文件"菜单中选择"_____"，选择保存位置即可。
   A. 另存为　　B. 另存为网页　C. 网页预览　D. 保存网页

35. 在 Word 2003 中，使用"_____"工具栏可以为网页添加影片、声音、滚动文字等对象元素。
   A. 常用　　　B. 格式　　　C. 图片　　　D. Web 工具箱

36. 在 Word 2003 中，通过"视图"菜单的"_____"命令，可打开"Web 工具箱"。
   A. 工具箱　　B. 工具栏　　C. 工具　　　D. Web

37. 在 Word 2003 中，使用_____可以查看和编辑 HTML 文件中的 HTML 标记。
   A. Microsoft 脚本编辑器　　B. Dreamweaver
   C. Flash　　　　　　　　　　D. Fireworks

38. Word 2003 在主题中预定义了一系列的_____，包括了字体、背景图案、标题样式等一系列的显示格式。
   A. 文档主题　B. 段落主题　C. 标题　　　D. 主题样式

39. 在 Word 2003 中，使用_____可以快速地编辑自己网页的格式，并使页面保持风格一致。
   A. 标题　　　B. 段落主题　C. 主题样式　D. 文档主题

40. 在 Word 2003 中，_____可以将网页分为多个部分，分别显示不同类型的内容。
   A. 表格　　　B. 表单　　　C. 框架　　　D. 水平线

41. 在 Word 2003 中，选择"工具"菜单中的"_____"子菜单，可以设置默认使用的脚本语言。

A．脚本　　　　B．语言　　　　C．宏　　　　D．脚本语言

42. 在 Word 2003 中，可以按照_____、字母或数字等将表格内容升序或降序排列。

   A．ASCII 码　　B．BCD 码　　C．笔画　　D．拼音

43. Word 2003 表格的编址方式中，列用_____表示，行用_____表示。

   A．字母　数字　　　　　　B．数字　字母
   C．数字　数字　　　　　　D．字母　字母

44. 在 Word 2003 中，可以使用_____函数返回一组数的个数。

   A．AVERAGE( )　　　　　B．COUNT( )
   C．MOD(x, y)　　　　　　D．PRODUCT( )

45. 在 Word 2003 中，可以使用_____函数求平均值。

   A．PRODUCT( )　　　　　B．PRODUCT( )
   C．AVERAGE( )　　　　　D．MAX( )

46. 在 Word 2003 中，可以使用_____函数实现求"逻辑或"操作。

   A．OR(x, y)　　　　　　B．MAX( )
   C．PRODUCT( )　　　　　D．MOD(x, y)

47. 在 Word 2003 中，_____函数的意义为"若 x 为正则返回 1，若 x 为负则返回 −1"。

   A．SIGN(x)　　　　　　B．NOT(x)
   C．DEFINED(x)　　　　　D．ABS(x)

48. 在 Word 2003 中，可以使用_____函数对 x 进行取整操作。

   A．ABS(x)　　　　　　B．DEFINED(x)
   C．INT(x)　　　　　　D．SIGN(x)

49. 在 Word 2003 中，_____是一项用于管理和共享文本文件中的结构化数据的技术。

   A．JAVA　　　　B．XML　　　　C．C 语言　　　　D．C#

50. _____是一系列的 Word 2003 命令的集合，通过运行它可以完成一系列的 Word 命令。

   A．命令集　　　B．宏　　　　C．函数　　　　D．语言集

51. 通过运行宏可以达到_____的目的。

   A．阶段操作　　　　　　B．程序化操作
   C．简化编辑操作　　　　D．结构化操作

52. 在 Word 2003 中，通过"_____"菜单可打开"宏"对话框。

A．文件　　　B．视图　　　C．格式　　　D．工具

53．在 Word 2003 中，宏的程序是用_____编写的。

　　A．VB　　　B．JAVA　　　C．C　　　D．C++

三、多项选择题（下列每题有 5 个选项，其中有 2 个或 2 个以上是正确的，请将其代号填写在横线空白处）

1．在 Word 2003 中，通过设置，可以在"文件"菜单列出_____。

　　A．3 个最近使用的文件　　　B．6 个最近使用的文件

　　C．9 个最近使用的文件　　　D．12 个最近使用的文件

　　E．15 个最近使用的文件

2．在 Word 2003 中，"选项"对话框的"常规"选项卡可以设置_____。

　　A．中文字体也应用于西文　　　B．"文件"菜单列出的最近所用文档个数

　　C．西文字体也应用于中文　　　D．蓝底白字

　　E．提供声音反馈

3．在 Word 2003 中，"选项"对话框的"编辑"选项卡可以设置_____。

　　A．用 Ctrl + 单击跟踪超链接　　　B．使用智能指针

　　C．蓝底白字　　　D．保持格式跟踪

　　E．提供声音反馈

4．在 Word 2003 中，"选项"对话框的"视图"选项卡可以设置是否显示_____。

　　A．屏幕提示　　　B．菜单栏　　　C．状态栏

　　D．页码　　　E．制表符

5．在 Word 2003 中，"选项"对话框的"视图"选项卡包括的分类有_____。

　　A．显示　　　B．格式标记

　　C．大纲视图和普通视图选项　　　D．页面视图和 Web 版式视图选项

　　E．阅读版式视图选项

6．在 Word 2003 中，自动保存间隔时间可以设置为_____。

　　A．30 s　　　B．45 s　　　C．30 min

　　D．60 min　　　E．180 min

7．Word 2003 的字数统计功能可以统计文档的各种信息，包括_____。

　　A．页数　　　B．字数　　　C．段落数

　　D．中文词组数　　　E．非中文单词

8．Word 2003 的字数统计功能不能统计文档的下列信息：_____。

　　A．页数　　　B．字数　　　C．函数类型数

D. 中文词组数　　　　　　E. 数据类型数

9. 在 Word 2003 中，根据用户需要，文档_____。

   A. 可以只设置打开权限密码

   B. 可以只设置修改权限密码

   C. 可以不设置密码

   D. 至少要设置一个密码

   E. 可以同时设置打开权限密码和修改权限密码

10. 在 Word 2003 中，"保护文档"任务窗格不包括_____。

    A. 格式设置限制　　　B. 编辑限制　　　C. 修改限制

    D. 删除限制　　　　　E. 启动强制保护

11. 在 Word 2003 中，使用样式可以_____。

    A. 使文档格式的设置更便捷

    B. 减少大量的重复劳动

    C. 保持格式的一致性

    D. 减少文字输入

    E. 在文档里设置更多不同的格式

12. 在 Word 2003 中，样式类型包括_____。

    A. 字符样式　　　　　B. 词样式　　　　C. 句样式

    D. 段落样式　　　　　E. 全文样式

13. 在 Word 2003 中，样式包罗了一系列的格式特征，不包括_____。

    A. 边框和底纹　　　　B. 段落符号　　　C. 制表位

    D. 网格线　　　　　　E. 项目符号

14. 在 Word 2003 中，下列关于模板的说法正确的有_____。

    A. 模板是一类特殊的文档

    B. 模板可以作为其他文档创建时的框架

    C. 模板只包含格式，不包含内容

    D. 基于模板可以建立其他文档

    E. 模板的扩展名是 .doc

15. 在 Word 2003 中，为当前文档加载新的模板会影响文档中的_____。

    A. 文本　　　　　　　B. 宏　　　　　　C. 自动图文集

    D. 菜单命令　　　　　E. 图片清晰度

16. HTML 使用标记不能指定 Web 浏览器_____。

A. 对文字的显示方式　　　　B. 对图形的显示方式

C. 对用户操作的响应方式　　D. 自动规划网页版式

E. 自动修改网页内容

17. ＿＿＿＿＿＿＿是 HTML 文件结构的标记。

　　A. ＜head＞和＜/head＞　　　B. ＜title＞和＜/title＞

　　C. ＜body＞和＜/body＞　　　D. ＜form＞和＜/form＞

　　E. ＜table＞和＜/table＞

18. 在 Word 2003 中，＿＿＿＿＿＿＿必须使用 Web 工具箱才能添加在网页中。

　　A. 文本　　　　　　B. 选项按钮　　　　C. 图片

　　D. 复选框　　　　　E. 影片

19. 在 Word 2003 中，Web 工具箱不包括＿＿＿＿＿＿＿。

　　A. 选项按钮　　　　B. 文本框　　　　　C. 复选框

　　D. 线条　　　　　　E. 自选图形

20. 在 Word 2003 中，使用框架可以将网页分为＿＿＿＿＿＿＿个部分。

　　A. 2　　　　　　　　B. 3　　　　　　　　C. 4

　　D. 5　　　　　　　　E. 6

21. 在 Word 2003 中，"框架集"工具栏中有＿＿＿＿＿＿＿按钮。

　　A. 左侧新框架　　　B. 右侧新框架　　　C. 中间新框架

　　D. 上方新框架　　　E. 下方新框架

22. 在 Word 2003 中，可以向 HTML 文件中添加＿＿＿＿＿＿＿。

　　A. VBScript　　　　B. JavaScript　　　　C. C

　　D. C++　　　　　　E. C#

23. 在 Word 2003 中，可以按照＿＿＿＿＿＿＿将表格内容升序或降序排列。

　　A. 拼音　　　　　　B. 字母　　　　　　C. 数字

　　D. ASCII 码　　　　E. BCD 码

24. 在 Word 2003 中，SUM( ) 函数可以有＿＿＿＿＿＿＿个参数。

　　A. 1　　　　　　　　B. 2　　　　　　　　C. 3

　　D. A、B 均可　　　　E. B、C 均可

25. 在 Word 2003 中，常用函数包括＿＿＿＿＿＿＿。

　　A. SUM( )　　　　　B. COUNT( )　　　　C. TIME( )

　　D. MAX( )　　　　　E. DATE( )

26. 在 Word 2003 中，SIGN( ) 函数的返回值可能是＿＿＿＿＿＿＿。

A. -2　　　　　B. -1　　　　　C. 0

D. 1　　　　　E. 2

27. 在 Word 2003 中，下列结果为 3 的有_____。

　　A. INT(2.8)　　　B. INT(2.96)　　　C. INT(3.01)

　　D. INT(3.8)　　　E. INT(3.95)

28. 下列关于 XML 的说法正确的有_____。

　　A. XML 是一种阅读多元化数据技术

　　B. XML 是 SGML 的一种浓缩形式

　　C. 可用 XML 创建自定义标签

　　D. XML 为整理和提供信息提供了灵活性

　　E. 以上都对

29. 在 Word 2003 中，XML 可以将结构数据转化为文本文件，以供_____读取。

　　A. 报表　　　　B. 数据库　　　　C. 网页

　　D. 应用程序　　E. 模板

30. 在 Word 2003 中，下列关于宏的说法正确的有_____。

　　A. 宏是一系列的 Word 命令的集合

　　B. 运行宏可以完成一系列的 Word 命令

　　C. 使用宏可以简化编辑操作

　　D. 宏是一组函数的集合

　　E. 宏可以自动运行

31. 在 Word 2003 中，创建宏的方式有_____。

　　A. 录制法　　　B. 直接输入法　　　C. 间接输入法

　　D. 跟踪法　　　E. 智能标记法

32. 在 Word 2003 中，管理宏，即是对已经存在的宏进行_____。

　　A. 改变说明　　B. 改变格式　　　C. 删除

　　D. 恢复　　　　E. 改变内容

操作技能辅导练习题

【试题 1】

1. 考核要求

打开"素材库（高级）\ 考生素材 1\ 文件素材 3—1.doc"，将其以"高级 3—1A.doc"

为文件名保存至考生文件夹中,进行以下操作,最终版面如"样文3—1A"所示。

(1) 宏的使用

1) 创建宏:在文档"高级3—1A.doc"中录制新宏,宏名为GJ1,指定快捷键为Ctrl+Shift+C,并将该宏保存在当前文档中,设定宏的功能为将选定的文本字体设置为华文新魏、四号、加粗、深蓝色、有下划线,行距为固定值20磅,段落间距为段前、段后0.5行。

2) 使用宏:利用快捷键将新录制的宏应用于正文的第2段。

(2) 样式与文档模板应用

1) 修改样式:对"标题1"的样式进行修改,设置字体为隶书、小一、加粗、褐色,对齐方式为居中,并为其添加"亦真亦幻"的文字效果;设置段落间距为段前、段后0.5行,行距为2倍行距。设置完成后,将该样式应用于文档的标题行。

2) 新建样式:以正文为样式基准,以"考生样式1"为样式名新建样式。设置字体为方正姚体、小四、橄榄色,设置行距为固定值20磅,首行缩进2字符,并添加绿色、1.5磅的实线边框线。创建完成后,将该样式应用于正文的第3、第4段。

3) 模板应用:将正文的最后一段套用"素材库(高级)\考生素材3\模板素材3.dot"中的"段落样式5"的样式。

(3) 表格的统计处理

按"样文3—1B"所示,将文档表格中的数据以"7月"为主要关键字、"8月"为次要关键字、"9月"为第三关键字,进行升序排序。

(4) 选项设置

在"保存"选项中设置:保留备份,并且提示保存文档属性。

(5) 创建、编辑网页

1) 保存当前文档后,将其以网页类型进行另存,文件名为"高级3—1B.htm",并将页面标题更改为"山是如何形成的"。

2) 按"样文3—1C"所示,在网页中插入图片"素材库(高级)\考生素材2\图片素材3—1.jpg",设置图片的环绕方式为四周型。

(6) 文档保护

在文档"高级3—1A.doc"中启动强制保护,任何人只能在文档中插入批注,而不能进行其他更改,保护密码为"KSMM3-1"。

样文3—1A:

山永远在那里

地球的外壳是由许多块大大小小的地壳拼合而成，而我们崇拜的名山大川就成长在这漂浮地壳的边缘上——断裂带、山脊带。常识告诉我们，山是因水流切割而成的，这只是人们坐井观天的结论，其实，山的形态早就在地壳构建开始的时刻已筑成型，山脉与海岭沿着那绵延的板块缝隙"破壳而出"。山永远在那里，引导我们用生命与心血去探索世界最高峰的奥秘。

山峰的形成可归纳为三种：

第一种是因火山喷发而成的，它由致密结晶状的玄武岩或花岗岩构成，仔细观察，其山体由形状为四棱或五棱柱体或多面锥体的巨大岩晶聚合而成，形状怪异，在苍茫的大山中通常位于群峰簇拥的中间，它以神奇的力量将地壳块体推向两侧形成卫峰。卫峰有如相互依靠的多米诺骨牌，叠压簇拥在火成的山体两侧，每块骨牌就是侧峰或称"卫峰"。如果你有机会飞越天山南北，就能体会到这奇异的造型。

第二种是立于两侧的山峰，像骨牌一样都背向分明(地质上称为"岩层的向斜或背斜"，表达一个山体的两个面)；每个卫峰的山体按照地壳冷却收缩时龟裂的纹理，像干枯的湖底裂纹一样形成一座座有着多于三条棱脊的山体，棱脊的交汇点就是地壳山体上的峰顶。山体以这些不同方向的山脊为边缘，以最稳定的势能规律紧凑地拼合在一起，均衡地漂浮在岩浆之上。

第三种山是没有能力彻底完成前两种造山运动过程，但却因岩浆活动而形成的山，人们称之为"喀斯特地貌"，因其岩溶地貌而得名。近看这些山峰，每个都圆圆的像馒头似的，几乎山山有洞，洞中的暗河有如火山的地下溶岩通道。从远处看，五六个这样的"馒头"围成一个圈子；从飞机上看，圈子中间是个隐蔽的盆地，也许这里就是传说中的世外桃源；从高空俯瞰，馒头状山峰有规律地汇聚成黑黑的一大片，圆状的分布就像铁锅中沸腾的冒着气泡的糖浆，还像葵花盘状的马蜂窝。这里的岩石都是沉积岩经过高温高压后变质的石灰岩石，而其形态变成了馒头状，在高温高压下，化学性质发生了变化，使海洋中沉淀的盐碱分解蒸发。变质的岩石没有盐碱，为寄生其上的植物提供了良好的生存环境，因此植被繁盛。

样文3—1B：

某部门预算执行情况统计表			
项目	7月	8月	9月
劳保用品	1110	1860	1245
管理费	1200	1200	1200
开站费	1222	1440	2700
办公耗材	1350	1833	1500
教材款	2333	2770	4568
培训费	3545	2566	4568
考务费	3940	1300	1541
总计	14700	20969	17322

样文3—1C：

山永远在那里

地球的外壳是由许多块大大小小的地壳拼合而成，而我们崇拜的名山大川就成长在这漂浮地壳的边缘上——断裂带、山脊带。常识告诉我们，山是因水流切蚀而成的，这只是人们坐井观天的结论，其实，山的形态早就在地壳构建开始的时刻已筑成型，山脉与海龄沿着蜿蜒延的板块缝隙"破壳而出"。山永远在那里，引导我们用生命与心血去探索世界最高峰的奥秘。

山峰的形成可归纳为三种：

第一种是因火山喷发而成的，它由致密结晶状的玄武岩或花岗岩构成，仔细观察，其山体由形状为菱被或五棱柱体被多面锥体的巨大晶柱聚合而成，形状怪异，在苍茫的大山中通常位于群峰蔟拥的中间，它以神奇的力量将地壳推向两侧形成卫峰。卫峰有如相互依靠的多米诺骨牌，叠压被挤在火成的山体两侧，每块骨牌就是侧峰被称"卫峰"。如果你有机会飞越天山南北，就能体会到这奇异的造型。

第二种是立于两侧的山峰，腰脊脚一株都有分明（地质上称为"岩座的向斜或背斜"，表达一个山体的两个面）：每个卫峰的山体按照地壳冷却退隔时龟裂的纹理，像干枯的湖底裂纹一样形成一座座有着于三条棱奇的山体，棱脊的交汇点就是地壳山体上的峰顶。山体以这些不同方向的山脊为边缘，以最稳定的势能规律紧凑地拼合在一起，均匀地漂浮在岩浆之上。

第三种山是没有能力彻底完成前两种造山运动过程，但却因岩浆活动而形成的山，人们称之为"喀斯特地貌"，因其岩溶地貌而得名。近看这些山峰，每个圆圆圆的像馒头似的。几乎山山有洞，洞中的暗河有如火山的地下溶岩通道。从远处看，五六个这样的"馒头"围成一个圈子；从飞机上看，圈子中间是个隐蔽的盆地，也许这里就是传说中的世外桃源；从高空俯瞰，馒头状山峰有规律地汇聚成黑黑的一大片，圆状的分布就铁锅中沸腾的翻着气泡的糨糊，还像葵花盛状的马蜂窝。这里的岩石都是沉积岩经过高温高压后变质的石灰岩石，而其形态变成了馒头状，在高温高压下，化学性质发生了变化，使海洋中沉淀的盐碱分解蒸发。变质的岩石没有盐碱，为寄生其上的植物提供了良好的生存环境，因此植被繁盛。

某部门预算执行情况统计表			
项目	7月	8月	9月
劳保用品	1110	1860	1245
管理费	1200	1200	1200
开站费	1222	1440	2700
办公耗材	1350	1833	1500
教材款	2333	2770	4568
培训费	3545	2566	4568
考务费	3940	1300	1541
总计	14700	20969	17322

2. 考核时限

完成本题操作基本时间为 30 min；超出要求时间 5 min 内（含）扣 2 分，超出要求时间 5 min 以上停止操作。

【试题 2】

1. 考核要求

打开"素材库（高级）\ 考生素材 1 \ 文件素材 3—2. doc"，将其以"高级 3—2A. doc"为文件名保存至考生文件夹中，进行以下操作，最终版面如"样文 3—2A"所示。

（1）宏的使用

1）创建宏：在文档"高级 3—2A. doc"中录制新宏，宏名为 GJ2，指定快捷键为 Ctrl + Shift + C，并将该宏保存在当前文档中，设定宏的功能为将选定的文本字体设置为幼圆、四号、加粗、浅黄色，并添加深青色底纹，行距为固定值 20 磅，段落间距为段前、段后 0.5 行。

2）使用宏：利用快捷键将新录制的宏应用于正文的第 1 段。

（2）样式与文档模板应用

1）修改样式：对"标题 2"的样式进行修改，设置字体为华文彩云、小一、加粗、红色，对齐方式为居中，字间距为加宽 2.5 磅，并为其添加"七彩霓虹"的文字效果；设置段落间距为段前、段后 1 行，行距为 2 倍行距。设置完成后，将该样式应用于文档的标题行。

2）新建样式：以正文为样式基准，以"考生样式 2"为样式名新建样式，设置字体为华文楷体、小四、加粗、金色，设置行距为固定值 18 磅，并为段落添加褐色底纹。创建完成后，将该样式应用于正文的第 3 段。

3）模板应用：将正文的最后一段套用"素材库（高级）\ 考生素材 3 \ 模板素材 3. dot"中的"段落样式 1"的样式。

（3）表格的统计处理

按"样文 3—2B"所示，利用表格中的数据通过公式求出各品种花卉的种植面积平均值，将结果填在相应的单元格中。

（4）选项设置

在"打印"选项中设置：添加打印文档的附加信息"文档属性"，并且"仅打印窗体域内容"。

（5）创建、编辑网页

1）保存当前文档后，将其以网页类型进行另存，文件名为"高级3—2B. htm"，并将页面标题更改为"详解秘色瓷"。

2）按"样文3—2C"所示，在网页中插入图片"素材库（高级）\考生素材2\图片素材3—2.jpg"，设置图片的环绕方式为衬于文字下方，缩放比例为45%，靠右对齐。

（6）文档加密

对文档进行加密，设置修改文档的密码为"KSMM3-2"。

样文3—2A：

秘色瓷简介

古代名窑进贡朝廷的一种特制瓷器精品，简称"秘瓷"。

所谓"秘色"，据宋人解释是：吴越国钱氏割据政权控制了越窑场，命令这些瓷窑专烧供奉用的瓷器，秘不示人，庶民不得使用；且釉药配方、制作工艺保密，故名。如赵麟在《候鲭录》中说："今之秘色瓷器，世言钱氏立国，越州烧进，为供奉之物，不得臣庶用之，故谓之秘色。"关于秘色瓷的质地和色泽，清人说是"其色似越器，而清亮过之"。从出土的典型的秘色瓷看，其质地细腻，原料的处理精细，多呈灰或浅灰色。胎壁较薄，表面光滑，器型规整，施釉均匀。从釉色来说，五代早期仍以黄为主，滋润光泽，呈半透明状，但青绿的比重较晚唐有所增加；其后便以青绿为主，黄色则不多见。

越窑青瓷精品之一。"秘色"一名最早见于唐代诗人陆龟蒙的《秘色越器》诗中，诗云："九秋风露越窑开，夺得千峰翠色来。好向中宵盛沆瀣，共嵇中散斗遗杯。"可见"秘色瓷"最初是指唐代越窑青瓷中的精品，"秘色"似应指稀见的颜色，是当时赞誉越窑瓷器釉色之美而演变成越窑釉色的专有名称。据文献记载，相传五代时吴越国王钱镠命令烧造瓷器专供钱氏宫廷所用，并入贡中原朝廷，庶民不得使用，故称越窑瓷为"秘色瓷"。周辉《清波杂志》云："越上秘色器，钱氏有国日，供奉之物，不得臣下用，故曰秘色。"对此，赵麟《候鲭录》、赵彦卫《云麓漫钞》、曾慥的《高斋漫录》以及嘉泰《会稽志》等书都提出异议，认为"秘色"唐代已有而非始于吴越钱氏。

关于"秘色"究竟指何种颜色，以前人们对此众说纷纭。1987年4月陕西省考古工作者在扶风县法门寺塔唐代地宫，发掘出16件越窑青瓷器，在记录法门寺皇室供奉器物的物账上，这批瓷器的确记载为"瓷秘色"，从而使人们进一步认识了"秘色瓷"。这批"秘色瓷"除两件为青黄色外，其余釉面青碧，晶莹润泽，有如湖面一般清澈碧绿。法门寺"秘色瓷"的出土，解决了陶瓷界长期以来议论不休的问题，同时有力地说明了"秘色瓷"晚唐时开始烧造，五代时达到高峰。

样文3—2B：

花卉种植面积统计表（单位：亩）					
品种	2004年	2005年	2006年	2007年	平均值
郁金香	40	49	57	55	50.3
百合	37	40	44	48	42.3
吊兰	49	55	66	72	60.5
菊花	53	62	56	59	57.5
月季	63	73	64	66	66.5
水仙	19	25	31	31	26.5
迎春	48	53	58	64	55.8

样文3—2C：

秘色瓷简介

古代名窑进贡朝廷的一种特制瓷器精品，简称"秘瓷"。

所谓"秘色"，据宋人解释是：吴越国钱氏割据政权控制了越窑场，命令这些窑窑专烧供奉用的瓷器，秘不示人，庶民不得使用，且釉药配方、制作工艺保密，故名。如赵麟在《候鲭录》中说："今之秘色瓷器，世言钱氏立国，越州烧进，为供奉之物，不得臣庶用之，故谓之秘色。"关于秘色瓷的质地和色泽，清人说是"其色似越器，而清亮过之"。从出土的典型的秘色瓷看，其质地细腻，原料的处理精细，多呈灰或淡灰色。胎壁较薄，表面光滑，器型规整，施釉均匀。从釉色来说，五代早期仍以黄为主，滋润光泽，呈半透明状，但青绿的比重较晚唐有所增加，其后便以青绿为主，黄色则不多见。

越窑青瓷精品之一。"秘色"一名最早见于唐代诗人陆龟蒙的《秘色越器》诗中，诗云："九秋风露越窑开，夺得千峰翠色来。好向中宵盛沆瀣，共嵇中散斗遗杯。"可见"秘色瓷"最初是指唐代越窑青瓷中的精品，"秘色"似应指稀见的颜色，是当时赞誉越窑瓷器釉色之美而演变成越窑釉色的专有名称。据文献记载，相传五代时吴越国王钱镠专令烧造瓷器专供钱氏宫廷所用，并入贡中原朝廷，庶民不得使用，故称越窑瓷为"秘色瓷"。周辉《清波杂志》云："越上秘色瓷，钱氏有国日，供奉之物，不得臣下用，故曰秘色。"对此，无名氏《候鲭录》、赵彦卫《云麓漫钞》、曾慥的《高斋漫录》以及嘉泰《会稽志》等书都提出异议，认为"秘色"唐代已有而非始于吴越钱氏。

关于"秘色"究竟指何种颜色，以前人们对此众说纷纭。1987年4月陕西省考古工作者在扶风县法门寺塔唐代地宫，发掘出16件越窑青瓷器，在记录法门寺皇室供奉器物的物账上，这批瓷器的确记载为"瓷秘色"，从而使人们进一步认识了"秘色瓷"。这批"秘色瓷"除两件为青黄色外，其余釉面青碧，晶莹润泽，有如湖面一般清澈碧绿。法门寺"秘色瓷"的出土，解决了陶瓷界长期以来议论不休的问题，同时有力地说明了"秘色瓷"晚唐时开始烧造，五代时达到高峰。

花卉种植面积统计表（单位：亩）					
品种	2004年	2005年	2006年	2007年	平均值
郁金香	40	49	57	55	50.3
百合	37	40	44	48	42.3
吊兰	49	55	66	72	60.5
菊花	53	62	56	59	57.5
月季	63	73	64	66	66.5
水仙	19	25	31	31	26.5
迎春	48	53	58	64	55.8

2. 考核时限

完成本题操作基本时间为 30 min；超出要求时间 5 min 内（含）扣 2 分，超出要求时间 5 min 以上停止操作。

参考答案
理论知识辅导练习题参考答案

一、判断题

1. × 2. × 3. √ 4. √ 5. × 6. √ 7. × 8. × 9. √ 10. √ 11. ×
12. × 13. √ 14. × 15. √ 16. √ 17. √ 18. × 19. √ 20. × 21. √
22. √ 23. × 24. × 25. √ 26. √ 27. √ 28. × 29. × 30. √ 31. ×
32. × 33. √

二、单项选择题

1. B 2. D 3. B 4. B 5. C 6. D 7. B 8. D 9. A 10. D 11. A 12. A
13. D 14. D 15. A 16. D 17. A 18. B 19. D 20. A 21. D 22. B 23. A
24. C 25. A 26. B 27. B 28. A 29. C 30. B 31. C 32. A 33. C 34. B
35. D 36. D 37. B 38. A 39. C 40. C 41. C 42. B 43. C 44. B 45. C
46. A 47. A 48. C 49. B 50. B 51. C 52. D 53. A

三、多项选择题

1. ABC 2. ABDE 3. ABD 4. ACE 5. ABCD 6. CD 7. ABCE 8. CDE
9. ABCE 10. CD 11. ABC 12. AD 13. BD 14. ABD 15. BCD 16. DE
17. ABC 18. BD 19. DE 20. ABCDE 21. ABDE 22. AB 23. ABC 24. BCE
25. ABD 26. BCD 27. CDE 28. BCD 29. ABCD 30. ABC 31. AB 32. ACE

操作技能辅导练习题参考答案

【试题1】

1. 操作步骤及注意事项

（1）宏的使用

1）创建宏

①将光标置于文档结尾的空白处，执行"工具"→"宏"→"录制新宏"命令，弹出如图 3—1 所示的"录制宏"对话框。

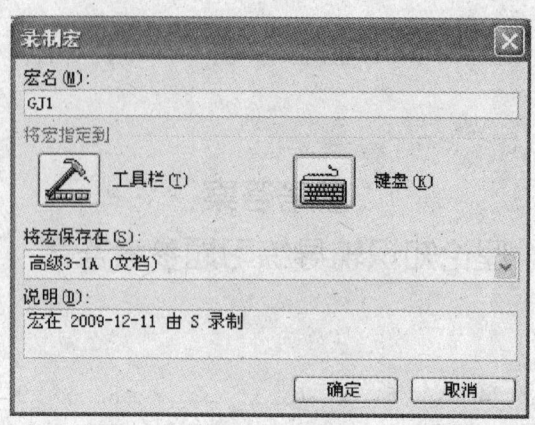

图 3—1

②在"宏名"文本框中输入"GJ1",在"将宏保存在"下拉列表中选择"高级 3—1A(文档)"。

③单击"将宏指定到"选项下的"键盘"按钮,弹出如图 3—2 所示的"自定义键盘"对话框。

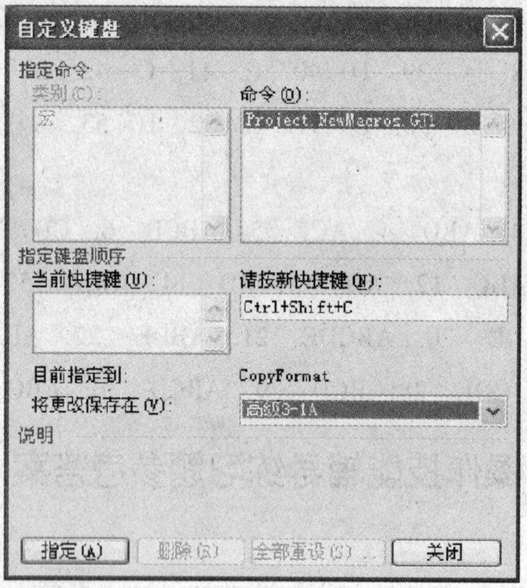

图 3—2

④在"请按新快捷键"文本框中同时按下 Ctrl + Shift + C 键,在"将更改保存在"下拉列表中选择"高级 3—1A"。单击"指定"按钮后再单击"关闭"按钮。

⑤执行"格式"菜单下的"字体"命令,弹出如图 3—3 所示的"字体"对话框,设置"中文字体"为"华文新魏"、"字形"为"加粗"、"字号"为"四号"、"字体颜色"为"深

蓝色",在"下划线线型"下拉列表中选择"字下加线",单击"确定"按钮即可完成字体设置。

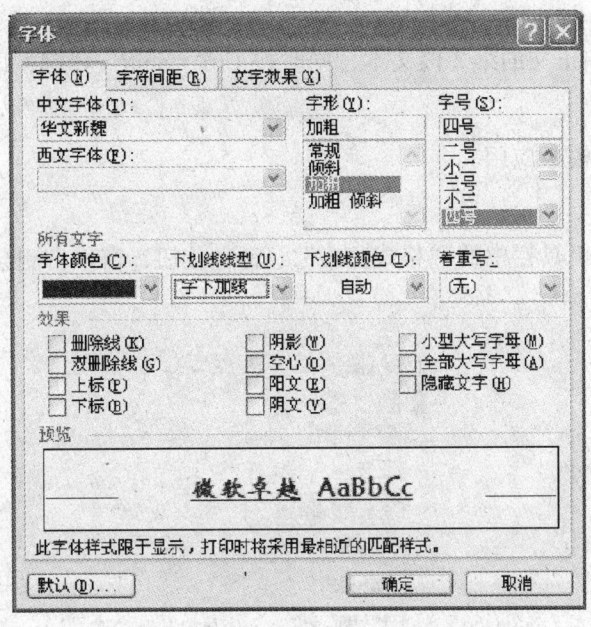

图 3—3

⑥执行"格式"菜单下的"段落"命令,弹出如图 3—4 所示的"段落"对话框,将

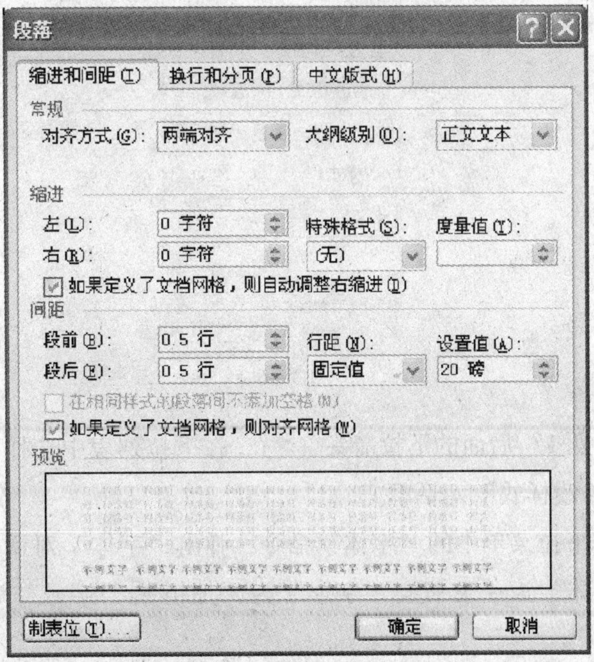

图 3—4

"行距"设置为"固定值","设置值"为"20磅",将"间距"的"段前"和"段后"均设置为"0.5行",单击"确定"按钮,再单击图3—5所示的"停止录制"按钮。

图3—5

2)运用宏:选中正文的第2段文本,同时按Ctrl + Shift + C键,即可将宏应用于该段文档。

(2)样式与文档模板应用

1)修改样式

①单击"格式"工具栏中的"格式窗格"(　)按钮,窗口右侧会打开"样式和格式"任务窗格,如图3—6所示。

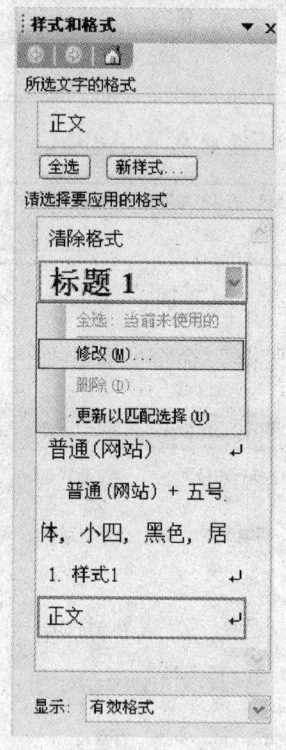

图3—6

②单击格式"标题1"后面的下拉箭头(　),在下拉列表中选择"修改"命令,弹出如图3—7所示的"修改样式"对话框。

③选择"格式"下拉菜单中的"字体"命令,弹出"字体"对话框。在"字体"选项卡下,设置"中文字体"为"隶书"、"字形"为"加粗"、"字号"为"小一"、"字体颜色"为"褐色"。

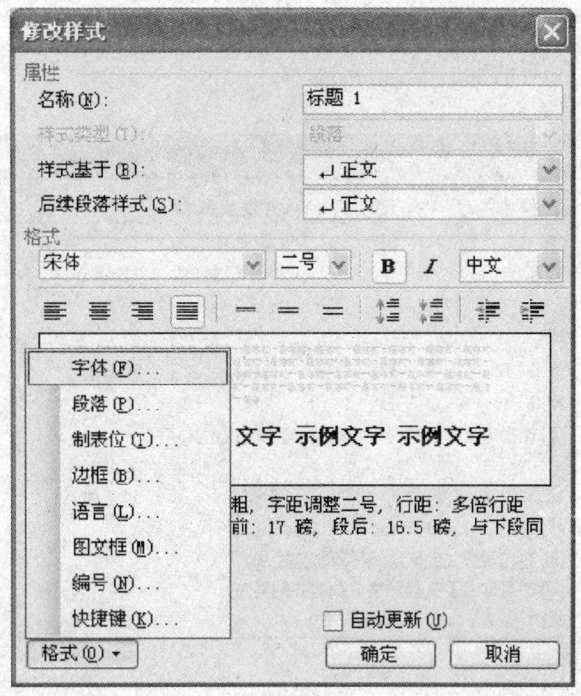

图 3—7

④在"文字效果"选项卡下,选择"动态效果"下的"亦真亦幻"选项,如图 3—8 所示,单击"确定"按钮。

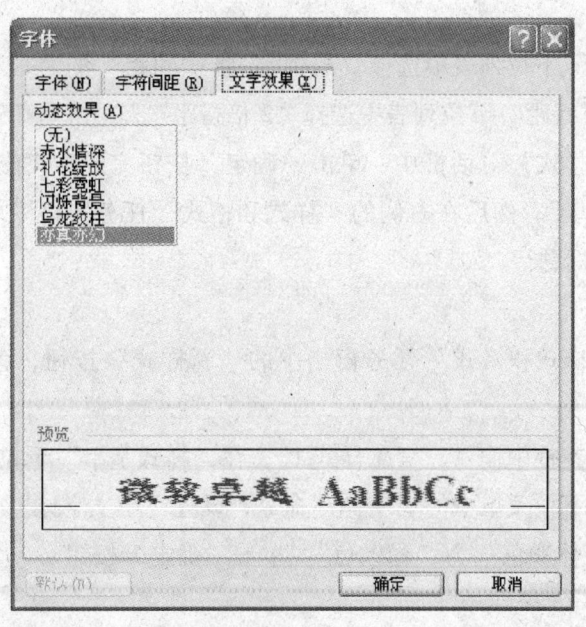

图 3—8

⑤返回到"修改样式"对话框中,选择"格式"下拉菜单中的"段落"命令,弹出如图3—9所示的"段落"对话框。

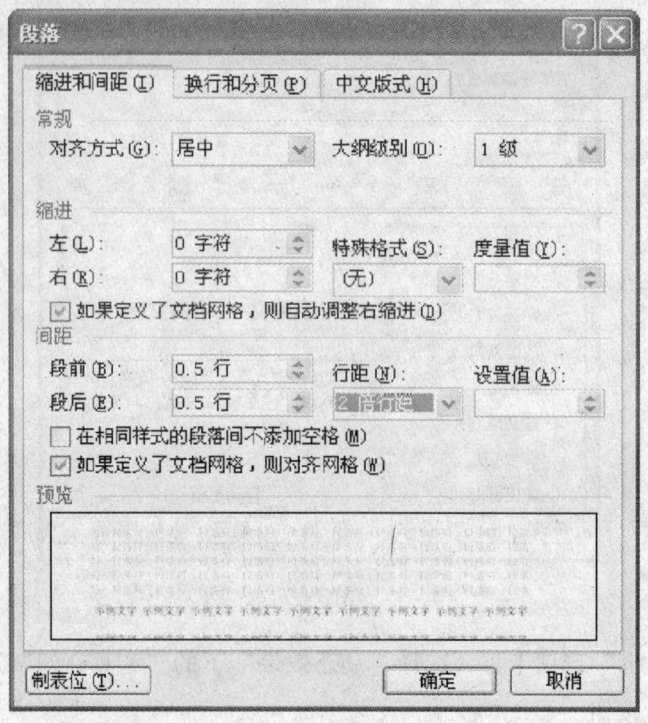

图3—9

⑥在"对齐方式"下拉列表中选择"居中";将"间距"的"段前"和"段后"均设置为"0.5行";在"行距"下拉列表中选择"2倍行距",单击"确定"按钮。

⑦返回到"修改样式"对话框中,单击"确定"按钮完成样式修改操作。选中文档的标题行"山永远在那里",然后在右侧的"样式和格式"任务窗格中单击"标题1"样式,即可将该样式应用于标题行。

2)新建样式

①单击右侧的"样式和格式"任务窗格中的"新样式"按钮,弹出如图3—10所示的"新建样式"对话框。

②在"名称"文本框中输入"考生样式1",在"样式基于"下拉列表中选择"正文"。

③选择"格式"下拉菜单中的"字体"命令,设置"中文字体"为"方正姚体"、"字号"为"小四"、"字体颜色"为"橄榄色",单击"确定"按钮。

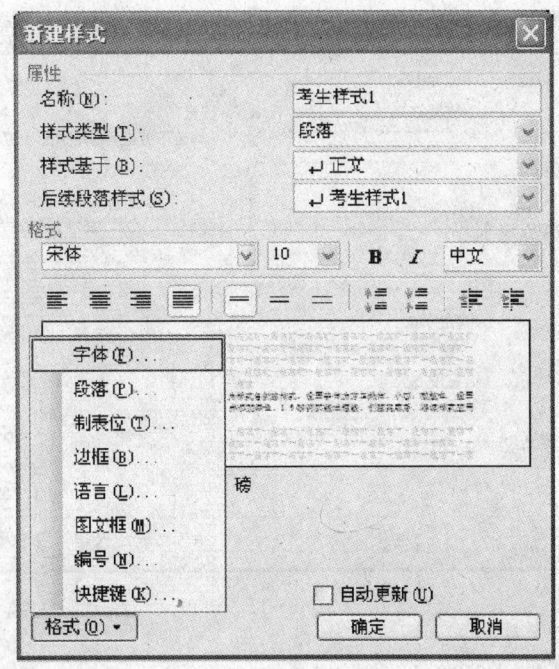

图 3—10

④返回到"新建样式"对话框中,选择"格式"下拉菜单中的"段落"命令,在"段落"设置对话中,将"行距"设置为"固定值","设置值"为"20 磅";在"特殊格式"下拉列表中选择"首行缩进",缩进的"度量值"为"2 字符",单击"确定"按钮。

⑤返回到"新建样式"对话框中,选择"格式"下拉菜单中的"边框"命令,弹出如图 3—11 所示的"边框和底纹"对话框。在"设置"列表下选择"方框",在"颜色"下拉列表中选择"绿色",在"宽度"下拉列表中选择"1 1/2 磅",单击"确定"按钮。

⑥返回到"新建样式"对话框中,单击"确定"按钮完成新建样式操作。选中正文的第 3、第 4 段,然后在右侧的"样式和格式"任务窗格中单击"考生样式 1"样式,即可将新建样式应用于这两段文字。

3) 模板应用

①如图 3—12 所示,在右侧"样式和格式"任务窗格下方的"显示"下拉列表中选择"自定义"命令,弹出如图 3—13 所示的"格式设置"对话框。

②单击"格式设置"对话框下方的"样式"按钮,弹出如图 3—14 所示的"样式"对话框。

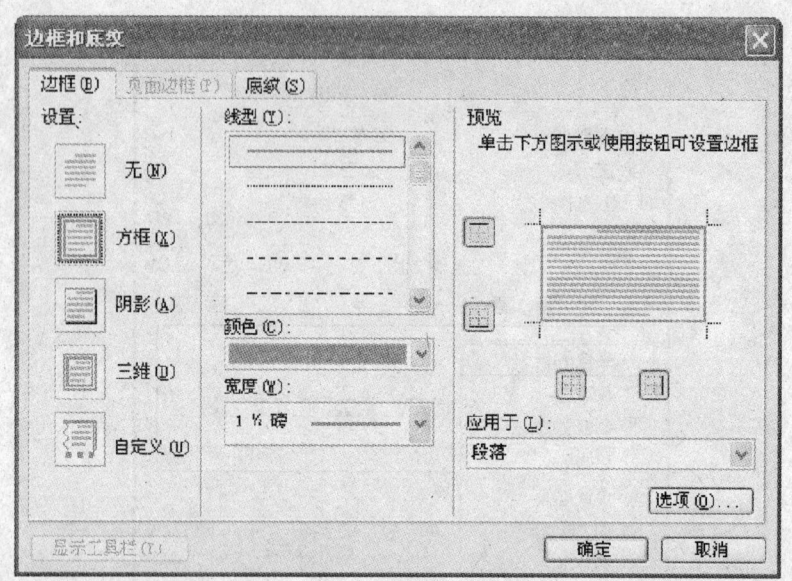

图 3—11

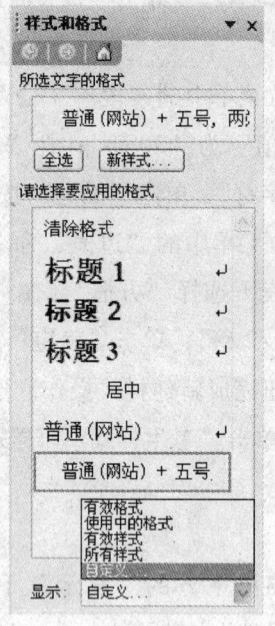

图 3—12

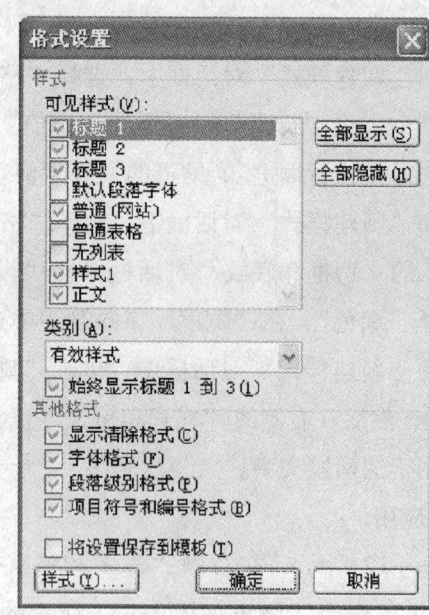

图 3—13

③单击"样式"对话框下方的"管理器"按钮，弹出如图 3—15 所示的"管理器"对话框。在"样式"选项卡中，先单击右侧列表框下方的"关闭文件"按钮，该按钮会变成"打开文件"按钮，单击后在"打开"对话框中找到并打开"素材库（高级）\ 考生素材3 \ 模板素材3.dot"。

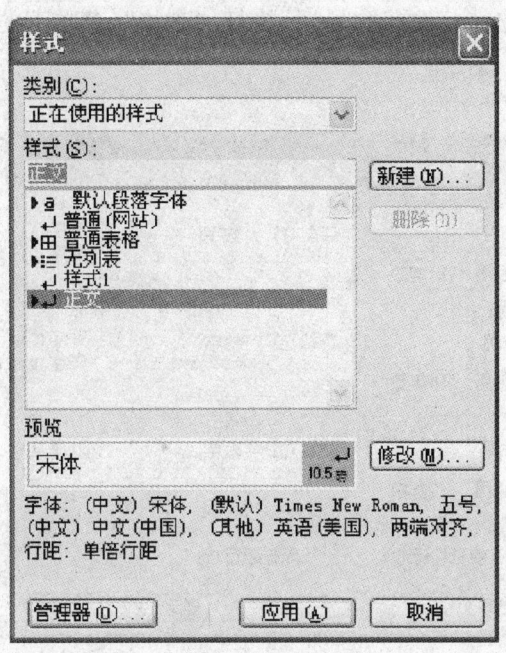

图 3—14

④在右侧列表框中选择"段落样式 5"选项,单击"复制"按钮即可将模板中的样式复制到左侧的列表框中。单击"关闭"按钮返回到当前文档。

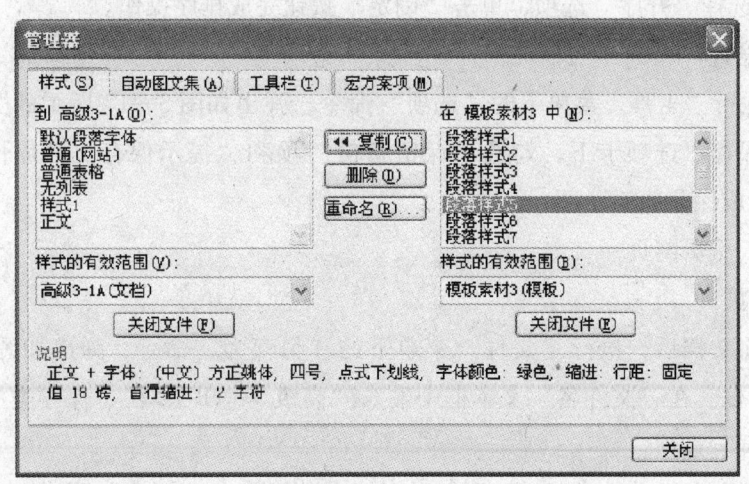

图 3—15

⑤选中正文的最后一段,然后在右侧的"样式和格式"任务窗格中单击"段落样式 5"样式,即可将该样式应用于该段文字。

(3) 表格的统计处理

1）选定文档中的表格（标题行除外），执行"表格"菜单下的"排序"命令，弹出如图 3—16 所示的"排序"对话框。

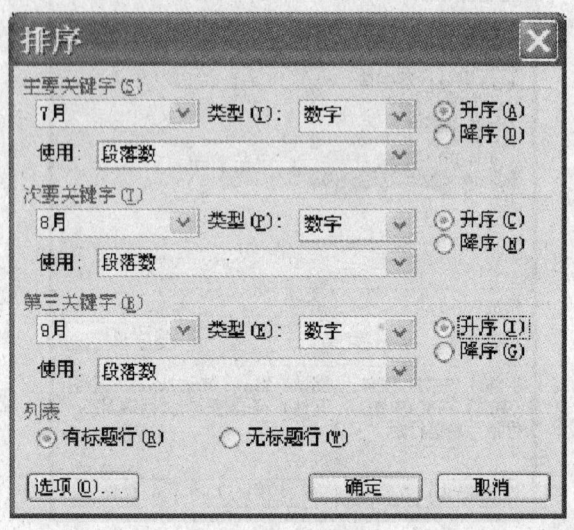

图 3—16

2）先选择"列表"选项下的"有标题行"，然后依次在"主要关键字"下拉列表中选择"7月"，在"次要关键字"下拉列表中选择"8月"，在"第三关键字"下拉列表中选择"9月"，均选择"升序"选项，单击"确定"按钮完成排序操作。

(4) 选项设置

在文档中执行"工具"菜单下的"选项"命令，弹出如图 3—17 所示的"选项"设置对话框。在"保存"选项卡下，勾选"保留备份"项和"提示保存文档属性"项，单击"确定"按钮完成保存选项设置。

(5) 创建、编辑网页

1）保存网页

①保存当前文档后，执行"文件"菜单下的"另存为"命令，弹出如图3—18所示的"另存为"对话框。在"文件名"文本框中输入"高级3—1B"，在"保存类型"下拉列表框中选择"网页"选项。

②在对话框中出现一个"更改标题"按钮，单击该按钮，弹出如图 3—19 所示的"输入文字"对话框。在"页标题"文本框中输入"山是如何形成的"，单击"确定"按钮，返回到"另存为"对话框，选择"保存"按钮。

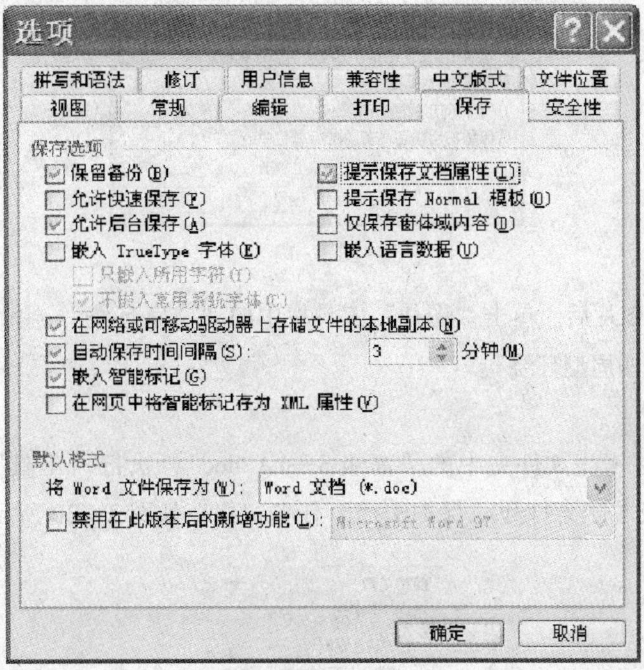

图 3—17

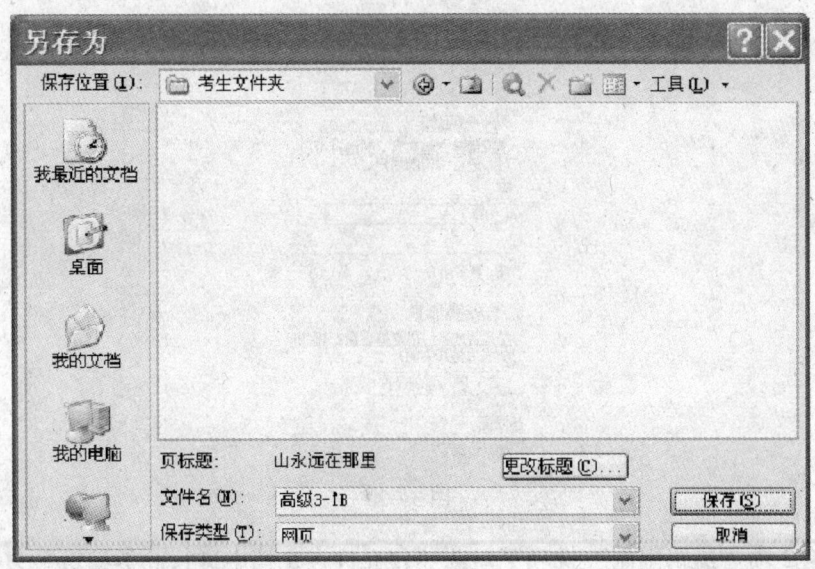

图 3—18

2）编辑网页

①在样文所示的位置依次执行"插入"→"图片"→"来自文件"命令，在弹出的"插入图片"对话框的查找范围中选择"素材库（高级）\ 考生素材 2 \ 图片素材 3—1.jpg"，单击"插入"按钮。

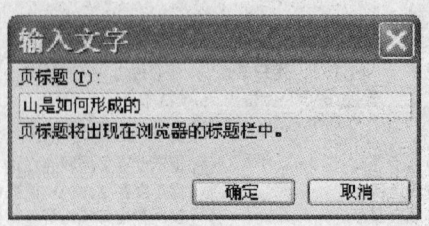

图 3—19

②选中插入的图片后，单击"图片"工具栏中的"文字环绕"（ ）按钮，在弹出的下拉列表中选择"四周型环绕"。

(6) 文档保护

1) 打开保存在考生文件夹中的"高级 3—1A.doc"，执行"工具"菜单下的"保护文档"命令，面板右侧会打开"保护文档"任务窗格，如图 3—20 所示。

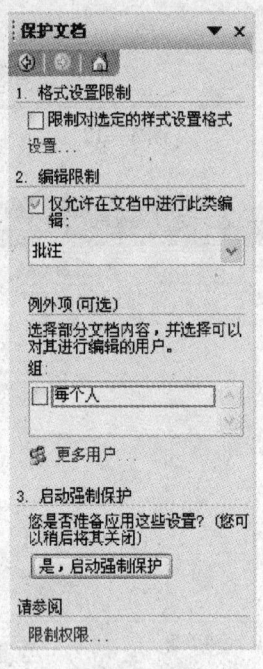

图 3—20

2) 在第 2 项"编辑限制"选项下勾选"仅允许在文档中进行此类编辑"复选项，并在下拉列表中选择"批注"项。

3) 单击"是，启动强制保护"按钮，弹出如图 3—21 所示的"启动强制保护"对话框，在"新密码"文本框中输入"KSMM3-1"，并在"确认新密码"文本框中再输入一次，单击"确定"按钮完成文档保护操作。

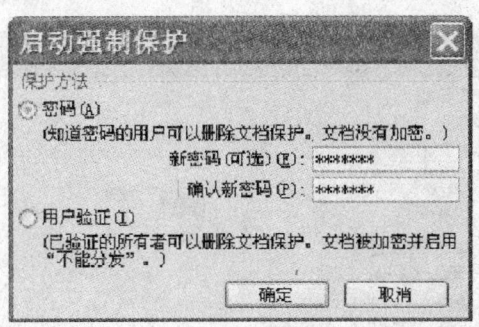

图 3—21

2. 评分项目及标准

评分项目	评分要点	配分	评分标准及扣分
宏的使用	创建宏	4分	创建宏操作正确得1分，否则不得分
	编辑宏		编辑宏操作正确得2分，否则不得分
	运行宏		运行宏操作正确得1分，否则不得分
样式与文档模板应用	修改样式	6分	样式修改操作正确得2分，否则不得分
	新建样式		新建样式操作正确得2分，否则不得分
	套用模板		套用模板操作正确得2分，否则不得分
表格的统计处理	表格排序	2分	表格排序操作正确得2分，否则不得分
选项设置	保存选项设置	2分	选项设置正确得2分，否则不得分
创建、编辑网页	保存网页	4分	保存网页操作正确得2分，否则不得分
	编辑网页		编辑网页操作正确得2分，否则不得分
文档属性管理与文档保护	文档保护	2分	文档保护操作正确得2分，否则不得分

【试题2】

1. 操作步骤及注意事项

（1）宏的使用

1）创建宏

①将光标置于文档结尾的空白处，执行"工具"→"宏"→"录制新宏"命令，弹出如图3—22所示的"录制宏"对话框。

②在"宏名"文本框中输入"GJ2"，在"将宏保存在"下拉列表中选择"高级3—2A. doc（文档）"。

③单击"将宏指定到"选项下的"键盘"按钮，弹出如图3—23所示的"自定义键盘"对话框。

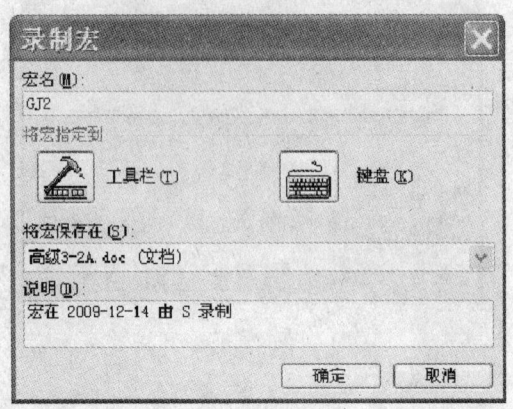

图 3—22

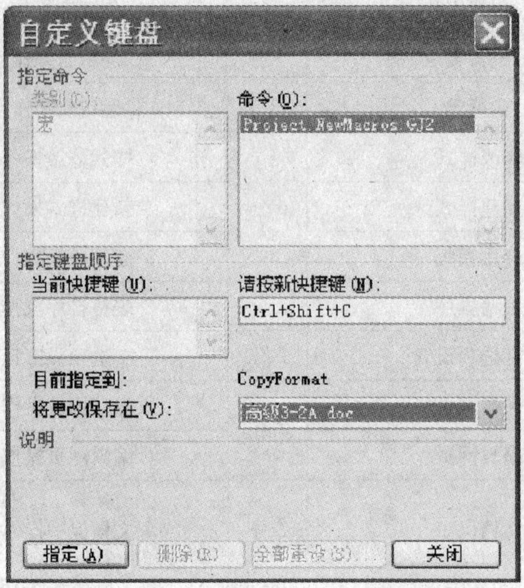

图 3—23

④在"请按新快捷键"文本框中同时按下 Ctrl + Shift + C 键,在"将更改保存在"下拉列表中选择"高级 3—2A. doc"。单击"指定"按钮后再单击"关闭"按钮。

⑤执行"格式"菜单下的"字体"命令,弹出如图 3—24 所示的"字体"对话框,设置"中文字体"为"幼圆"、"字形"为"加粗"、"字号"为"四号"、"字体颜色"为"浅黄色",单击"确定"按钮。

⑥执行"格式"菜单下的"边框和底纹"命令,弹出如图 3—25 所示的"边框和底纹"对话框,在"底纹"选项卡下,选择填充颜色为"深青"色,单击"确定"按钮。

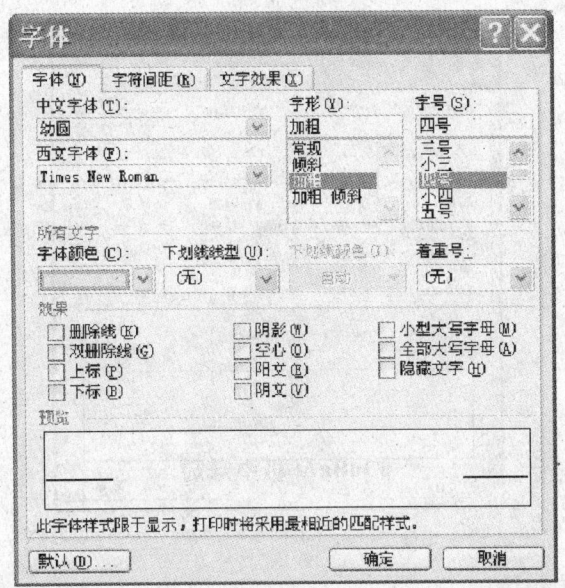

图 3—24

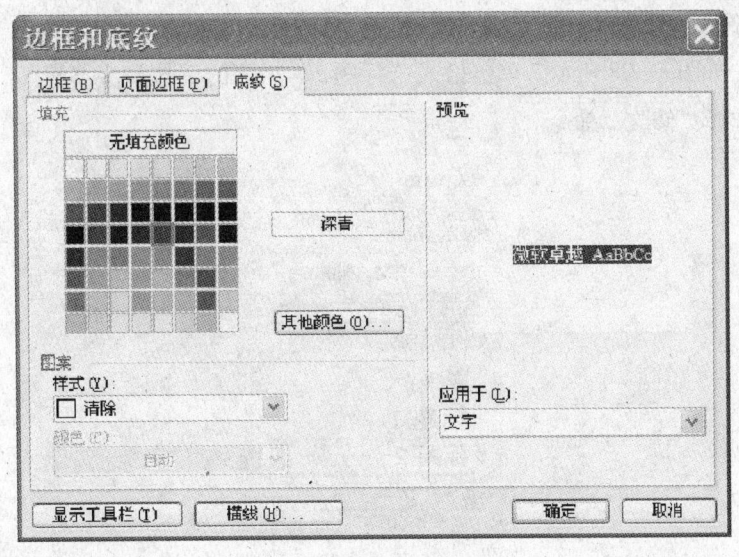

图 3—25

⑦执行"格式"菜单下的"段落"命令,弹出如图 3—26 所示的"段落"对话框,将"行距"设置为"固定值","设置值"为"20 磅",将"间距"的"段前"和"段后"均设置为"0.5 行",单击"确定"按钮,再单击图 3—27 所示的"停止录制"按钮。

2) 使用宏:选中正文的第 1 段,同时按 Ctrl + Shift + C 快捷键,即可将宏应用于该段文字。

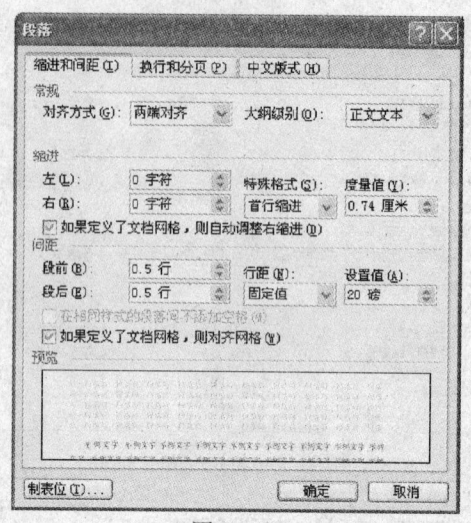

图 3—26

（2）样式与文档模板应用

1）修改样式

①单击"格式"工具栏中的"格式窗格"（）按钮，打开"样式和格式"任务窗格，如图3—28所示。单击格式"标题2"后面的下拉箭头（），在下拉列表中选择"修改"命令。

图 3—27

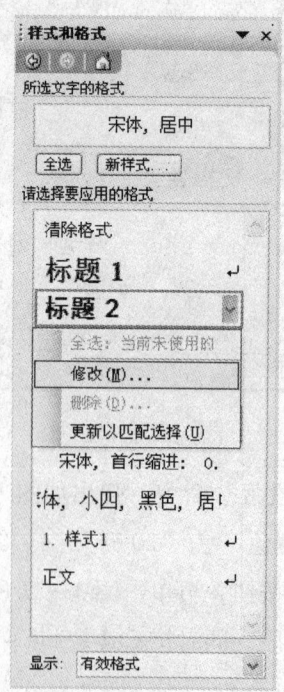

图 3—28

②如图3—29所示，在弹出的"修改样式"对话框中，选择"格式"下拉菜单中的"字体"命令，弹出"字体"对话框。

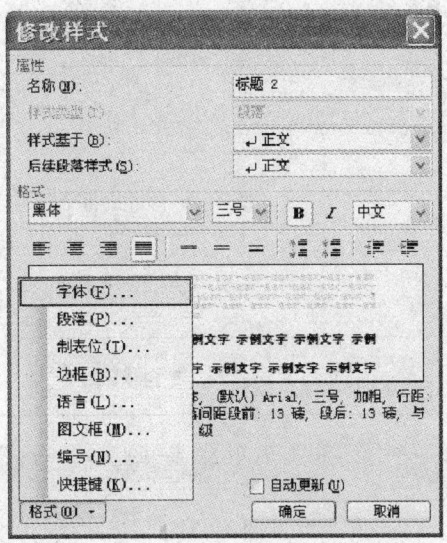

图3—29

③在"字体"对话框的"字体"选项卡下，设置"中文字体"为"华文彩云"、"字形"为"加粗"、"字号"为"小一"、"字体颜色"为"红色"。

④在"字符间距"选项卡下，在"间距"下拉菜单中选择"加宽"项，加宽的磅值设置为"2.5磅"，如图3—30所示。

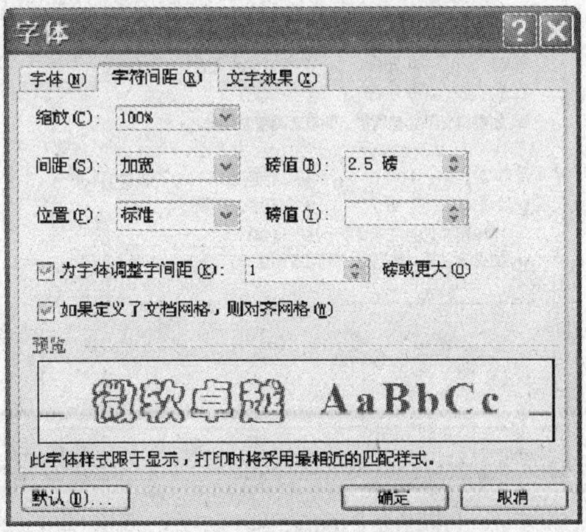

图3—30

⑤在"文字效果"选项卡下，选择"动态效果"下的"七彩霓虹"选项，单击"确定"按钮，如图3—31所示。

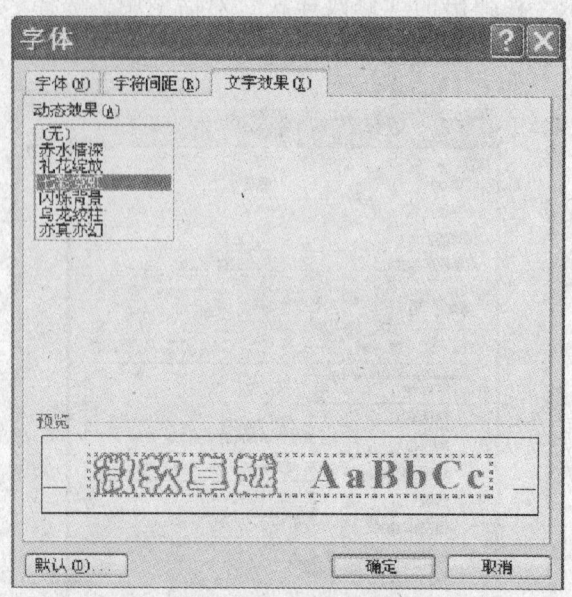

图 3—31

⑥返回到"修改样式"对话框中,选择"格式"下拉菜单中的"段落"命令,弹出如图 3—32 所示的"段落"对话框。

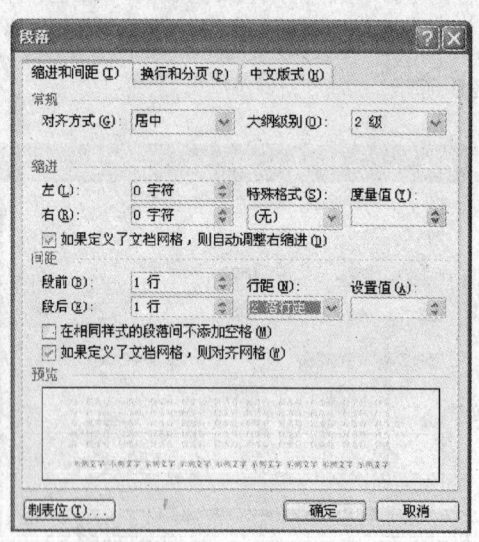

图 3—32

⑦在"对齐方式"下拉列表中选择"居中";将"间距"的"段前"和"段后"均设置为"1 行";在"行距"下拉列表中选择"2 倍行距",单击"确定"按钮。

⑧返回到"修改样式"对话框中,单击"确定"按钮完成样式修改操作。选中文档的

标题行"秘色瓷简介",然后在右侧的"样式和格式"任务窗格中单击"标题2"样式,即可将该样式应用于标题行。

2)新建样式

①单击右侧的"样式和格式"任务窗格中的"新样式"按钮,弹出如图3—33所示的"新建样式"对话框。

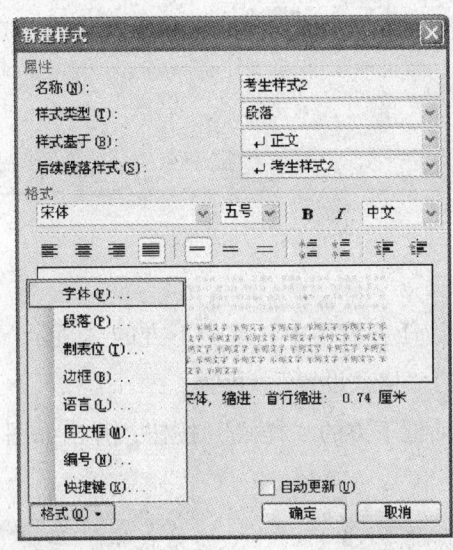

图3—33

②在"名称"文本框中输入"考生样式2",在"样式基于"下拉列表中选择"正文"。

③选择"格式"下拉菜单中的"字体"命令,设置中文字体为"华文楷体"、字号为"小四"、字形为"加粗"、字体颜色为"金色",单击"确定"按钮。

④返回到"新建样式"对话框中,选择"格式"下拉菜单中的"段落"命令,在"段落"对话框中,将"行距"设置为"固定值","设置值"为"18磅",单击"确定"按钮。

⑤返回到"新建样式"对话框中,选择"格式"下拉菜单中的"边框"命令,弹出如图3—34所示的"边框和底纹"对话框。在"底纹"选项卡下,将填充颜色设置为"褐色",单击"确定"按钮。

⑥返回到"新建样式"对话框中,单击"确定"按钮完成新建样式操作。选中正文的第3段,然后在右侧的"样式和格式"任务窗格中单击"考生样式2"样式,即可将新建样式应用于该段文字。

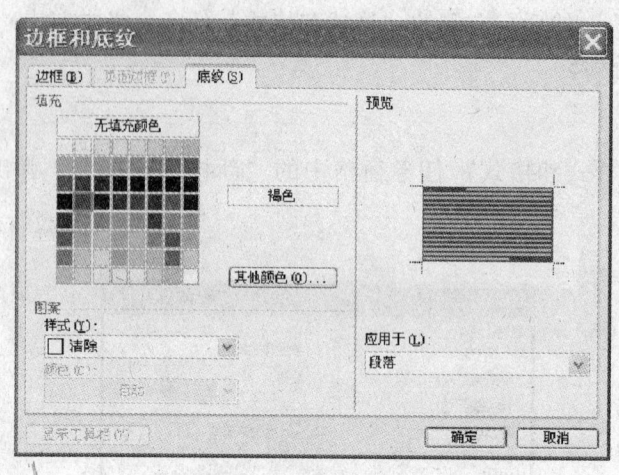

图 3—34

3）模板应用

①在右侧"样式和格式"任务窗格中，单击下方的"显示"下拉列表中的"自定义"命令，弹出如图 3—35 所示的"格式设置"对话框。

②单击"格式设置"对话框下方的"样式"按钮，弹出如图 3—36 所示的"样式"对话框。

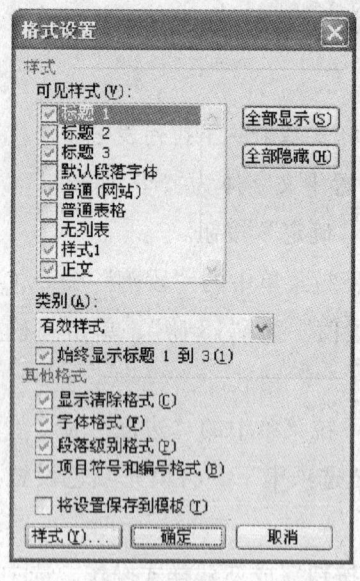

图 3—35

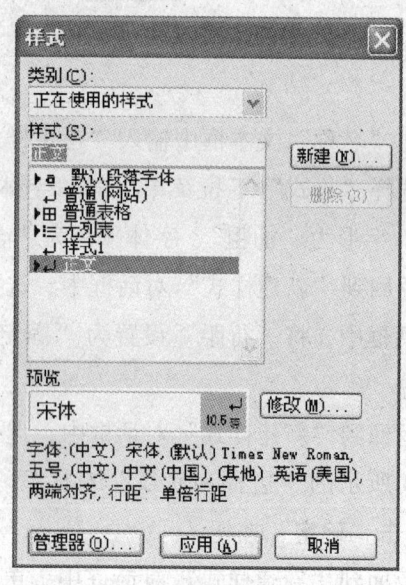

图 3—36

③单击"样式"对话框下方的"管理器"按钮，弹出如图 3—37 所示的"管理器"对话框。在"样式"选项卡中，先单击右侧列表框下方的"关闭文件"按钮，该按钮会变成"打开文件"按钮，单击后在"打开"对话框中找到并打开"素材库（高级）\ 考生素材

3\模板素材3.dot"。

④在右侧列表框中选择"段落样式1"选项,单击"复制"按钮即可将模板中的样式复制到左侧的列表框中。单击"关闭"按钮返回到当前文档。

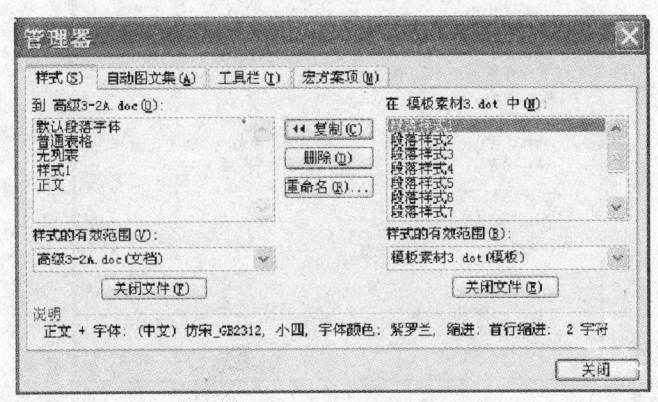

图3—37

⑤选中正文的最后一段,然后在右侧的"样式和格式"任务窗格中单击"段落样式1"样式,即可将该样式应用于该段文字。

(3) 表格的统计处理

将光标定位在需要求平均值的单元格中,执行"表格"菜单下的"公式"命令,弹出如图3—38所示的"公式"对话框。在"公式"文本框中输入"=AVERAGE(LEFT)",单击"确定"按钮完成本单元格求平均值的计算。依次将光标移到下一个需要求平均值的单元格中,执行上述命令,完成求平均值的操作。

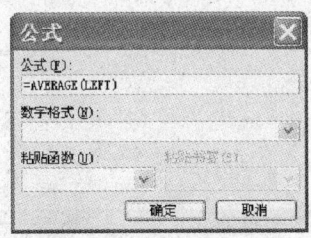

图3—38

(4) 选项设置

在文档中执行"工具"菜单下的"选项"命令,弹出如图3—39所示的"选项"对话框。在"打印"选项卡下,勾选"文档属性"项和"仅打印窗体域内容"项,单击"确定"按钮完成打印选项设置。

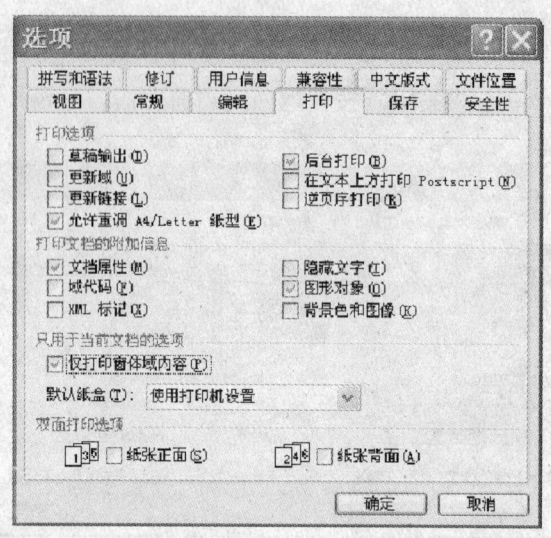

图 3—39

(5) 创建、编辑网页

1) 保存网页

①保存当前文档后,执行"文件"菜单下的"另存为"命令,弹出如图3—40所示的"另存为"对话框。在"文件名"文本框中输入"高级3—2B",在"保存类型"下拉列表中选择"网页"选项。

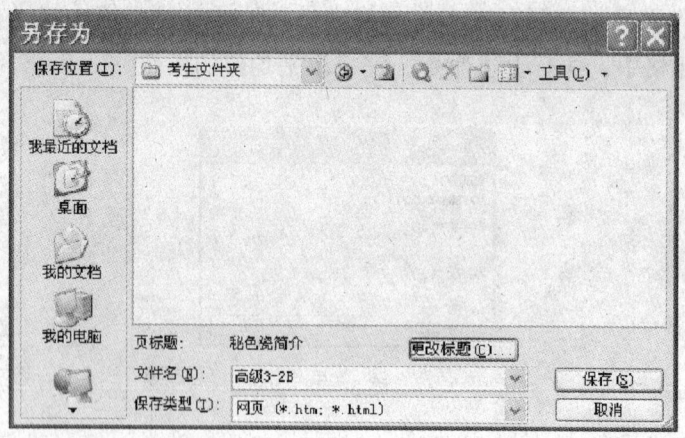

图 3—40

②在对话框中出现一个"更改标题"按钮,单击该按钮,弹出如图3—41所示的"输入文字"对话框。在"页标题"文本框中输入"详解秘色瓷",单击"确定"按钮,返回到"另存为"对话框,选择"保存"按钮。

图 3—41

2）编辑网页

①在样文所示的位置依次执行"插入"→"图片"→"来自文件"命令，在弹出的"插入图片"对话框的查找范围中选择"素材库（高级）\考生素材2\图片素材3—2.jpg"，单击"插入"按钮。

②鼠标双击插入的图片，弹出"设置图片格式"对话框，在"大小"选项卡下先勾选"锁定纵横比"项，然后将高度和宽度的缩放比例均调整为45%；在"版式"选项卡下，选择"衬于文字下方"的环绕方式，勾选"水平对齐方式"下的"右对齐"选项，单击"确定"按钮。

（6）文档加密

1）打开保存在考生文件夹中的"高级3—2A.doc"，执行"工具"菜单下的"选项"命令，弹出如图3—42所示的"选项"对话框。

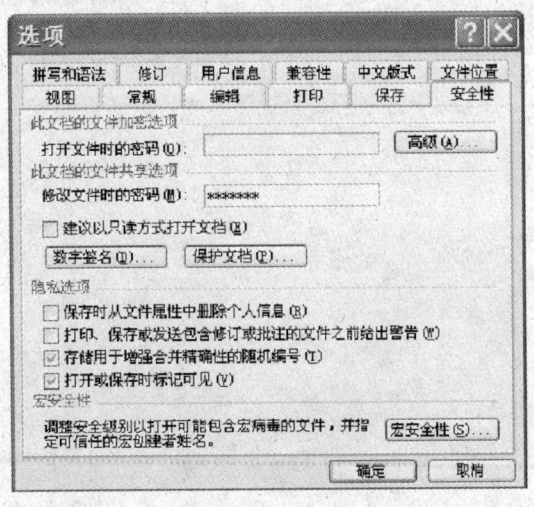

图 3—42

2）切换至"安全性"选项卡，在"修改文件时的密码"文本框中输入"KSMM3-2"，单击确定按钮。

3）如图3—43所示，在弹出的"确认密码"对话框中再次输入"KSMM3-2"，单击"确定"按钮完成文档加密操作。

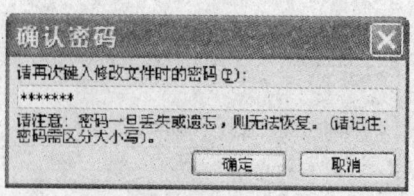

图 3—43

2. 评分项目及标准

评分项目	评分要点	配分	评分标准及扣分
宏的使用	创建宏	4 分	创建宏操作正确得 1 分，否则不得分
	编辑宏		编辑宏操作正确得 2 分，否则不得分
	运行宏		运行宏操作正确得 1 分，否则不得分
样式与文档模板应用	修改样式	6 分	样式修改操作正确得 2 分，否则不得分
	新建样式		新建样式操作正确得 2 分，否则不得分
	套用模板		套用模板操作正确得 2 分，否则不得分
表格的统计处理	表格计算	2 分	表格计算操作正确得 2 分，否则不得分
选项设置	打印选项设置	2 分	选项设置正确得 2 分，否则不得分
创建、编辑网页	保存网页	4 分	保存网页操作正确得 2 分，否则不得分
	编辑网页		编辑网页操作正确得 2 分，否则不得分
文档属性管理与文档保护	文档加密	2 分	文档加密操作正确得 2 分，否则不得分

第4章　电子表格处理

考 核 要 点

考核范围	理论知识考核要点	操作技能考核要点
选项设置和常用工具	1. 掌握 Excel 中新工作簿的工作表数设置 2. 掌握 Excel 中 Enter 键的移动方向设置 3. 掌握 Excel 中的任务栏窗口设置 4. 掌握 Excel 中批注的显示方式 5. 掌握 Excel 中对象的显示方式 6. 掌握 Excel 中工作簿的保存间隔 7. 掌握 Excel 中的迭代 8. 掌握 Excel 中的重算方式 9. 掌握 Excel 中的公式审核 10. 掌握 Excel 中的单变量求解 11. 掌握 Excel 中的模拟运算表	1. 能设置属性选项 2. 能使用常用工具
表格属性管理和数据保护	1. 掌握 Excel 中查看表格属性的方法 2. 掌握 Excel 中隐藏工作表的方法 3. 掌握 Excel 中保护工作表的方法	1. 能设置、修改工作簿属性和密码 2. 能设置表格的锁定保护
数据分析处理	1. 掌握 Excel 中数据透视表的作用 2. 掌握 Excel 中数据透视表的分区 3. 掌握 Excel 中数据的导入	1. 能使用数据分析表进行分析处理 2. 能导入外部数据进行分析处理
对象的高级处理	1. 掌握 Excel 中对象的插入 2. 掌握 Excel 中公式和幻灯片的插入 3. 掌握 Excel 中数据透视图的插入	1. 能插入公式、幻灯片等对象元素 2. 能使用图表进行数据分析

续表

考核范围	理论知识考核要点	操作技能考核要点
列表与 XML 处理	1. 掌握 Excel 中的列表的概念 2. 掌握 Excel 中调整列表的注意事项 3. 掌握 Excel 中的自动筛选 4. 掌握 Excel 中的高级筛选 5. 掌握 Excel 中的 XML 映射 6. 掌握 Excel 中 XML 数据的导入和导出	1. 能创建列表并对列表进行筛选和排序 2. 能创建和使用 XML 格式的数据文件
宏的应用	1. 掌握 Excel 中宏的安全性设置 2. 掌握 Excel 中录制宏的过程 3. 掌握 Excel 中宏的管理	1. 能创建、编辑、删除宏 2. 能通过运行宏进行电子表格处理

重点复习提示

一、选项设置和常用工具

1. Excel 中新工作簿的工作表数设置

单击"工具"菜单的"选项"命令,屏幕将弹出"选项"对话框,在"常规"选项卡下的"新工作簿内的工作表数"框内输入的数值,可以决定 Excel 新建的工作簿中默认包含几张工作表。

2. Excel 中 Enter 键的移动方向设置

在"选项"对话框中的"编辑"选项卡下,选择"按 Enter 键后移动"复选框后,在"方向"下拉列表中可以设置按 Enter 键后,当前单元格的光标移动的方向。

3. Excel 中的任务栏窗口设置

在"选项"对话框中的"视图"选项卡下,选中"任务栏中的窗口"复选框,则表示可以在 Windows 任务栏上显示多个工作簿的任务按钮。

4. Excel 中批注的显示方式

在"批注"栏中,可以设置批注在工作表上的显示方式。

(1)"无"表示在添加了批注的单元格中隐藏批注和批注标识符。

(2)"只显示标识符"表示为单元格添加批注后,在该单元格的右上角将显示一个红色三角形,只有鼠标指针停留在该单元格上时才显示批注。

(3)"批注和标识符"表示为单元格添加批注后,显示批注和批注标识符。

5. Excel 中对象的显示方式

在"对象"栏中,可以设置显示或隐藏工作簿中的图形对象。

(1)"全部显示"表示显示所有图形对象、按钮、文本框、绘图对象和图片。

(2)"显示占位符"表示将图片和图表显示为灰色矩形。

(3)"全部隐藏"表示隐藏所有图形对象、按钮、文本框、绘图对象和图片。

6. Excel 中工作簿的保存间隔

在"选项"对话框中的"保存"选项卡下,选择"保存自动恢复信息,每隔"复选框后,Excel 将按照"分钟"框中输入的间隔(可输入 1~120 之间的数字)自动生成工作簿恢复文件。

7. Excel 中的迭代

Excel 默认在完成 100 次迭代计算后或当所有值的误差小于 0.001 时停止计算。

8. Excel 中的重算方式

在"选项"对话框中选择"重新计算"选项卡,在"计算"栏中,可以设置 Excel 计算工作表的方式。

(1)选择"自动重算"单选框,表示每次更改值、公式或名称时,都自动计算所有相关公式。它是 Excel 的默认计算设置。

(2)选择"手动重算"单选框,则 Excel 将自动选中"保存前自动重算"复选框,在保存文档时才自动计算所有相关公式。

(3)选择"除模拟运算表外,自动重算"单选框,表示可以自动计算除数据表之外的所有相关公式。

9. Excel 中的公式审核

使用公式审核工具可以帮助用户更加方便地审核出公式中的错误。

(1)显示单元格间的关系

1)打开要查看的工作表,选择要查看公式的单元格。

2)在"工具"菜单上指向"公式审核"子菜单,再单击"追踪引用单元格"命令,则工作表中将显示从活动单元格指向为其提供数据的各个单元格的追踪箭头。

3)如果继续单击"追踪引用单元格"命令,则还将显示引用单元格的下一级追踪箭头。

4)如果在"工具"菜单的"公式审核"子菜单中单击"从属单元格"命令,则可以显示从活动单元格指向其从属单元格的追踪箭头。

5）如果要取消工作表中的追踪箭头，可以单击"工具"菜单的"公式审核"子菜单中的"取消所有追踪箭头"命令。

（2）公式求值

使用公式求值功能，可以跟踪公式的计算过程，以便判断公式在哪一步出现了问题。

（3）使用监视窗口

用户还可以使用监视窗口，观察指定单元格公式和数值的变化情况。

10. Excel 中的模拟运算表

模拟运算表是一个单元格区域，有两种类型：单变量模拟运算表和双变量模拟运算表。在单变量模拟运算表中，用户可以对一个变量键入不同的值，从而查看它对一个或多个公式的影响；在双变量模拟运算表中，用户可以对两个变量输入不同的值，从而查看它对一个公式的影响。

二、表格属性和数据保护

1. Excel 中查看表格属性的方法

有多种方法可以查看表格属性：

（1）如果要查看当前打开工作簿的属性，则可以单击"文件"菜单的"属性"命令，将弹出文档属性对话框。在对话框中单击不同的选项卡，则可以查看文档的相关属性。

（2）单击"文件"菜单的"打开"命令，在"打开"对话框中选择要查看属性的工作簿。然后在视图下拉列表中选择"属性"命令，则对话框将显示属性信息。

（3）右击要查看属性的工作簿图标，在快捷菜单中选择"属性"命令，将弹出文档属性对话框。

2. Excel 中隐藏工作表的方法

在工作表中，单击菜单栏中的"格式"→"工作表"→"隐藏"，工作表就被隐藏起来。

如果要展现被隐藏的工作表，可单击"格式"→"工作表"→"取消隐藏"，在打开的"取消隐藏"对话框中选中所要展现的工作表，即可解除隐藏。

3. Excel 中保护工作表的方法

工作表还可以通过设置密码，达到更好的保护。单击菜单栏里的"工具"→"保护"→"保护工作表"，在打开的"保护工作表"对话框中可以设置用密码锁定工作表。

三、数据分析处理

1. Excel 中数据透视表的作用

数据透视表用于汇总和分析表格中的数据。数据透视表是从数据库中产生的一个动态汇总表格，能够对表格中的大量数据进行快速汇总，建立一个交叉列表的交互式表格。

2. Excel 中数据透视表的分区

数据透视表中有 3 个区：页字段区、行字段区和列字段区。

四、对象的高级处理

1. Excel 中对象的插入

如果需要将其他应用程序创建的对象插入到工作簿中，操作步骤如下：

（1）打开要插入其他对象的工作簿。

（2）在"插入"菜单中选择"对象"命令，弹出"对象"对话框。

（3）如果要新创建一个对象并插入工作簿，则可以选择"新建"选项卡，然后在"对象类型"列表中选择要新建的对象类型。

（4）如果要将已有的文件作为对象插入工作簿，则可以选择"由文件创建"选项卡。

2. Excel 中公式和幻灯片的插入

（1）公式的插入

1）执行"插入"菜单的"对象"命令，屏幕弹出"对象"对话框。

2）在"对象"对话框的"对象类型"列表框中，选择"Microsoft 公式 3.0"，然后单击"确定"按钮就可以进入编辑数学公式的界面。

3）完成公式的编辑后，单击"公式"对象以外的任何位置，即可返回工作表编辑界面。

（2）幻灯片的插入

如果要在工作簿中插入幻灯片，执行"插入"菜单的"对象"命令，在弹出的"对象"对话框的"对象类型"列表框中，选择"Microsoft PowerPoint 演示文稿"，然后单击"确定"按钮就可以进入编辑幻灯片的界面，在其中可以创建和编辑要插入的幻灯片。

3. Excel 中数据透视图的插入

利用数据透视表，可以很方便地得到它的数据透视图。对于数据透视图中的各个区域，如图表区、绘图区、图例、坐标轴等，都可以进行修改和编辑。

五、列表与 XML 处理

1. Excel 中的列表的概念

列表是可以与较大的工作表独立开来而单独进行操作的一部分工作表。用户可在工作表中设置多个列表,从而根据需要将数据划分为易于管理的不同数据集。

2. Excel 中调整列表的注意事项

用户可以使用列表边框来调整列表。调整时只需拖动列表边框右下角的调整手柄,让边框包括要添加到列表的列或行即可,但不能同时添加行和列。调整列表时,要注意标题必须保留在同一行中,结果列表必须与原始列表部分重叠。

3. Excel 中的自动筛选

(1) 单击要进行筛选列表的行标题上的下拉按钮,打开下拉菜单。

(2) 选择"全部"命令,表示显示该列表所有的数据。

(3) 如果单击其中的"自定义"命令,Excel 会弹出"自定义自动筛选方式"对话框。在其中可以设置 2 个筛选条件来筛选列表,并指定这 2 个筛选条件间的关系是"与"还是"或"。

(4) 单击"确定"按钮,即可得到需要的筛选结果。

自动筛选支持使用通配符"*"和"?",例如,要筛选姓"王"的学生,可以在筛选条件中输入"王*"。

4. Excel 中的高级筛选

对列表还可以进行高级筛选,在可用做条件区域的数据清单上插入至少三个空白行。条件区域必须具有列标志。

5. Excel 中的 XML 映射

通常,XML 映射用于创建映射单元格和管理 XML 架构中映射单元格和个别元素之间的关系。可以创建两种类型的映射单元格:唯一映射单元格和重复单元格。

6. Excel 中 XML 数据的导入和导出

(1) XML 数据的导入

要将 XML 数据导入到工作簿内,需在"数据"菜单的"XML"子菜单中,单击"导入"命令。

(2) XML 数据的导出

导出 XML 数据时,可以将映射单元格中的 XML 数据导出到 XML 数据文件中,或者将映射单元格中的 XML 数据保存到 XML 数据文件中。

六、宏的应用

1. Excel 中宏的安全性设置

（1）选择"工具"菜单中的"宏"子菜单，单击"安全性"命令，屏幕弹出"安全性"对话框。

（2）选择所要使用的安全级别后，单击"确定"按钮。

2. Excel 中录制宏的过程

（1）选择"工具"菜单中的"宏"子菜单，单击"录制新宏"命令。将弹出"录制新宏"对话框。

（2）在"宏名"框中输入宏的名称。

（3）在"快捷键"框中，可以指定运行宏的快捷键。

（4）在"保存在"下拉列表中可以选择保存宏的位置。

（5）单击"确定"按钮，开始录制宏。

（6）依次执行宏要进行的操作。

（7）在录制完毕后，单击"停止录制"工具栏中的"停止录制"按钮即可。

3. Excel 中宏的管理

管理宏，即对已经存在的宏进行改变说明、改变内容及删除等操作。Excel 中管理宏的操作步骤如下：

（1）选择"工具"菜单中的"宏"子菜单，单击"宏"命令，屏幕弹出"宏"对话框。

（2）对话框的"宏名"列表框中显示了宏的名称，在其中可以修改它的名字。

（3）选定一个宏之后，如果想运行它，可以单击"执行"按钮。

（4）如果想改变某个宏的说明和快捷键，可单击"选项"按钮，屏幕将弹出"宏选项"对话框。在其中可以修改宏的快捷键和说明。

（5）如果想删除宏，则可以在"宏"对话框中选择宏后，单击"删除"按钮。

（6）如果单击"编辑"按钮，屏幕将弹出"Visual Basic 编辑器"窗口，可以查看和修改用 Microsoft Visual Basic 编写的宏的程序。

理论知识辅导练习题

一、判断题（下列判断正确的请在括号内打"√"，错误的请在括号内打"×"）

1. 在 Excel 2003 的"选项"对话框中选择"用智能鼠标缩放"复选框后，滚动滚轮将在工作表中滚动屏幕。　　　　　　　　　　　　　　　　　　　　　　　（　　）

2. 在 Excel 2003 中，按 Enter 键后活动单元格的移动方向可以设置。　　　　（　　）
3. 在 Excel 2003 中，在 Windows 任务栏上可以显示多个工作簿的任务按钮。（　　）
4. 在 Excel 2003 中，添加批注表示为文字添加批注。　　　　　　　　　（　　）
5. 在 Excel 2003 中，图片不能隐藏。　　　　　　　　　　　　　　　（　　）
6. 在 Excel 2003 中，自动保存间隔时间不能调整。　　　　　　　　　（　　）
7. Excel 2003 的默认计算设置是自动重算。　　　　　　　　　　　　　（　　）
8. Excel 2003 默认在完成 100 次迭代计算后或当所有值的误差小于 0.001 时停止计算。
　　　　　　　　　　　　　　　　　　　　　　　　　　　　　　　　（　　）
9. 在 Excel 2003 中，"公式求值"功能不能跟踪公式的计算过程。　　　（　　）
10. 在 Excel 2003 中，可以使用监视窗口观察指定单元格中公式和数值的变化情况。
　　　　　　　　　　　　　　　　　　　　　　　　　　　　　　　　（　　）
11. 在 Excel 2003 中，可变单元格中应放置所期望达到的目标。　　　　（　　）
12. 在 Excel 2003 中，模拟运算表有三种类型。　　　　　　　　　　　（　　）
13. 在 Excel 2003 中，有多种方法可以查看文档属性。　　　　　　　　（　　）
14. 在 Excel 2003 中，可以利用密码锁定的办法对电子表格及其数据进行保护。
　　　　　　　　　　　　　　　　　　　　　　　　　　　　　　　　（　　）
15. 在 Excel 2003 中，数据透视表用于汇总和分析表格中的数据。　　　（　　）
16. 在 Excel 2003 中，页字段区不属于数据透视表的 3 个区。　　　　　（　　）
17. 文本文件中的数据可以导入 Excel 电子表格中。　　　　　　　　　（　　）
18. 其他应用程序创建的对象可以插入到工作簿中。　　　　　　　　　（　　）
19. 工作簿中可以插入公式。　　　　　　　　　　　　　　　　　　　（　　）
20. 工作簿中不能插入幻灯片。　　　　　　　　　　　　　　　　　　（　　）
21. 在 Excel 2003 中，数据透视图中的各个区域不能进行修改和编辑。（　　）
22. 在 Excel 2003 中，列表中包含感叹号的行称为插入行。　　　　　　（　　）
23. 在 Excel 2003 中，调整列表时，标题必须保留在同一行中。　　　　（　　）
24. 在 Excel 2003 中，在筛选条件中输入"王?"可以筛选所有姓"王"的学生。
　　　　　　　　　　　　　　　　　　　　　　　　　　　　　　　　（　　）
25. 在 Excel 2003 中，进行高级筛选时，条件区域必须具有行标志。　（　　）
26. 在 Excel 2003 中，可以创建两种类型的映射单元格：唯一映射单元格和重复单元格。　　　　　　　　　　　　　　　　　　　　　　　　　　　　　　　（　　）
27. 可以将 XML 数据导入到工作簿内。　　　　　　　　　　　　　　　（　　）
28. 在 Excel 2003 中，要顺利地使用宏，用户也许需要将安全级设置为"中"或

"低"。 （　）

29. 在 Excel 2003 中，"插入"菜单中有"宏"子菜单。 （　）

30. 在 Excel 2003 中，管理宏是对已经存在的宏进行改变说明、改变内容以及删除等操作。 （　）

二、单项选择题（下列每题有 4 个选项，其中只有 1 个是正确的，请将其代号填写在横线空白处）

1. 在 Excel 2003 的"选项"对话框中，选择"_____"复选框后，滚动滚轮将缩放工作表。

　　A. 最近使用的文件列表　　　　B. 用智能鼠标缩放
　　C. 新工作簿内的工作表数　　　D. 启动时打开此目录中的所有文件

2. 在 Excel 2003 的"选项"对话框中的"_____"选项卡，有"用智能鼠标缩放"复选框。

　　A. 常规　　　B. 编辑　　　C. 视图　　　D. 安全性

3. 在 Excel 2003 中，新工作簿默认的工作表个数_____。

　　A. 可以改变　　B. 可以为 0　　C. 只能是 3　　D. 可以是 512

4. 在 Excel 2003 的"选项"对话框中选择"_____"复选框后，可以设置按 Enter 键后活动单元格的移动方向。

　　A. 单元格内部直接编辑　　　　B. 单元格拖放功能
　　C. 按 Enter 键后移动　　　　　D. 自动设置小数点

5. 在 Excel 2003 的"选项"对话框中，可以在"方向"下拉列表中设置按_____后，活动单元格的移动方向。

　　A. Alt 键　　　B. Enter 键　　　C. Tab 键　　　D. Del 键

6. 在 Excel 2003 的"选项"对话框中的"_____"选项卡中，有"按 Enter 键后移动"复选框。

　　A. 常规　　　B. 编辑　　　C. 重新计算　　　D. 保存

7. 在 Excel 2003 的"选项"对话框中选中"_____"复选框，则表示可以在 Windows 任务栏上显示多个工作簿的任务按钮。

　　A. 编辑栏　　　　　　　　　B. 状态栏
　　C. 启动任务窗格　　　　　　D. 任务栏中的窗口

8. 在 Excel 2003 的"选项"对话框中的"_____"选项卡中，有"任务栏中的窗口"复选框。

　　A. 工具　　　B. 数据　　　C. 窗口　　　D. 视图

9. 在 Excel 2003 的"选项"对话框中,"_____"表示为单元格添加批注后,显示批注和批注标识符。

　　A. 无　　　　　　B. 批注和标识符　　C. 只显示标识符　　D. 有

10. 在 Excel 2003 中,添加批注表示为_____添加批注。

　　A. 文字　　　　　B. 单元格　　　　　C. 图片　　　　　　D. 声音

11. 在 Excel 2003 的"选项"对话框中的"视图"选项卡中,显示占位符表示将_____显示为灰色矩形。

　　A. 文字　　　　　B. 图片和图表　　　C. 单元格和文字　　D. 图片和文字

12. 在 Excel 2003 中,每隔最少_____会自动保存。

　　A. 1 min　　　　 B. 10 min　　　　　C. 5 min　　　　　 D. 3 min

13. 在 Excel 2003 中,自动保存的间隔时间单位为_____。

　　A. 分钟　　　　　B. 秒　　　　　　　C. 小时　　　　　　D. 天

14. Excel 2003 的默认计算设置是_____。

　　A. 自动重算　　　　　　　　　　　　B. 手动重算
　　C. 除模拟运算表外,自动重算　　　　D. 手动计算

15. _____表示每次更改值、公式或名称时,都自动计算所有相关公式。

　　A. 自动重算　　　　　　　　　　　　B. 手动重算
　　C. 模拟运算表重算　　　　　　　　　D. 定时重算

16. 在 Excel 2003 中,选择_____,则"保存前自动重算"复选框会自动选中,在保存文档时才自动计算所有相关公式。

　　A. 自动重算　　　　　　　　　　　　B. 手动重算
　　C. 模拟运算表重算　　　　　　　　　D. 定时重算

17. Excel 默认在完成_____次迭代计算后或当所有值的误差小于 0.001 时停止计算。

　　A. 50　　　　　　B. 100　　　　　　 C. 150　　　　　　 D. 200

18. 在 Excel 2003 中,_____可以帮助用户更加方便地审核出公式中的错误。

　　A. 公式工具　　　B. 审核工具　　　　C. 审阅工具　　　　D. 公式审核工具

19. 在 Excel 2003 中,"工具"菜单的"_____"子菜单中有"追踪引用单元格"命令。

　　A. 公式　　　　　B. 审核　　　　　　C. 审核公式　　　　D. 公式审核

20. 在 Excel 2003 中,在"工具"菜单的"公式审核"子菜单中单击"_____"命令,可以显示从活动单元格指向其从属单元格的追踪箭头。

　　A. 从属单元格　　B. 活动单元格　　　C. 追踪箭头　　　　D. 追踪

21. 在 Excel 2003 中,_____中应放置所期望达到的目标。

A. 目标单元格　　B. 目标值　　　C. 可变单元格　　D. 可变值

22. 在 Excel 2003 中，_____ 用来放置允许变动的变量。

A. 目标单元格　　B. 目标值　　　C. 可变单元格　　D. 可变值

23. 在 Excel 2003 中，模拟运算表是一个_____。

A. 单元格　　　B. 单元格区域　　C. 图片　　　　D. 表格

24. 在 Excel 2003 的双变量模拟运算表中，用户可对两个变量输入不同值，查看它对_____的影响。

A. 一个公式　　B. 一个数据　　C. 多个公式　　D. 多个数据

25. 在 Excel 2003 中，选择"_____"菜单的"属性"命令，将弹出文档属性对话框。

A. 文件　　　　B. 编辑　　　　C. 格式　　　　D. 工具

26. 在 Excel 2003 中，选择"文件"菜单的"属性"命令，弹出"属性"对话框，该对话框包含_____个选项卡。

A. 3　　　　　B. 4　　　　　C. 5　　　　　D. 6

27. 在 Excel 2003 中，右击要查看属性的文档，在快捷菜单中选择"_____"命令，将弹出文档属性对话框。

A. 文档属性　　B. 设置属性　　C. 常规属性　　D. 属性

28. 在 Excel 2003 中，如果要展现被隐藏的工作表，可单击"_____"→"工作表"→"取消隐藏"。

A. 格式　　　　B. 编辑　　　　C. 工具　　　　D. 视图

29. 在 Excel 2003 中，用密码锁定工作表在"_____"→"保护"→"保护工作表"中设置。

A. 工具　　　　B. 函数　　　　C. 窗口　　　　D. 填充

30. 在 Excel 2003 中，_____ 用于汇总和分析表格中的数据。

A. 数据透视表　B. 数据页表　　C. 数据表　　　D. 数据分析表

31. 在 Excel 2003 中，数据导入时"文件原始格式"的缺省值是"_____"。

A. 936 简体中文（GB2312）　　B. 仿宋（GB2312）

C. 楷体（GB2312）　　　　　　D. 宋体

32. 在 Excel 2003 中，数据导入时"文件原始格式"要选中缺省值，否则在其后生成的表格中会出现_____。

A. 全 0　　　　B. 全 1　　　　C. 乱码　　　　D. 全 #

33. 如果需要将其他应用程序创建的对象插入到工作簿中，要选择"插入"菜单的"_____"命令。

A. 图表　　　　B. 函数　　　　C. 超链接　　　D. 对象

34. 在 Excel 2003 的"对象"对话框中，如果选择了"显示为图标"复选框，则插入的对象在工作簿中会以_____的形式显示。

　　A. 图标　　　　B. 图片　　　　C. 快捷方式　　D. 内容

35. 在 Excel 2003 中，要在工作簿中插入公式，需选择"插入"菜单的"_____"命令。

　　A. 公式　　　　B. 数学公式　　C. 函数　　　　D. 对象

36. 在 Excel 2003 中，在"对象"对话框的"对象类型"列表框中，选择"_____"可插入公式。

　　A. Microsoft 公式 1.0　　　　B. Microsoft 公式 2.0
　　C. Microsoft 公式 3.0　　　　D. Microsoft 公式 4.0

37. 在 Excel 2003 中，要在工作簿中插入幻灯片，需选择"插入"菜单的"_____"命令。

　　A. 对象　　　　B. 影片　　　　C. 幻灯片　　　D. 图片

38. 在 Excel 2003 中，利用_____，可以很方便地得到它的数据透视图。

　　A. 数据透视表　B. 数据表　　　C. 透视表　　　D. 透视数据表

39. 在 Excel 2003 中，数据透视图包括_____、绘图区、图例、坐标轴等。

　　A. 图形区　　　B. 图表区　　　C. 表格区　　　D. 列表区

40. 在 Excel 2003 中，列表中包含_____的行称为插入行。

　　A. $ 号　　　　B. 星号　　　　C. ％号　　　　D. ！号

41. 在 Excel 2003 中，可以使用"列表"工具栏的"_____"按钮隐藏汇总行。

　　A. 汇总行　　　B. 切换汇总行　C. 隐藏汇总行　D. 显示汇总行

42. 在 Excel 2003 中，调整列表时，结果列表必须与原始列表_____。

　　A. 部分覆盖　　B. 部分重叠　　C. 全部覆盖　　D. 全部重叠

43. 在 Excel 2003 中，调整列表时，_____必须保留在同一行中。

　　A. 标题　　　　B. 批注　　　　C. 页脚　　　　D. 页眉

44. 在 Excel 2003 中，单击"自动筛选"按钮，选择"_____"命令，表示显示该列表所有的数据。

　　A. 非空白　　　B. 全部　　　　C. 显示全部　　D. 全部显示

45. 在 Excel 2003 中，要筛选姓"王"的学生，可以在筛选条件中输入"_____"。

　　A. 王#　　　　B. 王？　　　　C. 王*　　　　D. 王％

46. 在 Excel 2003 中，进行高级筛选时，要在可用做条件区域的数据清单上插入至少

_____空白行。

　　　　A．一个　　　　B．两个　　　　C．三个　　　　D．四个

47．在 Excel 2003 中，进行高级筛选时，条件区域必须具有_____。

　　　　A．行标志　　　B．列标志　　　C．批注　　　　D．标记

48．在 Excel 2003 中，_____用于创建映射单元格和管理 XML 架构中映射单元格和个别元素之间的关系。

　　　　A．XML 映射　　　　　　　　　B．单元格映射

　　　　C．链接映射　　　　　　　　　D．综合处理映射

49．要把 XML 数据导入到工作簿内，要在"_____"菜单中选择"XML"子菜单。

　　　　A．文件　　　　B．编辑　　　　C．插入　　　　D．数据

50．在 Excel 2003 中，导出 XML 数据时，映射单元格中的 XML 数据_____到 XML 数据文件中。

　　　　A．只能导出　　　　　　　　　B．只能保存

　　　　C．可以导出或保存　　　　　　D．只能导出不能保存

51．在 Excel 2003 中，录制宏之前，要弄清楚需要宏执行的指令的_____。

　　　　A．长短　　　　B．大小　　　　C．次序　　　　D．难易程度

52．在 Excel 2003 中，选择"工具"菜单中的"_____"子菜单，单击"安全性"命令，可以设置安全级别。

　　　　A．宏　　　　　B．加载宏　　　C．自定义　　　D．选项

53．在 Excel 2003 中，选择"_____"菜单中的"宏"子菜单，单击"录制新宏"，可打开"录制新宏"对话框。

　　　　A．文件　　　　B．工具　　　　C．帮助　　　　D．数据

54．在 Excel 2003 中，_____是对已经存在的宏进行改变说明、改变内容及删除等操作。

　　　　A．管理宏　　　B．复制宏　　　C．移动宏　　　D．删除宏

55．在 Excel 2003 中，选择"_____"菜单中的"宏"子菜单，单击"宏"命令，屏幕弹出"宏"对话框。

　　　　A．文件　　　　B．插入　　　　C．工具　　　　D．数据

三、多项选择题（下列每题有 5 个选项，其中有 2 个或 2 个以上是正确的，请将其代号填写在横线空白处）

1．在 Excel 2003 中，"选项"对话框的"常规"选项卡可以设置_____。

　　　　A．最近使用的文件列表　　　　B．用智能鼠标缩放

　　　　C．新工作簿内的工作表数　　　D．工作簿中的最多工作表个数

E. 单元格拖放功能

2. 在 Excel 2003 中，在 Windows 任务栏上_____工作簿的任务按钮。
   A. 只能显示 1 个　　　　　　　　B. 只能显示 2 个
   C. 可以显示 1 个　　　　　　　　D. 可以显示 2 个
   E. 可以显示多个

3. 在 Excel 2003 中，批注的显示方式有：_____。
   A. 无　　　　　　　　　　　　　B. 批注和标识符
   C. 只显示标识符　　　　　　　　D. 有
   E. 批注

4. 在 Excel 2003 中，对象的显示方式包括_____。
   A. 全部显示　　　　　　　　　　B. 显示占位符
   C. 全部隐藏　　　　　　　　　　D. 部分显示，部分隐藏
   E. 部分显示占位符，部分隐藏

5. 在 Excel 2003 中，自动保存间隔时间可以设置为_____。
   A. 1 s　　　　　　　　　　　　 B. 1 min
   C. 60 min　　　　　　　　　　　D. 100 min
   E. 200 min

6. Excel 2003 默认会停止计算的情况有：_____。
   A. 迭代 75 次　　　　　　　　　B. 迭代 100 次
   C. 所有值的误差为 0.002　　　　D. 所有值的误差为 0.02
   E. 所有值的误差为 0.000 9

7. 在 Excel 2003 中，关于在何种情况下停止计算的说法中正确的有_____。
   A. 必须完成 100 次迭代
   B. 所有值的误差必须小于 0.001
   C. 默认完成 100 次迭代或所有值的误差小于 0.001
   D. 可以设置最多迭代次数
   E. 可以设置最大误差

8. Excel 2003 的计算设置包括_____。
   A. 自动重算　　　　　　　　　　B. 手动重算
   C. 除模拟运算表外，自动重算　　D. 手动计算
   E. 自动计算

9. 在 Excel 2003 中，不能通过"工具"菜单的"公式审核"命令追踪_____。

A. 引用单元格 B. 从属单元格
C. 批注单元格 D. 错误
E. 包含公式的单元格

10. 在 Excel 2003 中，通过"单变量求解"对话框可以设置_____。
    A. 目标单元格 B. 目标值
    C. 可变单元格 D. 可变值
    E. 引用单元格

11. Excel 2003 的模拟运算表包括_____。
    A. 单变量模拟运算表 B. 双变量模拟运算表
    C. 三变量模拟运算表 D. 四变量模拟运算表
    E. 多变量模拟运算表

12. 在 Excel 2003 中，"文档属性"对话框包括_____。
    A. "常规"选项卡 B. "摘要"选项卡
    C. "统计"选项卡 D. "内容"选项卡
    E. "格式"选项卡

13. 在 Excel 2003 中，下列关于数据透视表的说法正确的有_____。
    A. 用于汇总和分析表格中的数据
    B. 是从数据库中产生的一个动态汇总表格
    C. 能够对表格中的大量数据进行快速汇总
    D. 是一个静态表格
    E. 汇总速度较慢

14. 在 Excel 2003 中，数据透视表的 3 个区包括_____。
    A. 表字段区 B. 页字段区
    C. 行字段区 D. 列字段区
    E. 节字段区

15. 在把文本文件的数据导入 Excel 电子表格时，要_____。
    A. 选取数据源 B. 导入起始行
    C. 选择文件原始格式 D. 把文本文件转换为 Word 文档
    E. 把文本文件转换为 ASCII 码

16. 在 Excel 2003 中，完成公式的编辑后，单击"公式"对象以外的_____，可返回工作表编辑界面。
    A. 左侧 B. 右侧

C. 上侧 　　　　　　　　　　　D. 下侧

E. 任何位置

17. 在 Excel 2003 中，"对象"对话框包括_____。

    A. "新建"选项卡 　　　　　　B. "删除"选项卡

    C. "来自文件"选项卡 　　　　D. "由文件创建"选项卡

    E. "由模板创建"选项卡

18. 在 Excel 2003 中，数据透视图包括_____。

    A. 图形区 　　　　　　　　　B. 编辑区

    C. 绘图区 　　　　　　　　　D. 图例

    E. 坐标轴

19. 在 Excel 2003 中，下列关于列表的说法正确的有_____。

    A. 周围有深蓝色边框标记 　　B. 包含感叹号的行称为插入行

    C. 列表会自动调整大小 　　　D. 汇总行可以隐藏

    E. 汇总行不能隐藏

20. 在 Excel 2003 中，下列关于调整列表的说法有误的是_____。

    A. 可以调整行 　　　　　　　B. 可以调整列

    C. 可以同时调整行和列 　　　D. 不能同时调整行和列

    E. 不能调整列

21. 在 Excel 2003 中，"自定义自动筛选方式"对话框中的筛选条件_____。

    A. 可以设置 1 个 　　　　　　B. 可以设置两个

    C. 只能设置 1 个 　　　　　　D. 只能设置两个

    E. 最多能设置两个

22. 在 Excel 2003 中，可创建的映射单元格包括_____。

    A. 唯一映射单元格 　　　　　B. 影子单元格

    C. 重复单元格 　　　　　　　D. 匹配单元格

    E. 从属单元格

23. 在 Excel 2003 中，录制宏之前必须知道_____。

    A. 需要宏执行的指令 　　　　B. 指令的大小

    C. 指令的次序 　　　　　　　D. 指令的长短

    E. 指令的难易程度

24. 在 Excel 2003 中，在"录制新宏"对话框中不能设置_____。

    A. 宏名 　　　　　　　　　　B. 指令名

C. 快捷键 D. 快捷菜单

E. 保存位置

25. 在 Excel 2003 中，管理宏的操作包括_____。

A. 修改宏名 B. 修改宏快捷键

C. 新建宏 D. 移动宏

E. 删除宏

操作技能辅导练习题

【试题1】

1. 考核要求

打开"素材库（高级）\ 考生素材1 \ 文件素材4—1. xls"，将其以"高级4—1. xls"为文件名保存至考生文件夹中，进行以下操作：

（1）宏的使用

1）录制宏：在 Sheet1 工作表中录制新宏，宏名为 GJMacro1，指定快捷键为 Ctrl + Shift + C，将该宏保存在当前工作簿中，设定宏的功能为将选定单元格的字体设置为方正姚体、12磅、白色；对齐方式为水平居中、垂直居中；并为选定单元格添加灰色 –40% 实线边框、深青色底纹，设置列宽为 7.75。

2）运用宏：如"样文4—1A"所示，利用快捷键将新录制的宏应用在 Sheet1 工作表的"建筑材料报价单"表格中（标题行除外）。

（2）插入对象

如"样文4—1A"所示，在 Sheet1 工作表中"建筑材料报价单"表格的下方插入公式。

$$I_x = \iiint\limits_{\Omega} (y^2 + z^2) p dv$$

（3）列表的创建与分析（最终效果如"样文4—1B"所示）

1）将 Sheet2 工作表中相应的数据创建为列表形式。

2）将列表中的数据以"最高价"为主要关键字、"最低价"为次要关键字、"代号"为第三关键字，进行降序排列。

3）排列完成后，筛选出最低价低于200、高于10的数值，筛选完成后显示汇总行。

（4）单变量模拟运算

如"样文4—1C"所示，在 Sheet3 工作表中利用模拟运算表进行单变量问题分析，运用 PMT 函数，通过"年利息"的变化计算出"每月支付额"相应变化的结果。

(5) 数据分析处理

1) 导入数据：如"样文4—1D"所示，将外部数据"素材库（高级）\ 考生素材2 \ 数据素材4—1. txt"导入到当前工作簿 Sheet4 工作表的 A1 单元格处，将标题格式设置为合并居中，列宽调整为最适合的列宽。

2) 创建数据透视表：如"样文4—1E"所示，利用 Sheet5 工作表中的相应数据，以"规格"为分页，以"名称"为列字段，以"产地"为行字段，以"最高价"和"最低价"为求和项，在 Sheet5 工作表的 B20 单元格处建立数据透视表。

3) 创建数据透视图：如"样文4—1F"所示，利用该数据透视表，创建出相应的数据透视图。

(6) 工作簿加密

设置修改工作簿的权限密码为"KSMM4 - 1"。

样文4—1A：

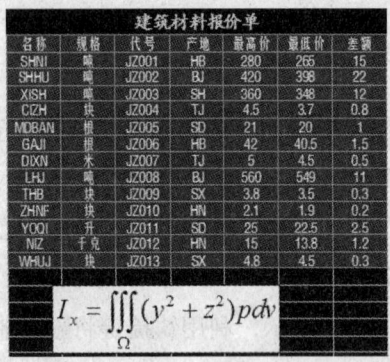

$$I_x = \iiint_\Omega (y^2 + z^2) p dv$$

样文4—1B：

建筑材料报价单					
名称	规格	代号	产地	最高价	最低价
GAJI	根	JZ006	HB	42	40.5
YOQI	升	JZ011	SD	25	22.5
MDBAN	根	JZ005	SD	21	20
NIZ	千克	JZ012	HN	15	13.8
*					
汇总					96.8

样文4—1C：

贷款总额	300000
贷款期限	36个月
贷款利息	月支付额
	¥-8,333.33
4.0%	¥-8,857.20
4.5%	¥-8,924.08
5.0%	¥-8,991.27
5.3%	¥-9,031.73
5.7%	¥-9,085.86
6.2%	¥-9,153.79
6.6%	¥-9,208.36
7.1%	¥-9,276.85
7.5%	¥-9,331.87

样文4—1D：

建筑材料报价单					
名称	规格	代号	产地	最高价	最低价
SHNI	吨	JZ001	HB	280	265
SHHU	吨	JZ002	BJ	420	398
XISH	吨	JZ003	SH	360	348
CIZH	块	JZ004	TJ	4.5	3.7
MDBAN	根	JZ005	SD	21	20
GAJI	根	JZ006	HB	42	40.5
DIXN	米	JZ007	TJ	5	4.5
LHJ	吨	JZ008	BJ	560	549
THB	块	JZ009	SX	3.8	3.5
ZHNF	块	JZ010	HN	2.1	1.9
YOQI	升	JZ011	SD	25	22.5
NIZ	千克	JZ012	HN	15	13.8
WHUJ	块	JZ013	SX	4.8	4.5

样文4—1E：

规格	吨 ▼					
		名称				
产地	数据 ▼	LHJ	SHHU	SHNI	XISH	总计
BJ	求和项:最高价	560	420			980
	求和项:最低价	549	398			947
HB	求和项:最高价			280		280
	求和项:最低价			265		265
SH	求和项:最高价				360	360
	求和项:最低价				348	348
求和项:最高价汇总		560	420	280	360	1620
求和项:最低价汇总		549	398	265	348	1560

样文4—1F：

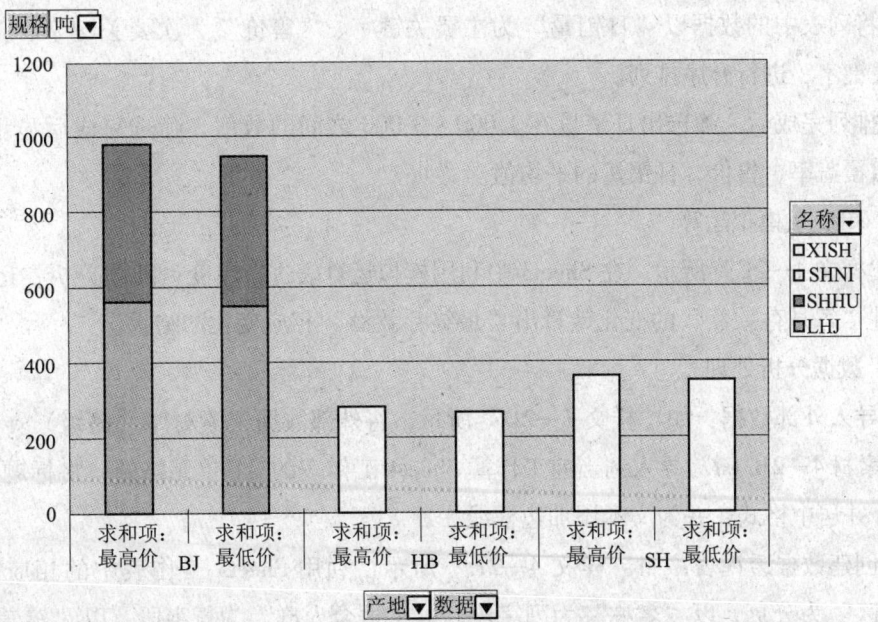

2．考核时限

完成本题操作基本时间为30 min；超出要求时间5 min内（含）扣2分，超出要求时间5 min以上停止操作。

【试题2】

1. 考核要求

打开"素材库（高级）\ 考生素材1\ 文件素材4—2.xls"，将其以"高级4—2.xls"为文件名保存至考生文件夹中，进行以下操作：

（1）宏的使用

1）录制宏：在Sheet1工作表中录制新宏，宏名为GJMacro2，指定快捷键为Ctrl+Shift+C，将该宏保存在当前工作簿中，设定宏的功能为将选定单元格的字体设置为隶书、12磅、加粗、灰色-25%；对齐方式为水平居中、垂直居中；并为选定单元格添加深蓝色实线边框、蓝-灰色底纹，设置行高为15.25。

2）运用宏：如"样文4—2A"所示，利用快捷键将新录制的宏应用在Sheet1工作表的"杂志销量统计表"表格中（标题行除外）。

（2）插入对象

如"样文4—2A"所示，在Sheet1工作表中"杂志销量统计表"表格的下方插入幻灯片"素材库（高级）\ 考生素材2\ 文件素材4—2A.ppt"。

（3）列表的创建与分析（最终效果如"样文4—2B"所示）

1）将Sheet2工作表中相应的数据创建为列表形式。

2）将列表中的数据以"日销量"为主要关键字、"售价"为次要关键字、"覆盖率"为第三关键字，进行升序排列。

3）排列完成后，筛选出日销量在1 000～3 000之间的数值，筛选完成后显示汇总行，并计算出覆盖率、售价、日销量的平均值。

（4）单变量模拟运算

如"样文4—2C"所示，在Sheet3中利用模拟运算表进行单变量问题分析，运用FV函数，通过"每月存款额"的变化计算出"最终存款额"相应变化的结果。

（5）数据分析处理

1）导入外部数据：如"样文4—2D"所示，将外部数据"素材库（高级）\ 考生素材2\ 数据素材4—2B.txt"导入到当前工作簿Sheet4工作表的A1单元格处，将标题所在区域设置为合并居中格式，并为文本添加边框线。

2）创建数据透视表：如"样文4—2E"所示，利用Sheet5工作表中的相应数据，以"发行地区"为分页，以"名称"为列字段，以"适合人群"为行字段，以"覆盖率""售价""日销量"为求和项，在Sheet5工作表的B18单元格处建立数据透视表。

3）创建数据透视图：如"样文4—2F"所示，利用该数据透视表，创建出相应的数据透视图。

(6) 保护工作簿

保护工作簿的结构和窗口，密码为"KSMM4－2"。

样文4—2A：

名称	代码	发行地区	适合人群	覆盖率	售价	日销量	日销售额
RUL	ZZH001	BF	青年	81%	5.5	1358	7469
DNZK	ZZH002	BF	青年	85%	4.5	2563	11533.5
NFDS	ZZH003	NF	中年	62%	3.5	1125	3937.5
DZ	ZZH004	BF	青年	88%	5	3655	18275
RTZZ	ZZH005	NF	儿童	66%	7.5	1540	11550
YYX	ZZH006	NF	老年	50%	6.5	995	6467.5
YSX	ZZH007	BF	老年	61%	5.8	1025	5945
SHJI	ZZH008	BF	中年	55%	7.5	1080	8100
SRKP	ZZH009	NF	儿童	53%	5.2	2045	10634
GEYA	ZZH010	BF	青年	75%	4	3055	12220

杂志销量统计表

名称	代码	发行地区	适合人群	覆盖率	售价	日销量
RUL	ZZH001	BF	青年	81%	5.5	1358
DNZK	ZZH002	BF	青年	85%	4.5	2563
NFDS	ZZH003	NF	中年	62%	3.5	1125
DZ	ZZH004	BF	青年	88%	5	3655
RTZZ	ZZH005	NF	儿童	66%	7.5	1540
YYX	ZZH006	NF	老年	50%	6.5	995
YSX	ZZH007	BF	老年	61%	5.8	1025
SHJI	ZZH008	BF	中年	55%	7.5	1080
SRKP	ZZH009	NF	儿童	53%	5.2	2045
GEYA	ZZH010	BF	青年	75%	4	3055

样文4—2B：

杂志销量统计表

名称	代码	发行地区	适合人群	覆盖率	售价	日销量
YSX	ZZH007	BF	老年	61%	5.8	1025
SHJI	ZZH008	BF	中年	55%	7.5	1080
NFDS	ZZH003	NF	中年	62%	3.5	1125
RUL	ZZH001	BF	青年	81%	5.5	1358
RTZZ	ZZH005	NF	儿童	66%	7.5	1540
SRKP	ZZH009	NF	儿童	53%	5.2	2045
DNZK	ZZH002	BF	青年	85%	4.5	2563
*						
汇总				66%	5.64286	1533.71

样文4—2C：

最终存款额试算表		每月存款额变化	最终存款额
			￥196,398.34
每月存款额	-3000	-4000	￥261,864.45
年利率	3.50%	-5000	￥327,330.56
存款期限（月）	60	-6000	￥392,796.68
		-7000	￥458,262.79
		-8000	￥523,728.90

样文4—2D：

杂志销量统计表						
名称	代码	发行地区	适合人群	覆盖率	售价	日销量
RUL	ZZH001	BF	青年	81%	5.5	1358
DNZK	ZZH002	BF	青年	85%	4.5	2563
NFDS	ZZH003	NF	中年	62%	3.5	1125
DZ	ZZH004	BF	青年	88%	5	3655
RTZZ	ZZH005	NF	儿童	66%	7.5	1540
YYX	ZZH006	NF	老年	50%	6.5	995
YSX	ZZH007	BF	老年	61%	5.8	1025
SHJI	ZZH008	BF	中年	55%	7.5	1080
SRKP	ZZH009	NF	儿童	53%	5.2	2045
GEYA	ZZH010	BF	青年	75%	4	3055

样文4—2E：

发行地区	BF						
		名称					
适合人群	数据	DNZK	DZ	GEYA	RUL	SHJI	YSX	总计
老年	求和项:覆盖率						0.61	0.61
	求和项:售价						5.8	5.8
	求和项:日销量						1025	1025
青年	求和项:覆盖率	0.85	0.88	0.75	0.81			3.29
	求和项:售价	4.5	5	4	5.5			19
	求和项:日销量	2563	3655	3055	1358			10631
中年	求和项:覆盖率					0.55		0.55
	求和项:售价					7.5		7.5
	求和项:日销量					1080		1080
求和项:覆盖率汇总		0.85	0.88	0.75	0.81	0.55	0.61	4.45
求和项:售价汇总		4.5	5	4	5.5	7.5	5.8	32.3
求和项:日销量汇总		2563	3655	3055	1358	1080	1025	12736

样文4—2F：

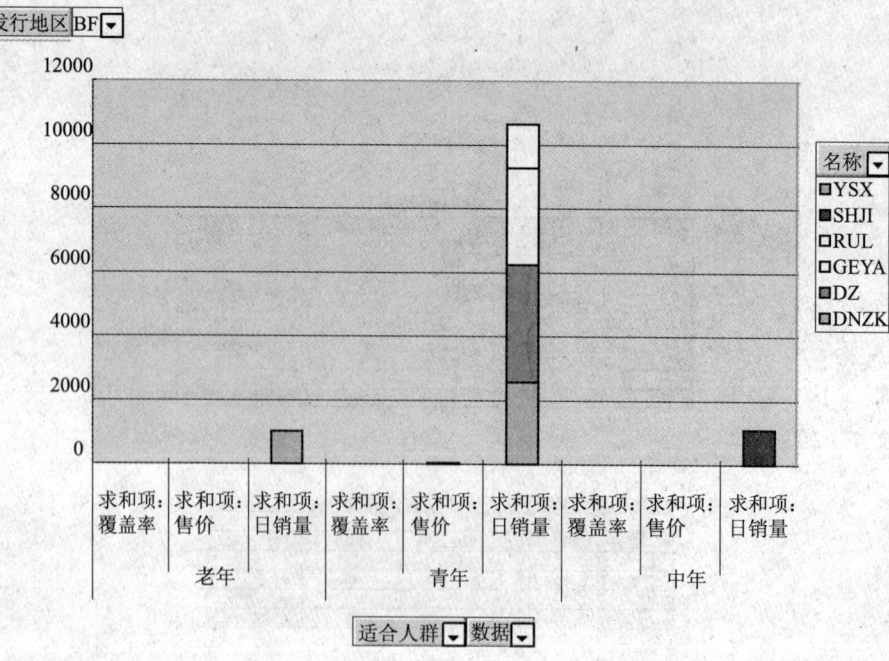

2. 考核时限

完成本题操作基本时间为 30 min；超出要求时间 5 min 内（含）扣 2 分，超出要求时间 5 min 以上停止操作。

参考答案
理论知识辅导练习题参考答案

一、判断题

1. × 2. √ 3. √ 4. × 5. × 6. × 7. √ 8. √ 9. × 10. √ 11. ×
12. × 13. √ 14. √ 15. √ 16. × 17. √ 18. √ 19. √ 20. × 21. ×
22. × 23. √ 24. × 25. × 26. √ 27. √ 28. √ 29. × 30. √

二、单项选择题

1. B 2. A 3. A 4. C 5. B 6. B 7. D 8. D 9. B 10. B 11. B 12. A
13. A 14. A 15. A 16. B 17. B 18. D 19. D 20. A 21. B 22. C 23. B
24. A 25. A 26. C 27. D 28. A 29. A 30. A 31. B 32. C 33. D 34. A
35. D 36. C 37. A 38. A 39. B 40. B 41. B 42. B 43. A 44. B 45. C
46. C 47. B 48. A 49. D 50. C 51. C 52. A 53. B 54. A 55. C

三、多项选择题

1. ABC 2. CDE 3. ABC 4. ABC 5. BCD 6. BE 7. CDE 8. ABC 9. CE
10. ABC 11. AB 12. ABCD 13. ABC 14. BCD 15. ABC 16. ABCDE 17. AD
18. CDE 19. ACD 20. CE 21. ABE 22. AC 23. AC 24. BD 25. ABE

操作技能辅导练习题参考答案

【试题1】

1. 操作步骤及注意事项

（1）宏的使用

1）录制宏

①在 Sheet1 工作表中，将光标置于任意一空白单元格处，执行"工具"→"宏"→"录制新宏"命令，弹出如图 4—1 所示的"录制新宏"对话框。

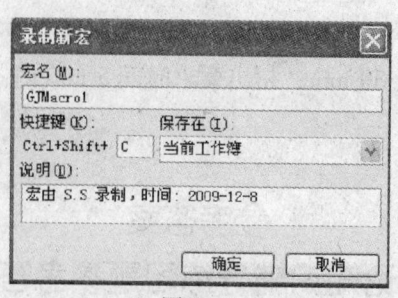

图4—1

②在"宏名"文本框中输入"GJMacro1";将光标置于"快捷键"下面的文本框中,同时按住 Ctrl + Shift + C 键,便可将快捷键指定为 Ctrl + Shift + C;在"保存在"下拉列表中选择"当前工作簿",单击"确定"按钮。

③执行"格式"菜单下的"单元格"命令,打开"单元格格式"对话框,在"字体"选项卡下,设置"字体"为"方正姚体"、"字号"为"12 磅"、"颜色"为"白色"。在"对齐"选项卡下的"水平对齐"和"垂直对齐"下拉列表中均选择"居中"选项。

④在"单元格格式"对话框的"边框"选项卡下,先选择"预置"项下的"外边框",然后在"颜色"下拉列表中选择"灰色-40%",如图4—2所示。在"图案"选项卡中,将单元格底纹的颜色设置为"深青色",单击"确定"按钮。

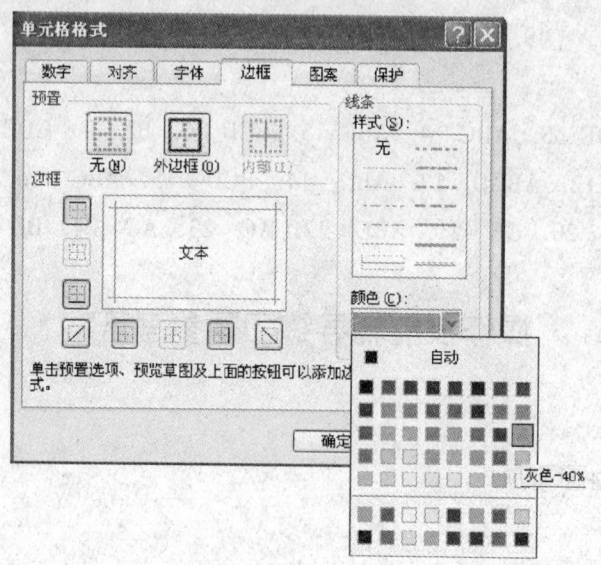

图4—2

⑤执行"格式"→"列"→"列宽"命令,弹出如图4—3所示的"列宽"对话框,在"列宽"文本框内输入"7.75",单击"确定"按钮,再单击图4—4所示的"停止录制"按钮。

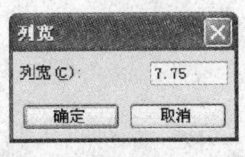
图4—3

图4—4

2）运用宏：在Sheet1工作表中，选中A2：G15单元格区域，按Ctrl+Shift+C快捷键，即可将宏应用于该单元格区域。

（2）插入对象

将光标置于Sheet1工作表中"建筑材料报价单"表格的下方，执行"插入"菜单下的"对象"命令，弹出如图4—5所示的"对象"对话框，在"新建"选项卡的"对象类型"列表中选择"Microsoft 公式3.0"，单击"确定"按钮。

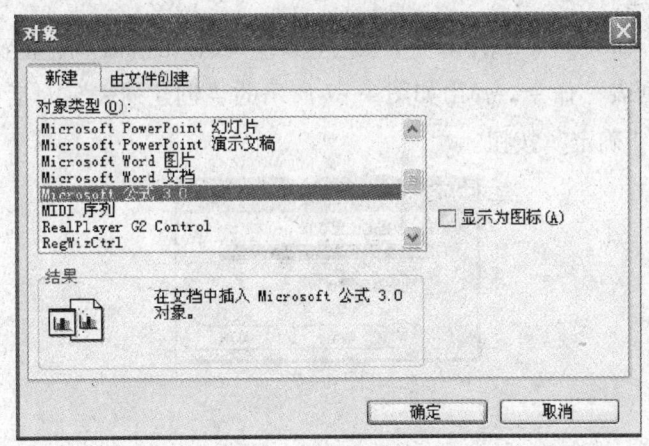
图4—5

在公式编辑框中，依次选择工具栏中的相应符号，输入指定的字符：

1）先输入大写字母"I"，然后在"下标和上标模板"（第2行第3个）中，单击第1行第2个的"下标"符号（见图4—6a），在下标位置处输入小写字母"x"，然后输入"="。

2）将光标置于"="后面，在"积分模板"（第2行第5个）中，单击第4行第2个的"带中下标极限的三重积分"符号（见图4—6b）。

3）将光标置于"中下标"位置，插入"希腊字母（大写）"（第1行第10个）中的"Omega（大写）"（第6行第1个）符号（见图4—6c）。

4）依次输入"（y+z）pdv"，将光标置于"y"的后面，插入"下标和上标模板"（第

2 行第 3 个）中的"上标"（第 1 行第 1 个）符号（见图 4—6d）。在"上标"处输入 2，用同样的方法输入 z 的 2 次方。

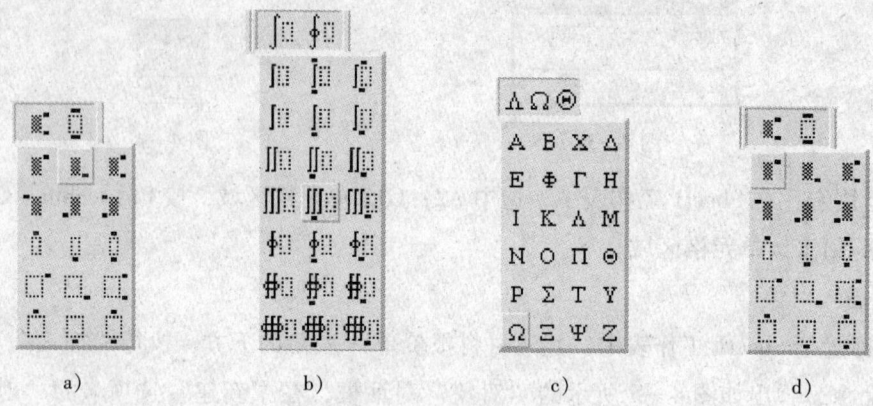

图 4—6

(3) 列表的创建与分析

1) 创建列表：在 Sheet2 工作表中，选中 A2:F15 单元格区域，依次执行"数据"→"列表"→"创建列表"命令，弹出如图 4—7 所示的"创建列表"对话框，勾选"列表有标题"选项，单击"确定"按钮。

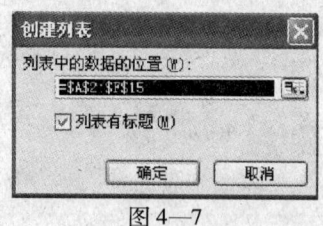

图 4—7

2) 数据排序

①仍是选定 A2:F15 单元格区域，执行"数据"菜单下的"排序"命令，弹出如图 4—8 所示的"排序"对话框。

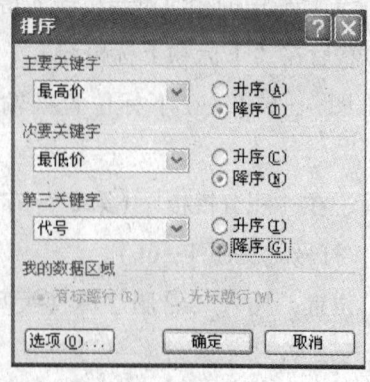

图 4—8

②在"主要关键字"下拉列表中选择"最高价",在"次要关键字"下拉列表中选择"最低价",在"第三关键字"下拉列表中选择"代号",并且选择每一项后面的"降序"选项,单击"确定"按钮完成数据排序。

3) 数据筛选

①单击表格中"最低价"后面的下拉按钮,在弹出的下拉列表中选择"自定义",弹出如图4—9所示的"自定义自动筛选方式"对话框。

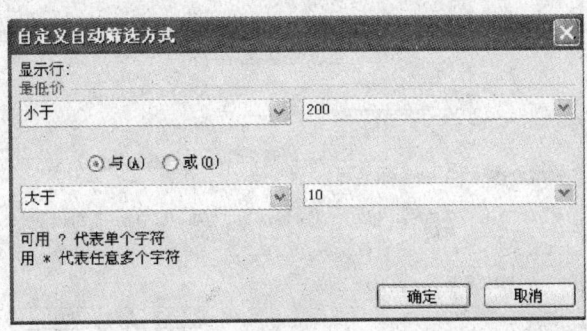

图4—9

②在第一个筛选条件列表中选择"小于200",在第二个筛选条件列表中选择"大于10",并设定两个筛选条件间的关系是"与"。单击"确定"按钮完成数据筛选。

③执行"数据"→"列表"→"汇总行"命令,即可完成显示汇总行操作。

(4) 单变量模拟运算

1) 在Sheet3工作表中,选中B4单元格,执行"插入"菜单下的"函数"命令,弹出如图4—10所示的"插入函数"对话框。

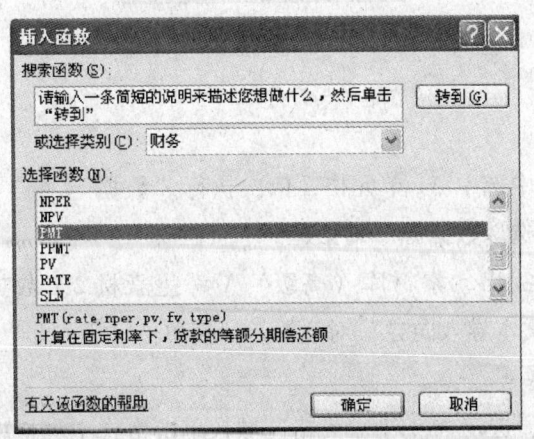

图4—10

2）在函数"类别"列表框中选择"财务"类的"PMT"函数，单击"确定"按钮。

3）如图4—11所示，弹出 PMT"函数参数"对话框，在"Rate"文本框中输入"A4/12"，在"Nper"文本框中输入"B2"，在"Pv"文本框中输入"B1"，单击"确定"按钮即可求出结果。

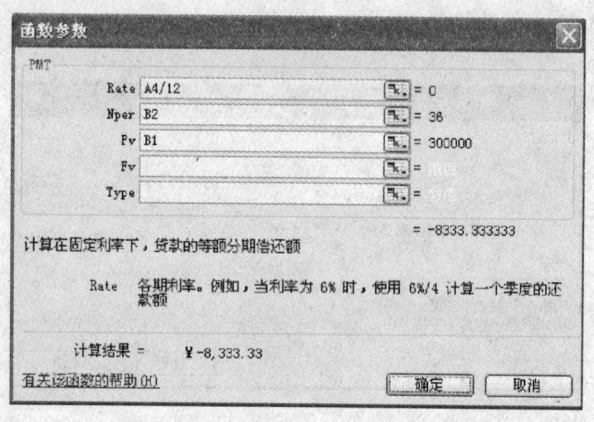

图4—11

4）选择 A4:B13 单元格区域，执行"数据"菜单下的"模拟运算表"命令，弹出如图4—12所示的"模拟运算表"对话框，在"输入引用列的单元格"文本框中输入 A4，单击"确定"按钮完成模拟运算。

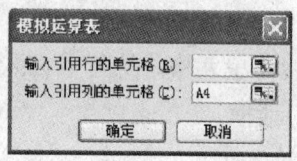

图4—12

(5) 数据分析处理

1）导入外部数据

①在 Sheet4 工作表中选中 A1 单元格，依次执行"数据"→"导入外部数据"→"导入数据"命令，弹出"选取数据源"对话框。

②在查找范围内查找出"素材库（高级）\ 考生素材 2 \ 数据素材 4—1.txt"，单击"打开"按钮，弹出"文本导入向导"对话框，一直单击"下一步"按钮，直至完成数据导入操作。

③数据导入完成后，选定 A1:F1 单元格区域，单击格式工具栏中的"合并居中"（图）按钮。

④选定 A ~ F 列，依次执行"格式"→"列"→"最适合的列宽"命令，完成列宽

设置。

2）创建数据透视表

①在 Sheet5 工作表中执行"数据"菜单下的"数据透视表和数据透视图"命令，弹出如图 4—13 所示的对话框。

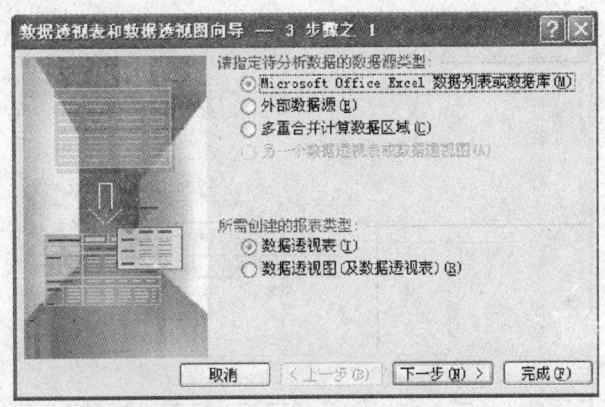

图 4—13

②在"所需创建的报表类型"选项下选择"数据透视表"，单击"下一步"按钮，弹出如图 4—14 所示的"数据透视表和数据透视图向导—3 步骤之 2"对话框。单击"选定区域"后的折叠按钮，在工作表中选择 A2:F15 单元格区域，单击"下一步"按钮。

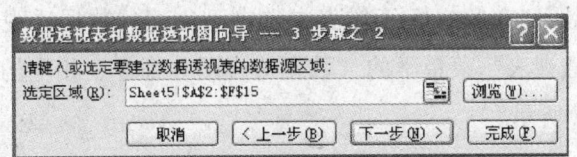

图 4—14

③如图 4—15 所示，在弹出的"数据透视表和数据透视图向导—3 步骤之 3"对话框中，将数据透视表显示位置选择为"现有工作表"的 B20 单元格处。

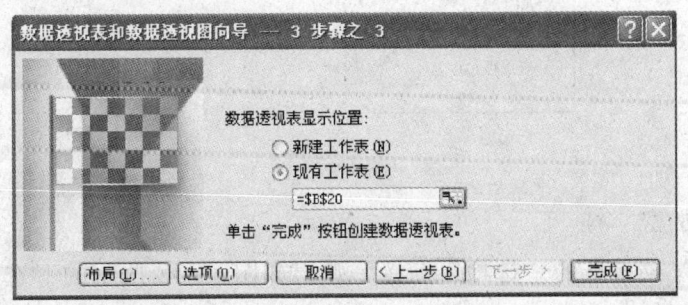

图 4—15

④单击"数据透视表和数据透视图向导—3步骤之3"对话框中的"布局"按钮,弹出如图4—16所示的"数据透视表和数据透视图向导—布局"对话框。将"规格"拖放至"页"字段,将"名称"拖放至"列"字段,将"产地"拖放至"行"字段,分别将"最高价"和"最低价"拖放至"数据"字段。

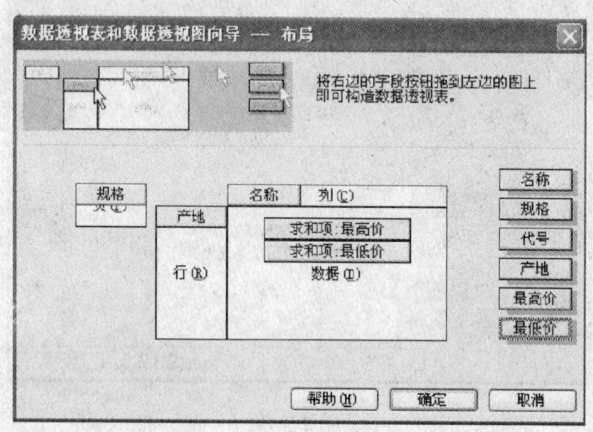

图4—16

⑤单击"确定"按钮后返回到"数据透视表和数据透视图向导—3步骤之3"对话框,单击"完成"按钮,完成数据透视表的设置。

3)创建数据透视图:在Sheet5工作表中选中已创建的数据透视表,单击"数据透视表"工具栏中"数据透视表"菜单下的"数据透视图"命令,相应的"数据透视图"便可创建完成,如图4—17所示。

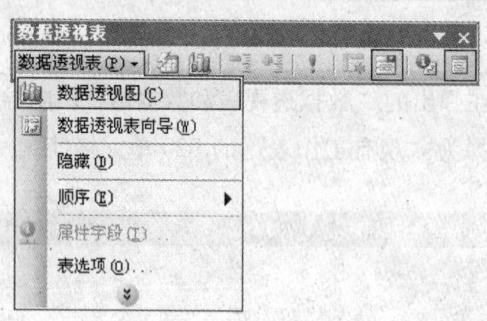

图4—17

(6)工作簿加密

执行"工具"菜单下的"选项"命令,弹出如图4—18所示的"选项"对话框,在"安全性"选项卡下的"修改权限密码"框中输入"KSMM4-1",单击"确定"按钮。

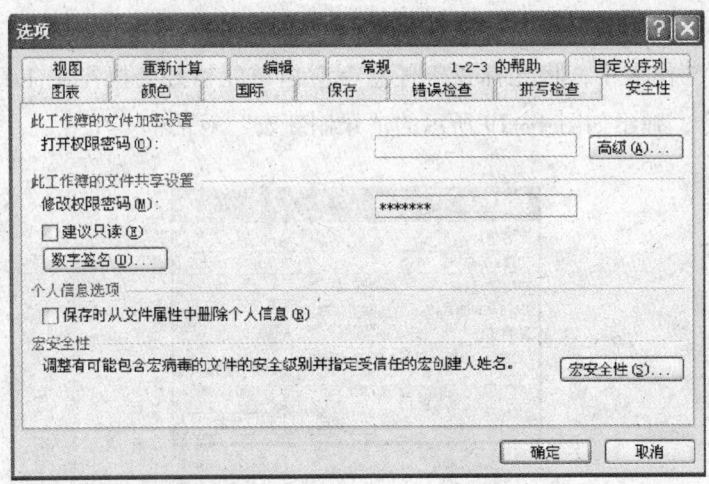

图 4—18

2. 评分项目及标准

评分项目	评分要点	配分	评分标准及扣分
宏的使用	创建宏	4分	创建宏操作正确得1分,否则不得分
	编辑宏		编辑宏操作正确得2分,否则不得分
	运行宏		运行宏操作正确得1分,否则不得分
对象高级处理	插入公式	2分	正确插入公式得2分,否则不得分
列表处理	创建列表	3分	创建列表操作正确得1分,否则不得分
	数据排序		数据排序操作正确得1分,否则不得分
	数据筛选		数据筛选操作正确得1分,否则不得分
常用工具	单变量求解	3分	单变量求解操作正确得2分,否则不得分
	模拟运算表应用		模拟运算表应用正确得1分,否则不得分
数据分析处理	导入外部数据	6分	导入外部数据操作正确得2分,否则不得分
	创建数据透视表		创建数据透视表操作正确得2分,否则不得分
	创建数据透视图		创建数据透视图操作正确得2分,否则不得分
表格属性管理与数据保护	工作簿加密	2分	工作簿加密设置正确得2分,否则不得分

【试题2】

1. 操作步骤及注意事项

(1) 宏的使用

1) 录制宏

①在 Sheet1 工作表中,将光标置于任意一空白单元格处,执行"工具"→"宏"→"录制新宏"命令,弹出如图 4—19 所示的"录制新宏"对话框。

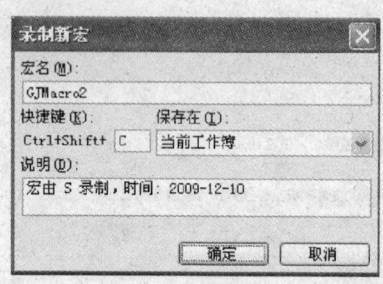

图 4—19

②在"宏名"文本框中输入"GJMacro2";将光标置于"快捷键"下面的文本框中,同时按住 Ctrl + Shift + C 键,便可将快捷键指定为 Ctrl + Shift + C;在"保存在"下拉列表中选择"当前工作簿",单击"确定"按钮。

③执行"格式"菜单下的"单元格"命令,打开"单元格格式"对话框,在"字体"选项卡下,设置"字体"为"隶书"、"字形"为"加粗"、"字号"为"12 磅"、"颜色"为"灰色 - 25%",如图 4—20 所示。

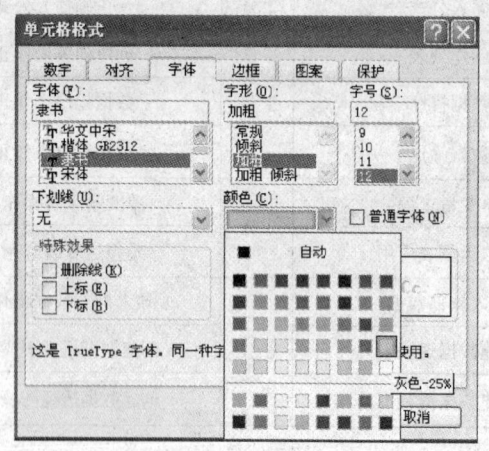

图 4—20

④在"对齐"选项卡下的"水平对齐"和"垂直对齐"下拉列表中均选择"居中"选项。

⑤在"边框"选项卡下,先选择"预置"项下的"外边框",然后在"颜色"下拉列表中选择"深蓝",如图 4—21 所示。

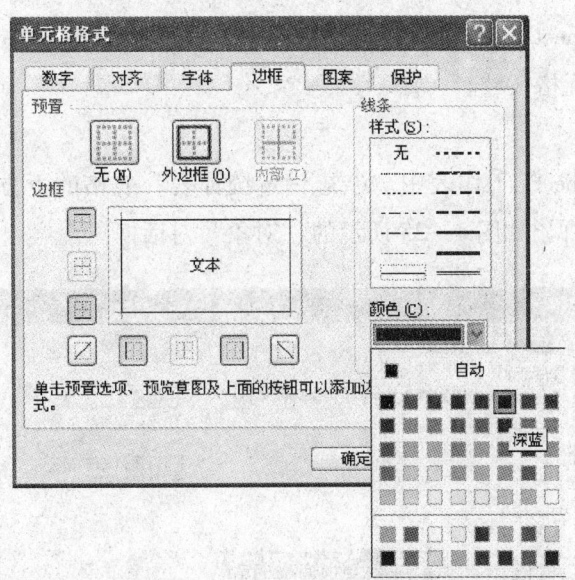

图 4—21

⑥在"图案"选项卡中,将单元格底纹的颜色设置为"蓝-灰",如图 4—22 所示。单击"确定"按钮。

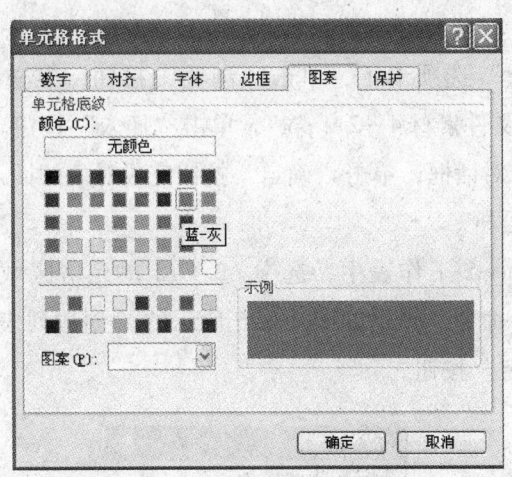

图 4—22

⑦执行"格式"→"行"→"行高"命令,弹出如图 4—23 所示的"行高"设置对话框,在"行高"文本框内输入"15.25",单击"确定"按钮,再单击图 4—24 所示的"停止录制"按钮。

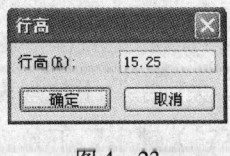

图 4—23

图 4—24

2）运用宏：在 Sheet1 工作表中，选中 A2:H12 单元格区域，按 Ctrl + Shift + C 快捷键，即可将宏应用于该单元格区域。

（2）插入对象

1）将光标置于 Sheet1 工作表中"杂志销量统计表"表格的下方，执行"插入"菜单下的"对象"命令，弹出如图 4—25 所示的"对象"对话框。

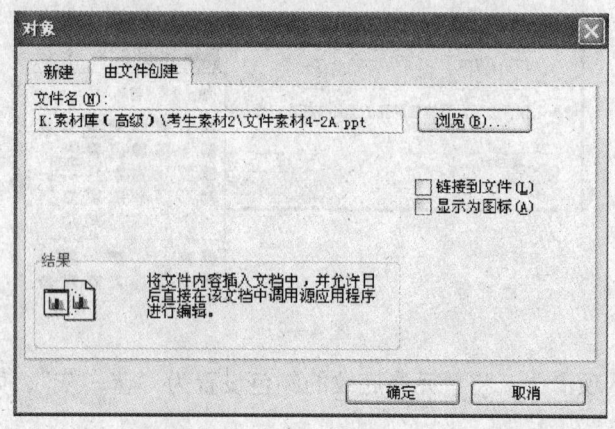

图 4—25

2）在"由文件创建"选项卡下，单击"浏览"按钮，在查找范围中找到"素材库（高级）\ 考生素材 2 \ 文件素材 4—2A. ppt"，单击"插入"按钮。

3）返回到"对象"对话框，单击"确定"按钮完成对象的插入。

（3）列表的创建与分析

1）创建列表：在 Sheet2 工作表中，选中 A2:G12 单元格区域，依次执行"数据"→"列表"→"创建列表"命令，弹出如图 4—26 所示的"创建列表"对话框，勾选"列表有标题"项，单击"确定"按钮。

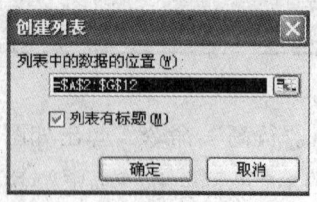

图 4—26

2）数据排序：仍是选定 A2:G12 单元格区域，执行"数据"菜单下的"排序"命令，弹出如图 4—27 所示的"排序"对话框。在"主要关键字"下拉列表中选择"日销量"，在"次要关键字"下拉列表中选择"售价"，在"第三关键字"下拉列表中选择"覆盖率"，并且选择每一项后面的"升序"选项，单击"确定"按钮完成数据排序。

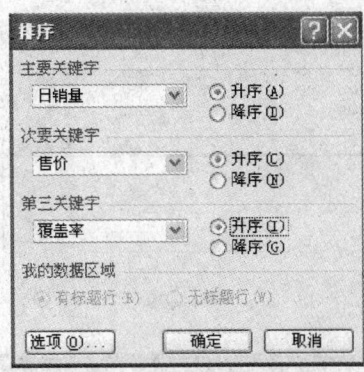

图 4—27

3）数据筛选

①单击表格中"日销量"后面的下拉按钮，在弹出的下拉列表中选择"自定义"，弹出如图 4—28 所示的"自定义自动筛选方式"对话框。

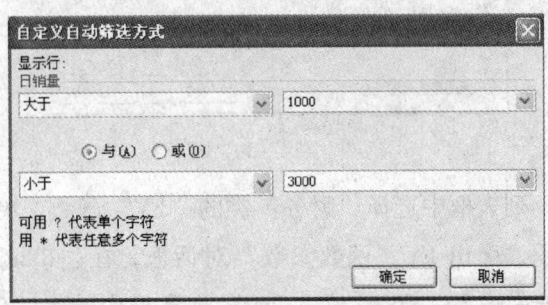

图 4—28

②在第一个筛选条件列表中选择"大于 1000"，在第二个筛选条件列表中选择"小于 3000"，并设定两个筛选条件间的关系是"与"。单击"确定"按钮完成数据筛选。

③执行"数据"→"列表"→"汇总行"命令，即可显示汇总行。依次在汇总行中选择"覆盖率""售价""日销量"各列下方的汇总单元格，单击后面的下拉按钮，在下拉列表中选择"平均值"，如图 4—29 所示。

（4）单变量模拟运算

1）在 Sheet3 工作表中，选中 E3 单元格，执行"插入"菜单下的"函数"命令，弹出如图 4—30 所示的"插入函数"对话框。

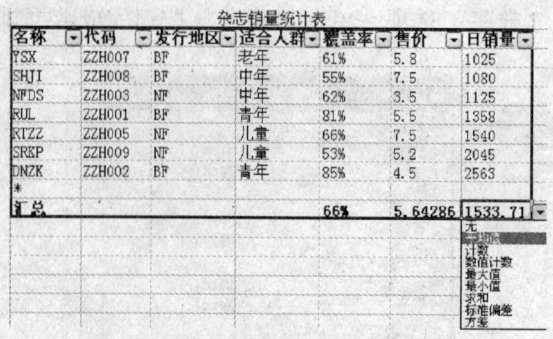

图 4—29

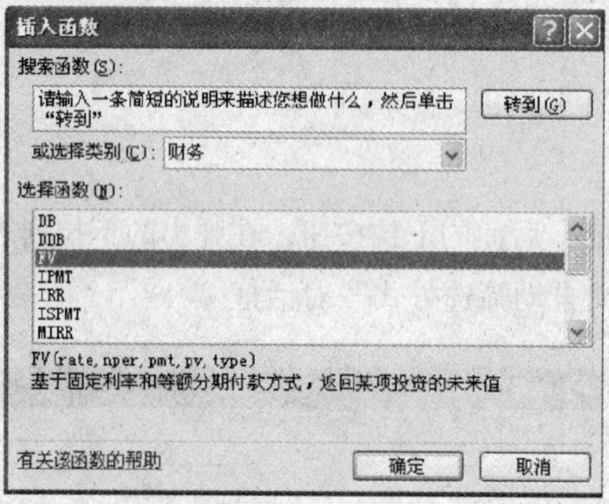

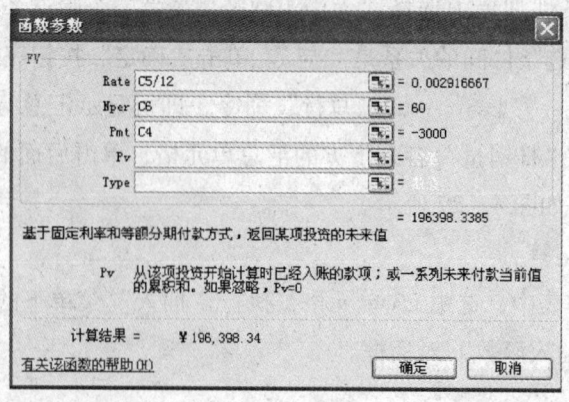

图 4—30

2）在函数"类别"列表框中选择"财务"类的"FV"函数，单击"确定"按钮。

3）如图 4—31 所示，弹出 FV "函数参数"对话框，在"Rate"文本框中输入"C5/12"，在"Nper"文本框中输入"C6"，在"Pmt"文本框中输入"C4"，单击"确定"按钮即可求出结果。

图 4—31

4）选择 D3:E8 单元格区域，执行"数据"菜单下的"模拟运算表"命令，弹出如图4—32 所示的"模拟运算表"对话框，在"输入引用列的单元格"文本框中输入 C4，单击"确定"按钮完成模拟运算。

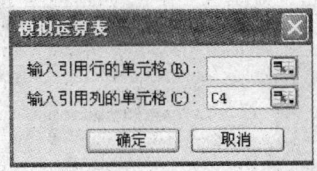

图 4—32

（5）数据分析处理

1）导入数据

①在 Sheet4 工作表中选中 A1 单元格，依次执行"数据"→"导入外部数据"→"导入数据"命令，弹出"选取数据源"对话框。

②在查找范围内查找出"素材库（高级）\ 考生素材 2 \ 数据素材 4—2B.txt"，单击"打开"按钮，弹出"文本导入向导"对话框，一直单击"下一步"按钮，直至完成数据导入操作。

③数据导入完成后，选定 A1:G1 单元格区域，单击格式工具栏中的"合并居中"按钮。

④选定 A1:G12 单元格区域，执行"格式"菜单下的"单元格"命令，在"边框"选项卡下，同时选中"预置"项下的"外边框"和"内部"，如图 4—33 所示，单击"确定"按钮。

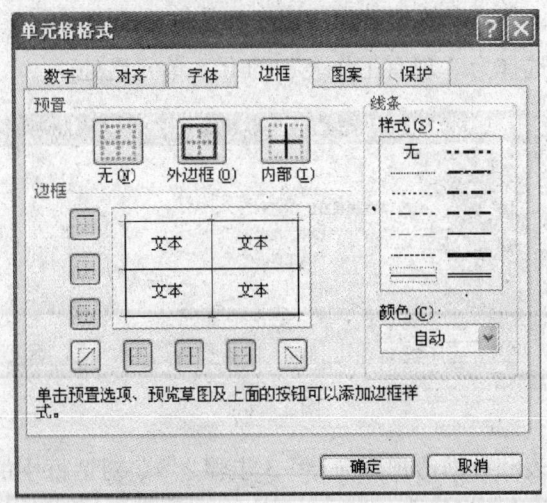

图 4—33

2）创建数据透视表

①在 Sheet5 工作表中执行"数据"菜单下的"数据透视表和数据透视图"命令，弹出如图 4—34 所示的对话框。

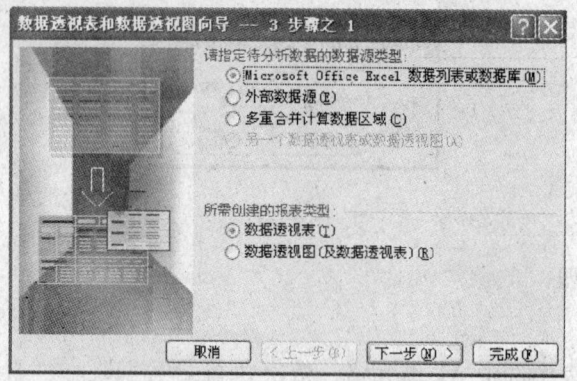

图 4—34

②在"所需创建的报表类型"选项下选择"数据透视表"，单击"下一步"按钮，弹出如图 4—35 所示的"数据透视表和数据透视图向导—3 步骤之 2"对话框。单击"选定区域"后的折叠按钮，在工作表中选择 A2:G12 单元格区域，单击"下一步"按钮。

图 4—35

③如图 4—36 所示，在弹出的"数据透视表和数据透视图向导—3 步骤之 3"对话框中，将数据透视表显示位置选择为"现有工作表"的 B18 单元格处。

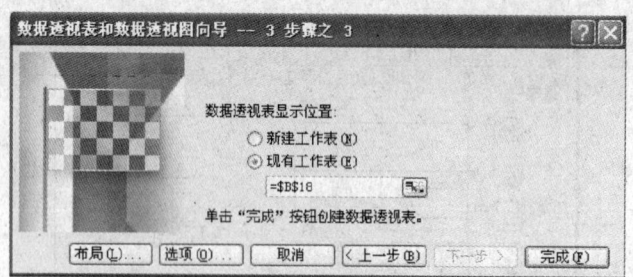

图 4—36

④单击"数据透视表和数据透视图向导—3 步骤之 3"对话框中的"布局"按钮，弹出如图 4—37 所示的"数据透视表和数据透视图向导—布局"对话框。

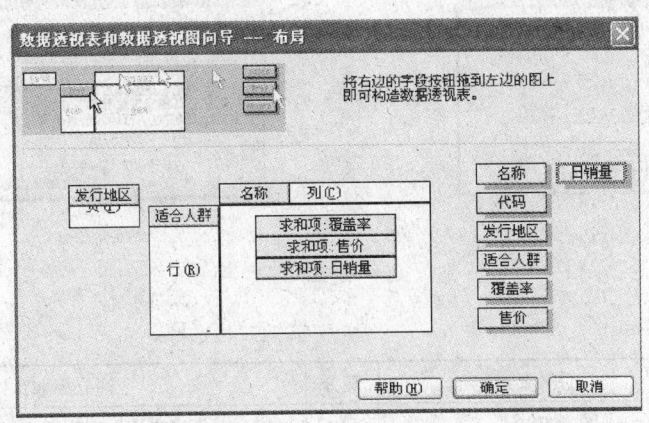

图 4—37

⑤将"发行地区"拖放至"页"字段,将"名称"拖放至"列"字段,将"适合人群"拖放至"行"字段,分别将"覆盖率""售价""日销量"拖放至"数据"字段。

⑥单击"确定"按钮后返回到"数据透视表和数据透视图向导—3 步骤之 3"对话框,单击"完成"按钮,完成数据透视表的设置。

3)创建数据透视图:在 Sheet5 工作表中选中已创建的数据透视表,单击"数据透视表"工具栏中"数据透视表"菜单下的"数据透视图"命令,相应的"数据透视图"便可创建完成,如图 4—38 所示。

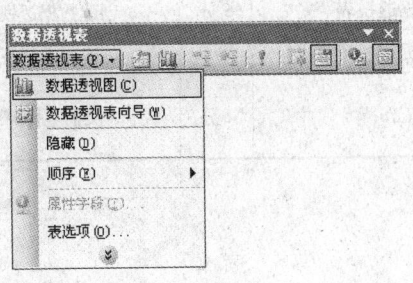

图 4—38

(6) 保护工作簿

1)执行"工具"→"保护"→"保护工作簿"命令,弹出如图 4—39a 所示的"保护工作簿"对话框。

2)在"保护工作簿"选项区域同时选中"结构"和"窗口"复选框,在"密码"文本框中输入"KSMM4-2",单击"确定"按钮,弹出如图 4—39b 所示的"确认密码"对话框。

3)在"重新输入密码"文本框中再次输入"KSMM4-2",单击"确定"按钮。

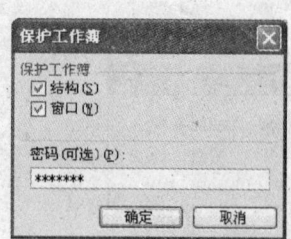 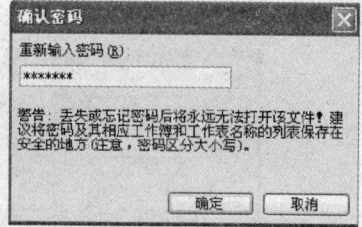

a)   b)

图 4—39

2. 评分项目及标准

评分项目	评分要点	配分	评分标准及扣分
宏的使用	创建宏	4分	创建宏操作正确得1分，否则不得分
	编辑宏		编辑宏操作正确得2分，否则不得分
	运行宏		运行宏操作正确得1分，否则不得分
对象高级处理	插入幻灯片	2分	正确插入幻灯片得2分，否则不得分
列表处理	创建列表	3分	创建列表操作正确得1分，否则不得分
	数据排序		数据排序操作正确得1分，否则不得分
	数据筛选		数据筛选操作正确得1分，否则不得分
常用工具	单变量求解	3分	单变量求解操作正确得2分，否则不得分
	模拟运算表应用		模拟运算表应用正确得1分，否则不得分
数据分析处理	导入外部数据	6分	导入外部数据操作正确得2分，否则不得分
	创建数据透视表		创建数据透视表操作正确得2分，否则不得分
	创建数据透视图		创建数据透视图操作正确得2分，否则不得分
表格属性管理与数据保护	保护工作簿	2分	保护工作簿设置正确得2分，否则不得分

第5章　演示文稿处理

考 核 要 点

考核范围	理论知识考核要点	操作技能考核要点
幻灯片母版制作	1. 掌握 PowerPoint 中母版的分类 2. 掌握 PowerPoint 中的幻灯片母版 3. 掌握 PowerPoint 中的标题母版 4. 掌握 PowerPoint 中的讲义母版 5. 掌握 PowerPoint 中的备注母版 6. 掌握 PowerPoint 中幻灯片母版的改动	1. 能对幻灯片母版进行修改 2. 能设计幻灯片母版
幻灯片表格和图表处理	1. 掌握 PowerPoint 中表格的创建 2. 掌握 PowerPoint 中表格文本的输入 3. 掌握 PowerPoint 中的"表格和边框"工具栏 4. 掌握 PowerPoint 中图表的插入 5. 掌握 PowerPoint 中其他对象的插入 6. 掌握 PowerPoint 中组织结构图的插入	1. 能在幻灯片中插入表格和图表 2. 能在幻灯片中插入组织结构图
幻灯片影片和声音处理	1. 掌握 PowerPoint 中声音和影片的插入 2. 掌握 PowerPoint 中 CD 乐曲的插入 3. 掌握 PowerPoint 中声音的录制	1. 能在幻灯片中选择、插入影片和声音对象 2. 能为幻灯片录制旁白
演示文稿的保护和打包	1. 掌握 PowerPoint 中演示文稿的保护 2. 掌握 PowerPoint 中打包的作用 3. 掌握 PowerPoint 中打包的方法	1. 能将幻灯片进行打包 2. 能限制幻灯片的权限

续表

考核范围	理论知识考核要点	操作技能考核要点
幻灯片选项设置	1. 掌握 PowerPoint 中的"常规"选项卡 2. 掌握 PowerPoint 中的"编辑"选项卡 3. 掌握 PowerPoint 中的"保存"选项卡 4. 掌握 PowerPoint 中的"安全性"选项卡 5. 掌握 PowerPoint 中的"亚洲"选项卡 6. 掌握 PowerPoint 中的"拼写检查和样式"选项卡	能设置工作选项
幻灯片动作与超链接设计	1. 掌握 PowerPoint 中的动作按钮 2. 掌握 PowerPoint 中动作按钮的插入 3. 掌握 PowerPoint 中的超链接与动作设置 4. 掌握 PowerPoint 中超链接的建立 5. 掌握 PowerPoint 中超链接的修改 6. 掌握 PowerPoint 中超链接的删除	1. 能为幻灯片添加超链接按钮 2. 能修改、调整、设置动作按钮

重点复习提示

一、幻灯片母版制作

1. PowerPoint 中母版的分类

母版分为四种：幻灯片母版、标题母板、讲义母板、备注母版。

2. PowerPoint 中的幻灯片母版

幻灯片母版中的信息包括文字的格式、位置、样式、项目符号的字符、配色方案等内容。幻灯片母版视图有 5 个占位符：标题区、对象区、日期区、页脚区、数字区。

标题区用于所有幻灯片标题的格式化，可以改变字体效果。

对象区用于所有幻灯片文字的格式化，可以改变字体效果以及项目符号和编号等设置。

日期区用于页眉/页脚上日期的添加、定位和格式化。

页脚区用于页眉/页脚上说明性文字的添加、定位和格式化。

数字区用于页眉/页脚上自动页面编号的添加、定位和格式化。

3. PowerPoint 中的标题母版

标题母版可用于设置演示文稿中的标题幻灯片，也就是第一张幻灯片。标题母版和幻灯片母版共同决定了整个演示文稿的外观。

4. PowerPoint 中的讲义母版

讲义母版主要用于格式化讲义，在视图中可以调整4个占位符：页眉区、日期区、页脚区、数字区。

5. PowerPoint 中的备注母版

备注母版用于格式化演讲者备注页面。在备注母版中可以设置图形项目和文字，以及调整幻灯片区域的大小。备注母版包含6个占位符：页眉区、日期区、页脚区、数字区、幻灯片区、备注文本区。

6. PowerPoint 中幻灯片母版的改动

如果更改了幻灯片母版，则该改动会影响所有基于该母版的幻灯片，但是对已经单独改动过的幻灯片，母版中的改动不起作用。所以如果要使个别幻灯片的外观与母版不同，则可以直接修改这些幻灯片。

二、幻灯片表格和图表处理

1. PowerPoint 中表格的创建

在 PowerPoint 中要创建一个新表格，通过选择"插入"菜单中的"表格"命令即可。

2. PowerPoint 中表格文本的输入

在表格的单元格中可以输入文本，输入后可以使用 Tab 键跳至下一个单元格，或者使用 Shift + Tab 键跳至前一单元格。

如果要在表格内输入制表符，可以按 Ctrl + Tab 键。

3. PowerPoint 中的"表格和边框"工具栏

PowerPoint 中有关表格的操作都是通过"表格和边框"工具栏来完成的。

（1）绘制表格

单击"绘制表格"按钮，可以进入绘图状态。

（2）删除行或列

选中要删除行或列中的任意单元格，然后在"表格和边框"工具栏上的"表格"下拉菜单中单击"删除行"或"删除列"命令即可。

当选中单元格区域或者行、列时，按 Del 键只会删除单元格中的内容，而不会删除单元格、行或列。

（3）拆分单元格

选定要拆分的单元格，然后单击"表格和边框"工具栏上的"拆分单元格"按钮，即可将单元格拆分成左、右或者上、下两个单元格。

（4）边框和填充

在"表格和边框"工具栏的"表格"下拉菜单中单击"边框和填充"命令，将弹出"设置表格格式"对话框。在其中可以对表格的外观进行设置，包括边框样式、填充颜色和图案，以及单元格中文本的位置和对齐方式。

4. PowerPoint 中图表的插入

在幻灯片中插入图表可以定量、精确、更直观地描述数据。在"插入"菜单中选择"图表"命令，即可在幻灯片中插入图表。演示文稿中插入的图表是 Excel 对象，在图表编辑状态下，使用"图表"菜单可以对图表的类型、选项、三维视图格式等进行设置。

5. PowerPoint 中其他对象的插入

如果需要将其他应用程序创建的对象插入到演示文稿中，可以直接使用"复制"和"粘贴"操作。此外，还可以使用下面的方法插入其他对象：

（1）打开要插入其他对象的演示文稿。

（2）在"插入"菜单中选择"对象"命令，弹出"插入对象"对话框。

（3）如果要新创建一个对象并插入演示文稿，则可以选择"新建"单选按钮，然后在"对象类型"列表中选择要新建的对象类型。

（4）如果要将已有的文件作为对象插入演示文稿，则可以选择"由文件创建"单选按钮。

6. PowerPoint 中组织结构图的插入

在"插入"菜单的"图片"选项中选择"组织结构图"菜单项，可弹出"组织结构图"窗口。如果要添加结构，使用工具栏中的"插入形状"命令即可。默认为插入下属，如果单击该按钮右侧的下拉按钮，就会出现一个下拉菜单，在其中可以选择插入下属、同事或者助手。

三、幻灯片影片和声音处理

1. PowerPoint 中声音和影片的插入

（1）声音的插入

在 PowerPoint 的工作窗口中选择"插入"菜单下的"影片和声音"子菜单中的"文件中的声音"后，会打开"插入声音"对话框。在对话框中选中要插入的声音文件，单击"确定"按钮即可。

（2）影片的插入

在 PowerPoint 中添加影片的过程与前面讲述的添加声音的过程类似。

2. PowerPoint 中 CD 乐曲的插入

在"插入"菜单上，指向"影片和声音"，再单击"播放 CD 乐曲"菜单项，屏幕弹出"插入 CD 乐曲"对话框。在此对话框中可进行插入 CD 乐曲的操作。

3. PowerPoint 中声音的录制

如果要录制声音，计算机需要安装声卡和麦克风。录制声音的操作步骤如下：

（1）在幻灯片视图中，显示要添加声音的幻灯片。

（2）在"插入"菜单上，指向"影片和声音"，再单击"录制声音"菜单项，屏幕弹出"录音"对话框。

（3）如果要开始录音，可以单击"记录"按钮。完成录音后，可以单击"停止"按钮。

（4）在"名称"框中键入此声音名称，再单击"确定"按钮。

此时此幻灯片上会出现一个声音图标" "，播放幻灯片时可以同时播放录制的声音旁白。

四、演示文稿的保护和打包

1. PowerPoint 中演示文稿的保护

用户可以使用密码来保护演示文稿，包括设置演示文稿的打开密码或修改密码。其操作步骤如下：

（1）打开要设置密码的演示文稿。

（2）在"工具"菜单上单击"选项"命令，屏幕上会弹出"选项"对话框，在其中单击"安全性"选项卡。

（3）如果要使演示文稿在提供密码后才能打开，可以在"打开权限密码"框中输入打开密码。

（4）如果要使演示文稿在提供密码后才能编辑修改，则可以在"修改权限密码"框中输入修改密码。

（5）单击"确定"按钮，弹出"确认密码"对话框，在其中再次输入密码，然后单击"确定"按钮。

2. PowerPoint 中打包的作用

在一台计算机上制作好的演示文稿，想在另一台计算机上放映时，仅把演示文稿复制到另一台计算机上放映是不合适的，因为在复制的演示文稿中，正常放映所必需的文件可能不齐全。为了保证正常放映，可以把演示文稿所需的全部文件（包括链接的影视文件）、字体，以及 PowerPoint 播放器都打包到一起。

3. PowerPoint 中打包的方法

（1）打开需要打包的演示文稿后，在"文件"菜单中单击"打包成 CD"命令，屏幕将弹出"打包成 CD"对话框，可在"将 CD 命名为"框中输入打包 CD 的名称。

（2）单击"添加文件"按钮，屏幕上会弹出"添加文件"对话框，在其中可以选择添加要打包的演示文稿文件。

（3）单击"选项"按钮，屏幕将弹出"选项"对话框。在"包含这些文件"栏中，如果演示文稿中带有链接文件，可以选中"链接的文件"复选框，以避免丢失演示文稿中有价值的内容。在"帮助保护 PowerPoint 文件"栏中还可以为演示文稿设置保护密码和修改密码。设置好后，单击"确定"按钮。

（4）在"打包成 CD"对话框中单击"复制到文件夹"按钮，可以打开"复制到文件夹"对话框。在其中可以输入打包文件夹的名称和存储的位置。

（5）在"打包成 CD"对话框中单击"复制到 CD"按钮，可以将打包的演示文稿刻录到 CD 盘中。

五、幻灯片选项设置

1. PowerPoint 中的"常规"选项卡

要对幻灯片的选项进行设置，可以单击"工具"菜单的"选项"命令，在"选项"对话框中选择"常规"选项卡。

（1）选择"最近使用的文件列表"复选框后，输入文件列表的个数，可以设置 PowerPoint 窗口"文件"菜单下显示最近使用的文件列表的数量。

（2）在"链接声音文件不小于"框中，可以设置幻灯片中链接声音文件的大小。

2. PowerPoint 中的"编辑"选项卡

在"选项"对话框中选择"编辑"选项卡。

（1）选择"显示粘贴选项按钮"复选框，表示可以使用智能标记。

（2）选中"使用智能剪贴"复选框，表示采用智能粘贴功能。

（3）在"最多可取消操作数"框中输入的数值，可以设置用户能够使用"编辑"菜单下的"撤销"命令撤销操作的最大数量。

3. PowerPoint 中的"保存"选项卡

在"选项"对话框中选择"保存"选项卡。

（1）选择"保存自动恢复信息，每隔××分钟"复选框，可以设置计算机每间隔多少时间就自动保存一次。

（2）在"默认文件位置"编辑框中可以设置执行保存演示文稿的命令后，演示文稿的默认保存路径。

（3）如果要在其他的计算机上放映演示文稿，为了防止该计算机上没有需要的字体，可以选择"嵌入 TrueType 字体"复选框，以便在演示文稿中嵌入一些演示文稿用到的 True-Type 字体。

4. PowerPoint 中的"安全性"选项卡

在"安全性"选项卡下可以对演示文稿的访问权限进行设置。

5. PowerPoint 中的"亚洲"选项卡

在"选项"对话框中选择"亚洲"选项卡。

在"亚洲"选项卡可以转换幻灯片中的文本语言。选择"转换与字体相关的文本"复选框，然后在下拉列表中选择要转换为的目的语言。

6. PowerPoint 中的"拼写检查和样式"选项卡

在"选项"对话框中选择"拼写检查和样式"选项卡。

选中"样式检查"复选框，表示在演示文稿中进行样式检查，单击"样式选项"按钮还可以在弹出的对话框中对样式检查的内容进行详细设置。一般 PowerPoint 会检查以下内容：

（1）大写的一致性。

（2）标题和正文文本中句尾标点使用的一致性。

（3）字形的最大数目。

（4）标题文本和正文文本的最小字号。

（5）列表中的最大项目符号数。

（6）标题文本或每个列表项目中的最大文本行数。

六、幻灯片动作与超链接设计

1. PowerPoint 中的动作按钮

PowerPoint 内置了一组预定义的动作按钮，用户可以将其插入到幻灯片中，在播放幻灯片时使用这些按钮可以执行不同的操作。动作按钮包括跳转到上一张、链接到文档、播放声音和运行程序等。

2. PowerPoint 中动作按钮的插入

（1）打开要插入动作按钮的幻灯片。

（2）选择"幻灯片放映"菜单中的"动作按钮"子菜单。

（3）单击需要的动作按钮，鼠标指针将变为十字形，此时可在幻灯片中要插入动作按钮的位置单击，或者拖拽鼠标，即可插入选择的按钮。同时屏幕上会弹出"动作设置"对话框，可以选择在鼠标单击或者鼠标移过按钮时执行的动作。

（4）完成动作设置后，单击"确定"按钮。

3. PowerPoint 中的超链接与动作设置

在动作按钮上是不能使用"超链接"选项的，选择"超链接"选项和"设置动作"是一样的，要达到超链接的效果，可以在动作中使用"超链接到"选项。

4. PowerPoint 中超链接的建立

要建立超链接，可通过选择"插入"菜单的"超链接"命令来完成。

5. PowerPoint 中超链接的修改

对已创建的超链接进行修改的步骤如下：

（1）单击已创建超链接的文本或对象后，从"幻灯片放映"菜单中选择"动作设置"命令，弹出"动作设置"对话框。

（2）在"超链接到"下拉列表中选择链接的新目标。

（3）修改完毕，单击"确定"按钮。

6. PowerPoint 中超链接的删除

删除超链接的步骤如下：

（1）单击想删除超链接的文本或对象。

（2）如果想把带有超链接的文本或对象和超链接一起删除，可直接删除相应的文本或对象。

（3）如果想保留文本或对象，而仅仅删除超链接，则可以打开"幻灯片放映"菜单，选择"动作设置"命令，在弹出的"动作设置"对话框中选择"无动作"单选按钮。

（4）设置完毕，单击"确定"按钮。

理论知识辅导练习题

一、判断题（下列判断正确的请在括号内打"√"，错误的请在括号内打"×"）

1．在 PowerPoint 2003 中，幻灯片母版的"页脚区"用于所有幻灯片文字的格式化。
（   ）

2．在 PowerPoint 2003 中，标题幻灯片就是第一张幻灯片。（   ）

3．在 PowerPoint 2003 中，讲义母版视图中不可以调整"对象区"占位符。（   ）

4．在 PowerPoint 2003 中，备注母版包含 7 个占位符。（   ）

5．在 PowerPoint 2003 中，更改幻灯片不会影响母版。（   ）

6．在 PowerPoint 2003 中，如果要在表格内输入制表符，可以按 Alt + Tab。（   ）

7. 在 PowerPoint 2003 中，选中单元格区域，按 Del 键只会删除单元格的格式。（   ）

8. 演示文稿中插入的图表是 Excel 对象。（   ）

9. 只能使用"插入"菜单才能将其他应用程序创建的对象插入到演示文稿中。（   ）

10. 在 PowerPoint 2003 中，如果要添加结构图，使用工具栏中的"插入形状"命令即可。（   ）

11. 在 PowerPoint 2003 中，"组织结构图"工具栏中的"插入形状"默认为插入助手。（   ）

12. 将音乐或声音插入幻灯片后，会显示一个音乐播放器。（   ）

13. 幻灯片放映时声音图标可以设置为隐藏。（   ）

14. 播放幻灯片时可以同时播放录制的声音旁白。（   ）

15. 可以使用密码来保护演示文稿。（   ）

16. 可以在"选项"对话框的"权限"选项卡中对演示文稿设置打开权限密码。（   ）

17. 一台计算机上制作好的演示文稿在另一台计算机上一定能正常放映。（   ）

18. 文稿打包后可以存放到硬盘。（   ）

19. 在 PowerPoint 2003 中，可撤销次数是不能改变的。（   ）

20. 在 PowerPoint 2003 中，自动保存时间间隔不能调整。（   ）

21. 在 PowerPoint 2003 中，通过"选项"对话框中的"亚洲"选项卡可以转换幻灯片中的文本语言。（   ）

22. 一般 PowerPoint 2003 不会检查标题文本和正文文本的最大字号。（   ）

23. 一般 PowerPoint 2003 不会检查字形的最大数目。（   ）

24. PowerPoint 2003 内置了一组预定义的动作按钮。（   ）

25. 在 PowerPoint 2003 中，动作按钮只有在单击时才执行操作。（   ）

26. 在 PowerPoint 2003 中，可以为动作按钮添加声音。（   ）

27. 在 PowerPoint 2003 中，建立的超链接是可以修改的。（   ）

28. 在 PowerPoint 2003 中，超链接一旦被删除了，建立超链接的对象也就被删除了。（   ）

二、单项选择题（下列每题有 4 个选项，其中只有 1 个是正确的，请将其代号填写在横线空白处）

1. 在 PowerPoint 2003 中，以下不属于母版的是_____。

　　A. 幻灯片母版　　B. 备注母版　　C. 讲义母版　　D. 表格母版

2. 在 PowerPoint 2003 中，母版一共有_____种。

A. 三 B. 四 C. 五 D. 六

3. 在 PowerPoint 2003 中，幻灯片母版的_____用于所有幻灯片文字的格式化。

   A. 标题区 B. 日期区 C. 数字区 D. 对象区

4. 在 PowerPoint 2003 中，幻灯片母版的日期区用于_____上日期的添加、定位和格式化。

   A. 页眉 B. 页脚 C. 标题 D. 页眉/页脚

5. 在 PowerPoint 2003 中，标题幻灯片就是_____幻灯片。

   A. 第一张 B. 下一张 C. 上一张 D. 最后一张

6. 在 PowerPoint 2003 中，标题母版可用设置演示文稿中的_____。

   A. 所有幻灯片 B. 奇数页幻灯片
   C. 标题幻灯片 D. 偶数页幻灯片

7. 在 PowerPoint 2003 中，_____用于格式化讲义。

   A. 讲义样式 B. 讲义格式 C. 标题母版 D. 讲义母版

8. 在 PowerPoint 2003 中，讲义母版视图中不可以调整_____占位符。

   A. 日期区 B. 页脚区 C. 对象区 D. 页眉区

9. 在 PowerPoint 2003 中，讲义母版视图中可以调整_____占位符。

   A. 两个 B. 三个 C. 四个 D. 五个

10. 在 PowerPoint 2003 中，备注母版用于_____演讲者备注页面。

    A. 格式化 B. 简单化 C. 复杂化 D. 优化

11. 在 PowerPoint 2003 中，备注文本区属于_____的占位符。

    A. 幻灯片母版 B. 标题母版 C. 讲义母版 D. 备注母版

12. 在 PowerPoint 2003 中，备注母版包含_____占位符。

    A. 四个 B. 五个 C. 六个 D. 七个

13. 在 PowerPoint 2003 中，要使第二张和第三张幻灯片的外观与幻灯片母版不同，则要修改_____才能达到想要的效果。

    A. 第二张幻灯片 B. 第三张幻灯片
    C. 第二张和第三张幻灯片 D. 幻灯片母版幻灯片

14. 在 PowerPoint 2003 中，要把除第一张幻灯片外的所有幻灯片设置成统一的格式，应该修改_____。

    A. 所有的幻灯片 B. 幻灯片母版
    C. 标题母版 D. 第一张幻灯片

15. 在 PowerPoint 2003 中，要创建一个表格，应在"_____"菜单下选择"表格"

命令。

    A. 文件　　　　　　B. 视图　　　　　　C. 插入　　　　　　D. 格式

16. 在 PowerPoint 2003 的表格中,可以按_____键跳至前一单元格。

    A. Ctrl + Shift　　B. Shift + Tab　　C. End + Tab　　D. End + Alt

17. 在 PowerPoint 2003 中,如果要在表格内输入制表符,可以按_____键。

    A. Ctrl + Tab　　B. Ctrl + Alt　　C. Alt + Tab　　D. Shift + Tab

18. 在 PowerPoint 2003 中,单击"_____"按钮,可以进入绘图状态。

    A. 绘制表格　　　　　　　　　　B. 擦除表格
    C. 选择表格　　　　　　　　　　D. 边框和填充

19. 在 PowerPoint 2003 中,选中单元格区域,按_____只会删除单元格中的内容。

    A. Ctrl 键　　　B. Alt 键　　　C. Shift 键　　　D. Del 键

20. 在 PowerPoint 2003 中,单击"表格和边框"工具栏上的"_____"按钮,即可将单元格拆分成两个单元格。

    A. 拆分单元格　　B. 合并单元格　　C. 选择表格　　D. 删除行或列

21. 在幻灯片中插入_____可以定量、精确、更直观地描述数据。

    A. 图表　　　　B. 数据表　　　　C. 二维表　　　　D. 二维数据表

22. 在"_____"菜单中选择"图表"命令,即可在幻灯片中插入图表。

    A. 文件　　　　B. 编辑　　　　C. 插入　　　　D. 数据

23. 演示文稿中插入的图表是_____。

    A. Word 对象　　B. Word 表格　　C. Excel 对象　　D. Excel 表格

24. 如果要新创建一个对象并插入演示文稿,则可以在"插入对象"对话框中选择"_____"单选按钮。

    A. 创建　　　　B. 新建　　　　C. 由文件创建　　D. 创建新文件

25. 在"插入对象"对话框中选择了"_____"复选框,则插入的对象在幻灯片中会以图标的形式显示。

    A. 显示为图标　　B. 图标　　　　C. 图表　　　　D. 图标对象

26. 如果要将已有的文件作为对象插入演示文稿,则可以在"插入对象"对话框中选择"_____"单选按钮。

    A. 创建从文件　　B. 新建　　　　C. 由文件创建　　D. 从文件创建

27. 在 PowerPoint 2003 中,在"插入"菜单的"_____"选项中选择"组织结构图"菜单项,也可弹出"组织结构图"窗口。

    A. 图片　　　　B. 结构图　　　　C. 组织　　　　D. 图表

28. 在 PowerPoint 2003 中,"组织结构图"工具栏中的"插入形状"默认为插入_____。

    A. 上级   B. 下属   C. 同事   D. 助手

29. 在 PowerPoint 2003 中,如果要添加结构图,使用工具栏中的"_____"按钮即可。

    A. 版式   B. 插入形状   C. 选择   D. 适应文字

30. 在 PowerPoint 2003 中选择"插入"菜单下的"_____"子菜单中的"文件中的声音"后,会打开"插入声音"对话框。

    A. 影片   B. 影片和声音   C. 声音   D. 对象

31. 在 PowerPoint 2003 中,选择"_____"菜单的"影片和声音",再单击"播放 CD 乐曲",屏幕弹出"插入 CD 乐曲"对话框。

    A. 插入   B. 母版   C. 标尺   D. 视图

32. 在 PowerPoint 2003 中,如果要录制声音,计算机需要安装声卡和_____。

    A. 音箱   B. 麦克风   C. 耳机   D. 网卡

33. 在 PowerPoint 2003 中,在"插入 CD 乐曲"对话框的"_____"栏可以设置"幻灯片放映时隐藏声音图标"。

    A. 剪贴画选择   B. 播放选项   C. 显示选项   D. 信息

34. 在 PowerPoint 2003 中,在"插入"菜单上,指向"影片和声音",再单击"_____"菜单项,屏幕弹出"录音"对话框。

    A. 录制声音   B. 插入声音   C. 录音   D. 复制声音

35. 可以给演示文稿设置打开权限密码和_____权限密码。

    A. 复制   B. 移动   C. 修改   D. 删除

36. 要给演示文稿设置密码,需在"选项"对话框中选择"_____"选项卡。

    A. 安全性   B. 加密   C. 设置密码   D. 保护

37. 要给演示文稿设置密码,需在"工具"菜单中选择"_____"命令。

    A. 自定义   B. 选项   C. 加密   D. 保护

38. 在 PowerPoint 2003 中,在"选项"对话框的"安全性"选项卡下可以对_____的访问权限进行设置。

    A. 幻灯片   B. 演示文稿   C. 幻灯片母版   D. 标题母版

39. 为了保证演示文稿正常播放,可以把演示文稿与该演示文稿所涉及的有关文件_____。

    A. 一起打包   B. 放在一起   C. 一起复制   D. 一起移动

40. 打包演示文稿时，如果演示文稿中带有链接文件，可以选中"_____"复选框，以避免丢失演示文稿中有价值的内容。

　　A. 链接的文件　　　　　　　　B. PowerPoint 播放器
　　C. 嵌入 TrueType 字体　　　　　D. 帮助

41. 在"帮助保护 PowerPoint 文件"栏中还可以为演示文稿设置_____。

　　A. 锁定密码和修改密码　　　　　B. 保护密码和修改密码
　　C. 保护密码和锁定密码　　　　　D. 锁定密码和隐藏密码

42. 在 PowerPoint 2003 中，要对幻灯片的选项进行设置，可以单击"_____"菜单的"选项"命令。

　　A. 视图　　　B. 格式　　　C. 数据　　　D. 工具

43. 在 PowerPoint 2003 中，在"选项"对话框的"_____"框中可以设置幻灯片中链接声音文件的大小。

　　A. 链接声音文件不小于　　　　　B. 链接声音文件不大于
　　C. 链接声音文件不等于　　　　　D. 链接声音文件等于

44. 在 PowerPoint 2003 中，在"选项"对话框中选择"_____"复选框后，可以设置"文件"菜单下显示多少个最近使用的文件列表。

　　A. 用户信息　　　　　　　　　　B. 链接声音文件不小于
　　C. 最近使用的文件列表　　　　　D. 最近使用的文件

45. 在 PowerPoint 2003 中，选择"_____"复选框，表示可以使用智能标记。

　　A. 显示智能标记选项按钮　　　　B. 显示粘贴选项按钮
　　C. 显示粘贴按钮　　　　　　　　D. 显示选项按钮

46. 在 PowerPoint 2003 中，选中"_____"复选框，表示采用智能粘贴功能。

　　A. 显示粘贴选项按钮　　　　　　B. 使用智能剪贴
　　C. 使用智能粘贴　　　　　　　　D. 最多可取消操作数

47. 在 PowerPoint 2003 中，在"_____"框中输入的数值，可以设置用户能够撤销操作的最大数量。

　　A. 最大可取消操作数　　　　　　B. 最多可撤销操作数
　　C. 最多可取消操作数　　　　　　D. 最大可撤销操作数

48. 在 PowerPoint 2003 中，可以调整_____。

　　A. 自动保存时间间隔　　　　　　B. 自动保存时间
　　C. 手动保存时间　　　　　　　　D. 保存时间

49. 如果无法确定放映幻灯片的计算机中是否带有演示文稿所使用的字体，最好选中

"_____"复选框。

    A. 链接的文件   B. 嵌入 TrueType 字体

    C. PowerPoint 播放器   D. 帮助保护 PowerPoint 文件

50. 在 PowerPoint 2003 中，在"选项"对话框的"_____"选项卡下可以对演示文稿的访问权限进行设置。

    A. 权限   B. 访问权限   C. 文档保护   D. 安全性

51. 在 PowerPoint 2003 中，在"选项"对话框的"_____"选项卡中可以转换幻灯片中的文本语言。

    A. 亚洲   B. 编辑   C. 拼写检查   D. 常规

52. 在 PowerPoint 2003 中，在"亚洲"选项卡中选择"_____"复选框，然后在下拉列表中可以选择要转换为的目的语言。

    A. 字体相关的文本   B. 转换相关的文本

    C. 转换与字体相关的文本   D. 图片与字体相关的文本

53. PowerPoint 2003 一般不会检查_____内容。

    A. 大写的一致性   B. 字形的最大数目

    C. 标题文本的最大字号   D. 正文文本的最小字号

54. PowerPoint 2003 一般会检查_____的最大数目。

    A. 标点   B. 字形   C. 文字   D. 图片

55. PowerPoint 2003 内置了一组_____的动作按钮。

    A. 未定义   B. 预定义   C. 需要定义   D. 可定义

56. 在幻灯片中插入_____，在播放幻灯片时使用它可以执行不同的操作。

    A. 图片   B. 声音   C. 自定义动画   D. 动作按钮

57. 在 PowerPoint 2003 中，"_____"菜单含有"动作按钮"子菜单。

    A. 文件   B. 视图   C. 幻灯片放映   D. 窗口

58. 在 PowerPoint 2003 中，单击需要的动作按钮，鼠标指针将变为_____。

    A. 十字形   B. 手形   C. 竖线   D. I 形

59. 在 PowerPoint 2003 中，通过"_____"菜单可以建立超链接。

    A. 文件   B. 编辑   C. 插入   D. 工具

60. 在 PowerPoint 2003 中，建立超链接有两种方法，通过"幻灯片放映"菜单的"_____"和"插入"菜单的"超链接"。

    A. 动作设置   B. 动作按钮   C. 自定义动画   D. 预设动画

61. 在 PowerPoint 2003 中，在"动作设置"对话框的"_____"下拉列表中可选择链接的新目标。

    A. 超链接　　　B. 超链接到　　　C. 超链接至　　　D. 超链接于

62. 在 PowerPoint 2003 中，从"幻灯片放映"菜单中选择"＿＿＿＿"命令可以修改超链接。

    A. 自定义动画　　B. 动作设置　　C. 动画方案　　　D. 自定义放映

63. 在 PowerPoint 2003 中，如果想删除超链接，则可在"动作设置"对话框中选择"＿＿＿＿"单选按钮。

    A. 无动作　　　B. 超链接到　　　C. 对象动作　　　D. 放映动作

三、多项选择题（下列每题有 5 个选项，其中有 2 个或 2 个以上是正确的，请将其代号填写在横线空白处）

1. 在 PowerPoint 2003 中，母版中包含的信息有＿＿＿＿。

    A. 字形　　　　　B. 模板样式　　　C. 占位符大小和位置
    D. 背景设计　　　E. 配色方案

2. 在 PowerPoint 2003 中，幻灯片母版包括＿＿＿＿。

    A. 标题母版　　　B. 讲义母版　　　C. 备注母版
    D. 表格母版　　　E. 幻灯片母版

3. 在 PowerPoint 2003 中，幻灯片母版中的信息包括＿＿＿＿。

    A. 文字的格式　　B. 位置　　　　　C. 样式
    D. 项目符号的字符　E. 配色方案

4. 在 PowerPoint 2003 中，幻灯片母版中的占位符有＿＿＿＿。

    A. 对象区　　　　B. 标题区　　　　C. 日期区
    D. 页脚区　　　　E. 数字区

5. 在 PowerPoint 2003 中，演示文稿的外观由＿＿＿＿决定。

    A. 幻灯片母版　　B. 标题母版　　　C. 讲义母版　　　D. 备注母版

6. 在 PowerPoint 2003 中，讲义母版可以调整的占位符有＿＿＿＿。

    A. 日期区　　　　B. 页脚区　　　　C. 对象区
    D. 页眉区　　　　E. 数字区

7. 在 PowerPoint 2003 中，备注母版可以设置和调节＿＿＿＿。

    A. 图形项目　　　B. 文字　　　　　C. 幻灯片区域大小
    D. 幻灯片外观　　E. 配色方案

8. 在 PowerPoint 2003 中，关于幻灯片母版的说法有误的是＿＿＿＿。

    A. 更改母版，会影响所有基于该母版的幻灯片

B. 更改母版，不会影响基于该母版的幻灯片

C. 更改幻灯片，会影响母版

D. 更改幻灯片，不会影响母版

E. 应用了母版的幻灯片不能修改

9. 在 PowerPoint 2003 中，_____可以控制光标在表格单元格之间切换。

   A. Ctrl + Shift 键　　　　B. Shift + Tab 键　　　　C. Tab 键

   D. Shift 键　　　　　　　E. End 键

10. 在 PowerPoint 2003 中，"设置表格格式"对话框可以对表格的外观进行设置，包括_____。

    A. 边框样式　　　　　　B. 填充颜色　　　　　　C. 单元格中文本的内容

    D. 单元格中文本的位置　E. 单元格中的文本颜色

11. 在 PowerPoint 2003 中，在图表编辑状态下，使用"图表"菜单可以对_____进行设置。

    A. 图表的类型　　　　　B. 图表的大小　　　　　C. 图表选项

    D. 图例颜色　　　　　　E. 三维视图格式

12. 在 PowerPoint 2003 中，通过"组织结构图"工具栏中的"插入形状"可以插入_____。

    A. 上级　　　　　　　　B. 下属　　　　　　　　C. 同事

    D. 助手　　　　　　　　E. 领导

13. 将声音插入幻灯片中后，可以设置的播放方式包括_____。

    A. 幻灯片显示时自动开始播放

    B. 单击鼠标时开始播放

    C. 带有时间延迟的自动播放

    D. 双击鼠标时开始播放

    E. 鼠标划过时播放

14. 在 PowerPoint 2003 中，在"插入 CD 乐曲"对话框中没有_____设置项。

    A. 剪贴画选择　　　　　B. 播放选项　　　　　　C. 显示选项

    D. 音乐选择　　　　　　E. 控制选项

15. 在 PowerPoint 2003 中，"录音"对话框包括_____按钮。

    A. 后退　　　　　　　　B. 记录　　　　　　　　C. 停止

    D. 播放　　　　　　　　E. 暂停

16. 在 PowerPoint 2003 中，"选项"对话框的"安全性"选项卡可以设置_____权限

密码。

A. 打开　　　　　　　　B. 修改　　　　　　　　C. 移动

D. 复制　　　　　　　　E. 删除

17. 在 PowerPoint 2003 中，关于保护演示文稿的说法正确的是_____。

A. 只能设置打开权限密码

B. 只能设置修改权限密码

C. 可同时设置打开权限密码和修改权限密码

D. 打开权限密码和修改权限密码不能相同

E. 打开权限密码和修改权限密码可以相同

18. 正常放映演示文稿所必需的文件包括_____。

A. PowerPoint 播放器　　B. 所使用的字体　　C. 插入的图片的源文件

D. 嵌入的图表的源文档　　E. 嵌入的对象

19. 打包文稿一般不包括_____文件。

A. 链接的文件　　　　　B. PowerPoint 播放器

C. 嵌入的 TrueType 字体　　D. PowerPoint 帮助文件

E. PowerPoint 安装程序

20. 在 PowerPoint 2003 中，"选项"对话框的"编辑"选项卡可以设置_____。

A. 使用智能剪贴　　　　B. 最多可取消操作数

C. 最近使用的文件列表　　D. 打开权限密码

E. 显示粘贴选项按钮

21. 在 PowerPoint 2003 中，"选项"对话框的"保存"选项卡可以设置_____。

A. 允许快速保存　　　　B. 文件保存位置　　C. 嵌入 TrueType 字体

D. 使用智能剪贴　　　　E. 最多可取消操作数

22. 在 PowerPoint 2003 中，"选项"对话框的"亚洲"选项卡中"转换与字体相关的文本"不包括_____。

A. 中文（简体）　　　　B. 中文（繁体）　　C. 英文

D. 朝鲜语　　　　　　　E. 日语

23. 一般情况下，PowerPoint 2003 会检查_____。

A. 大写的一致性　　　　B. 字形的最大数目　　C. 标题文本的最大字号

D. 正文文本的最大字号　　F. 正文文本的最小字号

24. 在 PowerPoint 2003 中，预定义的动作按钮不包括_____。

A. 跳转到上一张　　　　B. 缩放　　　　　　　C. 显示时钟

D. 播放声音　　　　　　　E. 运行程序

25. 在 PowerPoint 2003 中,"动作设置"对话框中包括_____选项卡。
    A. 单击鼠标　　　　B. 双击鼠标　　　　C. 鼠标移过
    D. 鼠标移出　　　　E. 右击鼠标

26. 在 PowerPoint 2003 中,"动作设置"对话框可设置_____。
    A. 无动作　　　　　　　B. 超链接到下一张幻灯片
    C. 运行程序　　　　　　D. 播放声音　　　　E. 运行宏

27. 在 PowerPoint 2003 中,关于修改超链接的说法有误的是_____。
    A. 可只删除超链接,保留对象
    B. 可只删除对象,保留超链接
    C. 可修改链接目标
    D. 可修改链接对象
    E. 超链接只能修改一次

28. 对于包含超链接的对象,说法正确的是_____。
    A. 不能删除对象　　　　B. 不能删除超链接
    C. 可以只删除超链接　　D. 可以只删除对象,保留超链接
    E. 可以同时删除

操作技能辅导练习题

1. 考核要求

打开"素材库(高级)\考生素材1\文件素材5—1.ppt",将其以"高级5—1A.ppt"为文件名保存至考生文件夹中,进行以下操作:

(1) 母版的修改

1) 在幻灯片母版中,将其他幻灯片标题的样式设置为隶书、48 磅、加粗、浅橙色(RGB:255,153,0);文本样式设置为方正姚体、28 磅,行距为 1.5 行,段落间距为段前、段后 0 行。

2) 在标题母版中,将主标题的字体更改为华文中宋、66 磅、蓝色(RGB:0,0,255)、倾斜、加粗、有阴影,对齐方式为分散对齐。

(2) 动作与超链接设置

1) 设置超链接:按"样文5—1A"所示,将第一张幻灯片中的六项内容与相应幻灯片建立超链接。

2）设置动作按钮：按"样文5—1D"所示，在第五张幻灯片中插入链接到"最近观看的幻灯片"的动作按钮，为动作按钮填充"花束"的纹理效果，设置其高度和宽度均为2.5 cm。

（3）影片应用及效果处理

按"样文5—1B"所示，在第二张幻灯片中插入视频文件"素材库（高级）\考生素材2\视频素材5—1.wmv"，设置播放方式为单击鼠标播放，播放时缩放至全屏。

（4）表格和图表应用

按"样文5—1C"所示，在第四张幻灯片中插入组织结构图，并自动套用"原色"的图示样式；将幻灯片中的文本内容分别移动到组织结构图中，设置字体为宋体、18磅。

（5）选项设置

在"常规"选项中设置"链接声音文件不小于55KB"，用户信息中姓名为"考生"，缩写为"KS"。

（6）幻灯片打包

1）权限设置：设定修改文档的权限密码为"KSMM5－1"。

2）打包：完成以上各项操作后，对幻灯片进行打包，并以"高级5—1B"为文件夹名，保存至考生文件夹中。

样文5—1A：

样文5—1B：

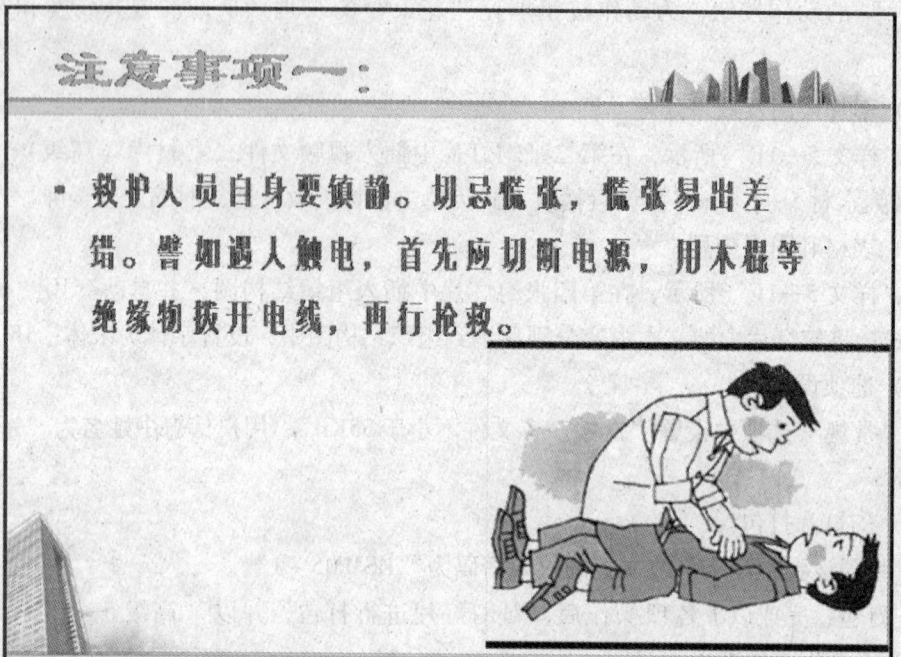

样文5—1C：

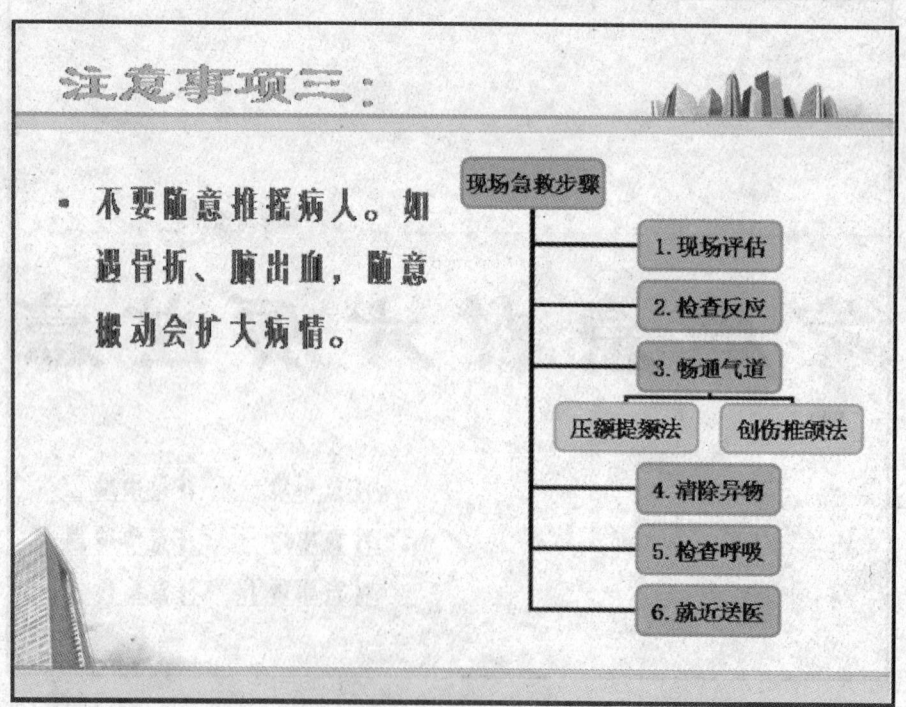

样文 5—1D：

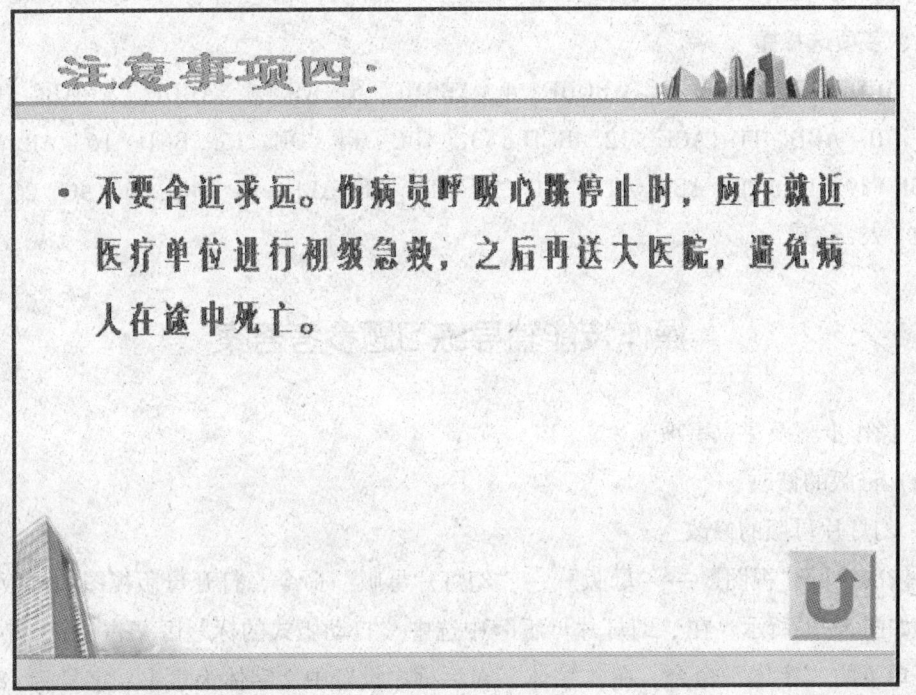

2. 考核时限

完成本题操作基本时间为 30 min；超出要求时间 5 min 内（含）扣 2 分，超出要求时间 5 min 以上停止操作。

参考答案
理论知识辅导练习题参考答案

一、判断题

1. × 2. √ 3. √ 4. × 5. √ 6. × 7. × 8. √ 9. × 10. √ 11. ×
12. × 13. √ 14. √ 15. √ 16. × 17. √ 18. √ 19. × 20. × 21. √
22. √ 23. × 24. √ 25. × 26. √ 27. √ 28. ×

二、单项选择题

1. D 2. B 3. D 4. D 5. A 6. C 7. D 8. C 9. C 10. A 11. D 12. C
13. C 14. B 15. C 16. D 17. A 18. D 19. D 20. D 21. D 22. C 23. C
24. B 25. A 26. C 27. A 28. B 29. D 30. B 31. A 32. B 33. C 34. A
35. C 36. A 37. B 38. B 39. A 40. A 41. B 42. D 43. A 44. C 45. B

46. B 47. C 48. A 49. B 50. D 51. A 52. C 53. C 54. B 55. B 56. D
57. C 58. A 59. C 60. A 61. B 62. B 63. A

三、多项选择题

1. ACDE 2. ABCE 3. ABCDE 4. ABCDE 5. AB 6. ABDE 7. ABC 8. BCE
9. BC 10. ABD 11. ACE 12. BCD 13. ABC 14. DE 15. BCD 16. AB 17. CE
18. ABE 19. DE 20. ABE 21. ABC 22. CE 23. ABE 24. BC 25. AC 26. ABCDE
27. BE 28. CE

操作技能辅导练习题参考答案

1. 操作步骤及注意事项

（1）母版的修改

1）幻灯片母版的修改

①依次执行"视图"→"母版"→"幻灯片母版"命令，打开母版视图和母版工具栏。

②如图5—1所示，在"幻灯片母版"中选中"自动版式的标题区"占位符，执行"格式"菜单下的"字体"命令。在"字体"对话框中设置中文字体为隶书、字号为48磅、字形为加粗、颜色为浅橙色（RGB：255，153，0），单击"确定"按钮。

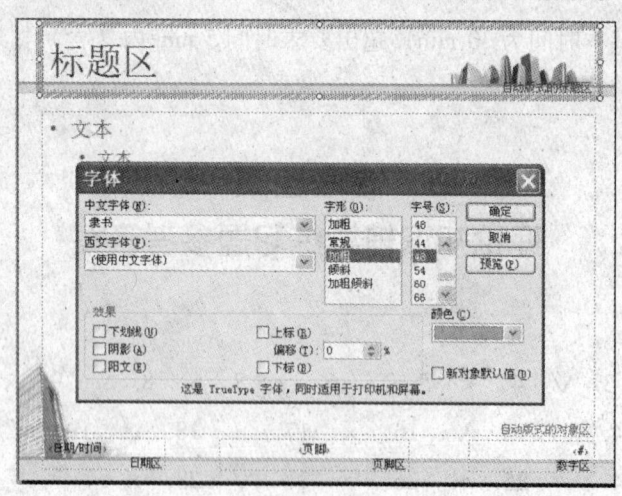

图5—1

③在"幻灯片母版"中选中"自动版式的对象区"占位符，执行"格式"菜单下的"字体"命令，设置中文字体为方正姚体、字号为28磅。

④如图5—2所示，执行"格式"菜单下的"行距"命令，在"行距"对话框中将行距设置为1.5行，段前间距为0行，段后间距为0行，单击"确定"按钮。

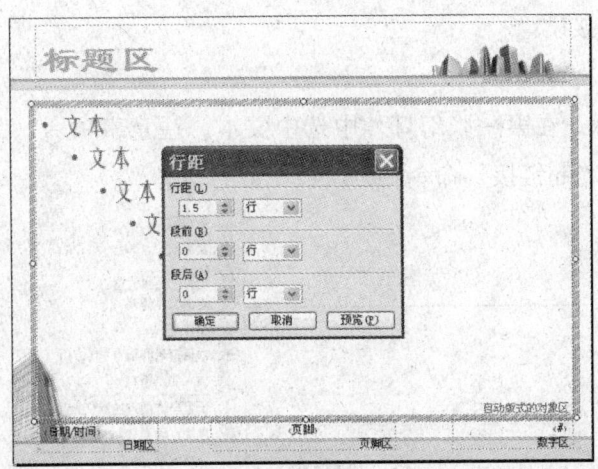

图 5—2

2) 标题母版的修改

①如图 5—3 所示,在"标题母版"中选中"自动版式的标题区"占位符,执行"格式"菜单下的"字体"命令。

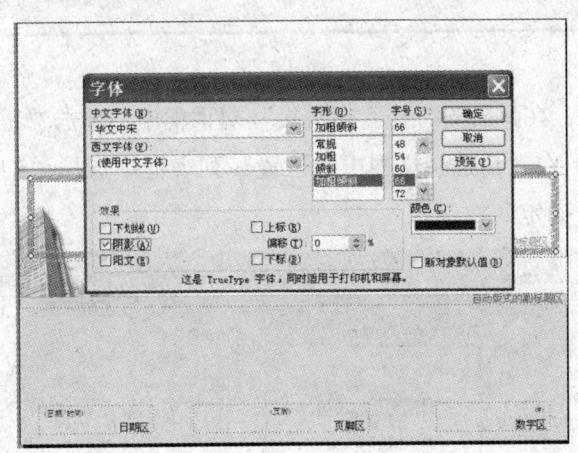

图 5—3

②在"字体"对话框中设置中文字体为华文中宋、字号为 66 磅、字形为加粗倾斜、颜色为蓝色(RGB:0,0,255),勾选"效果"选项下的"阴影"项,单击"确定"按钮。

③单击"格式"工具栏中的"分散对齐"按钮,完成对齐方式的设置。

④如图 5—4 所示,单击"幻灯片母版视图"工具栏中的"关闭母版视图"按钮,切换至普通视图方式。

图 5—4

（2）动作与超链接设置

1）设置超链接

①如图 5—5 所示，在第一张幻灯片中选中文本"注意事项一"，然后单击鼠标右键，在弹出的菜单中选择"超链接"命令。

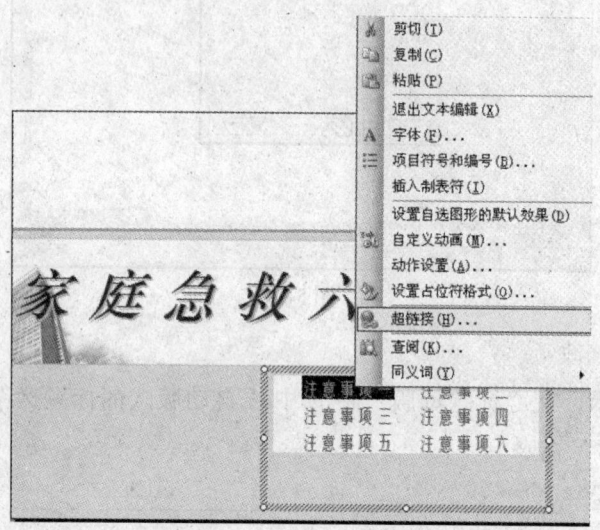

图 5—5

②如图 5—6 所示，在弹出的"插入超链接"对话框中，单击"链接到"列表下的"本文档中的位置"选项，在"请选择文档中的位置"列表框中选择"幻灯片标题"下的"2. 注意事项一"，单击"确定"按钮。

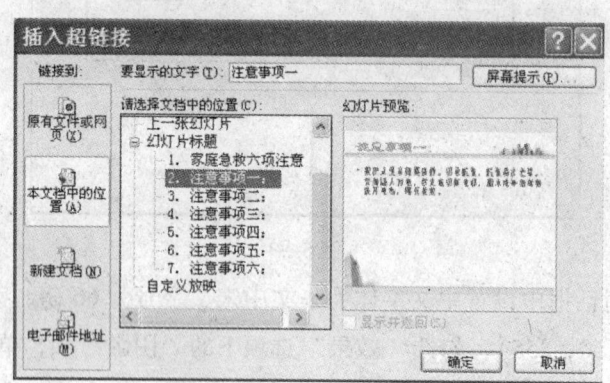

图 5—6

③使用相同的方法，将第一张幻灯片中的文本"注意事项二"链接到"3. 注意事项二:"，将文本"注意事项三"链接到"4. 注意事项三:"，将文本"注意事项四"链接到"5. 注意事项四:"，将文本"注意事项五"链接到"6. 注意事项五:"，将文本"注意事项六"链接到"7. 注意事项六:"。

2）设置动作按钮

①切换至第五张幻灯片，执行"幻灯片放映"菜单下的"动作按钮"命令，在下拉列表中选择动作按钮"上一张"（ ），此时的鼠标变成"十字"状，在幻灯片的适当位置单击鼠标左键，在弹出的"动作设置"对话框中，设置单击鼠标时超链接到"最近观看的幻灯片"，如图5—7所示。

②鼠标双击已插入的动作按钮，弹出如图5—8所示的"设置自选图形格式"对话框，在"颜色和线条"选项卡下的"颜色"下拉列表中选择"填充效果"命令。在弹出的"填充效果"对话框的"纹理"选项卡中选择"花束"的纹理效果，单击"确定"按钮。

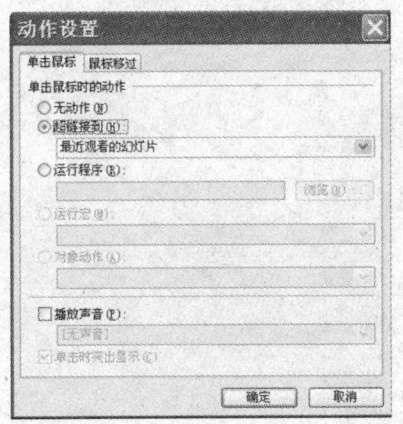
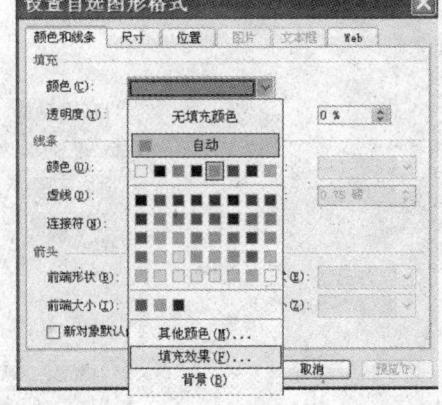

图5—7　　　　　　　　　　　　图5—8

③在"设置自选图形格式"对话框中的"尺寸"选项卡下，将图片的高度和宽度都调整为"2.5厘米"，如图5—9所示，单击"确定"按钮。

（3）影片应用及效果处理

1）切换至第二张幻灯片，依次执行"插入"→"影片和声音"→"文件中的影片"命令，打开"插入影片"对话框。

2）在"查找范围"下拉列表框中选择"素材库（高级）\考生素材2\视频素材5—1.wmv"，单击"插入"按钮，弹出如图5—10所示的对话框，选择"在单击时"开始播放影片。

3）执行"幻灯片放映"菜单下的"自定义动画"命令，面板右侧会打开"自定义动画"任务窗格，如图5—11所示。

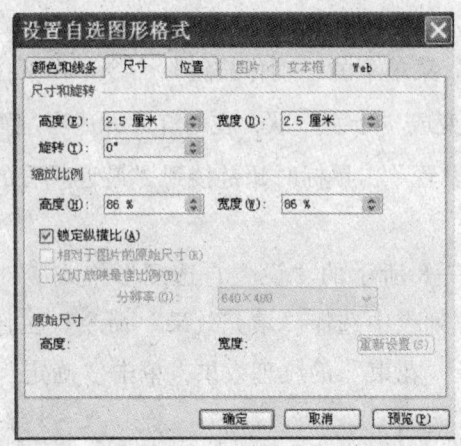
图 5—9

图 5—10

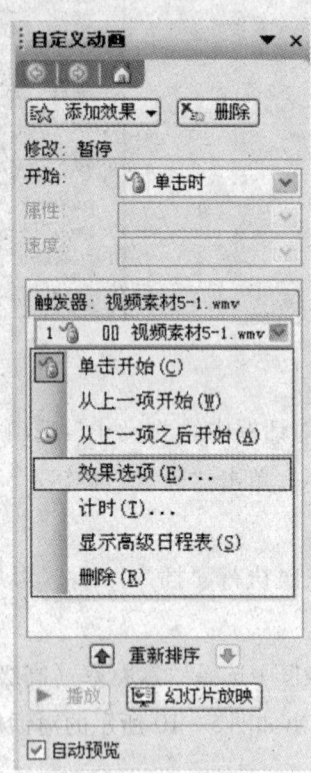
图 5—11

4）单击"视频素材 5—1. wmv"右侧的下拉箭头，在下拉菜单中选择"效果选项"命令，弹出如图 5—12 所示的"暂停影片"对话框。在"电影设置"选项卡下，勾选"缩放至全屏"显示选项，单击"确定"按钮完成设置。

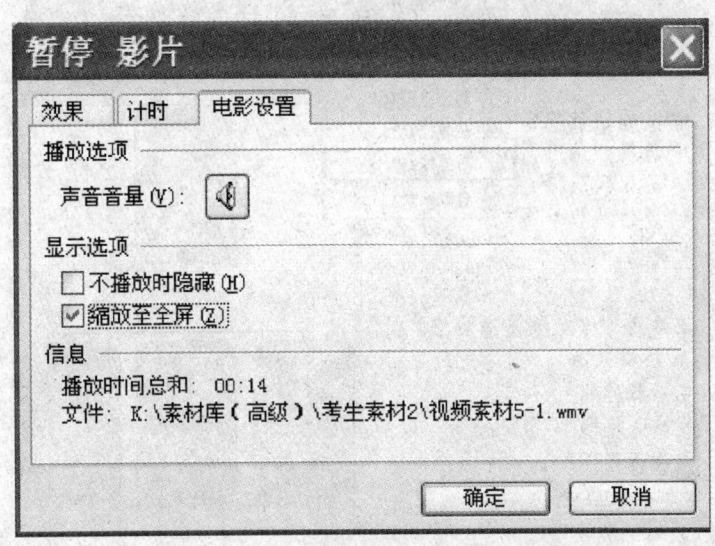

图 5—12

（4）表格和图表应用

1）切换至第四张幻灯片，执行"插入"菜单下的"图示"命令，弹出如图 5—13 所示的"图示库"对话框，从图示类型中选择用于显示层次关系的"组织结构图"，单击"确定"按钮。

图 5—13

2）如图 5—14 所示，执行"组织结构图"工具栏中"版式"菜单下的"右悬挂"命令。

3）如图 5—15 所示，选中组织结构图的首层，执行"组织结构图"工具栏中"插入形状"菜单下的"下属"命令，共插入三个下属层即可。

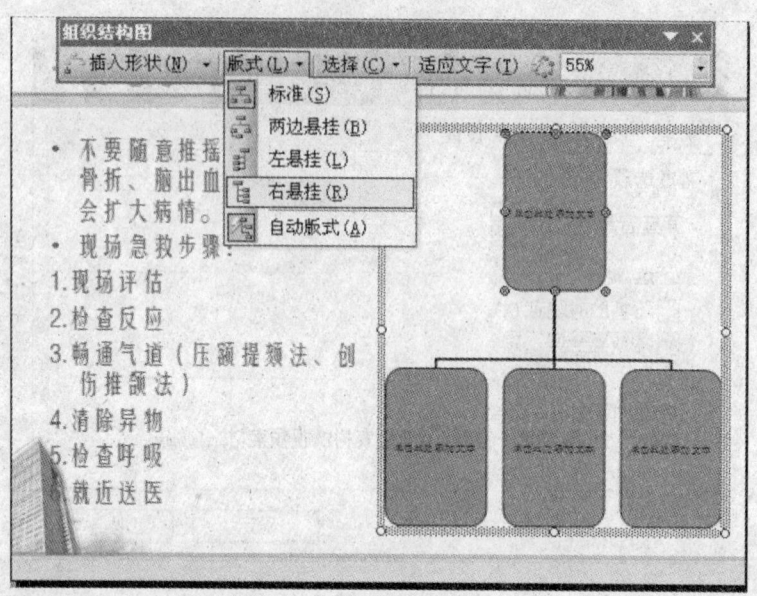

图 5—14

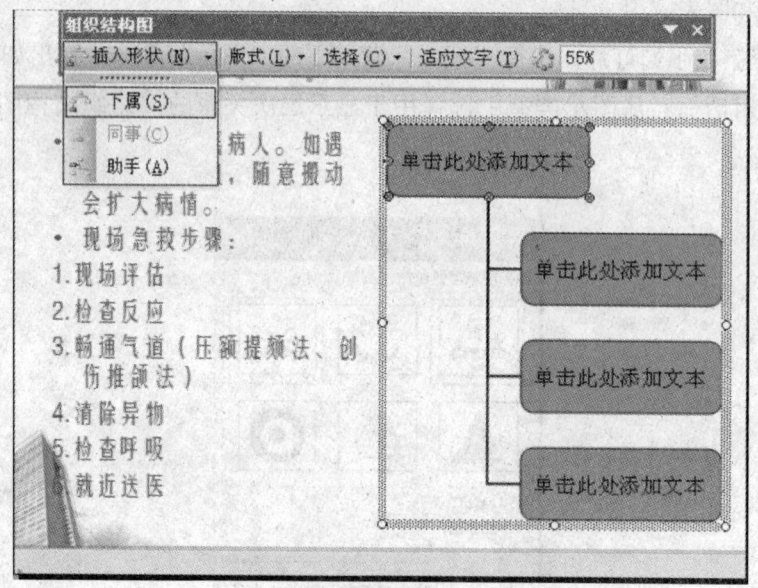

图 5—15

4）如图 5—16 所示，选中第三个下属层图形，执行"组织结构图"工具栏中"插入形状"菜单下的"下属"命令，共插入两个下属层即可。

5）选中整个组织结构图，执行"组织结构图"工具栏中的"自动套用格式"（ ）命令，弹出如图 5—17 所示的"组织结构图样式库"对话框，在图示样式列表中选择"原色"，单击"确定"按钮。

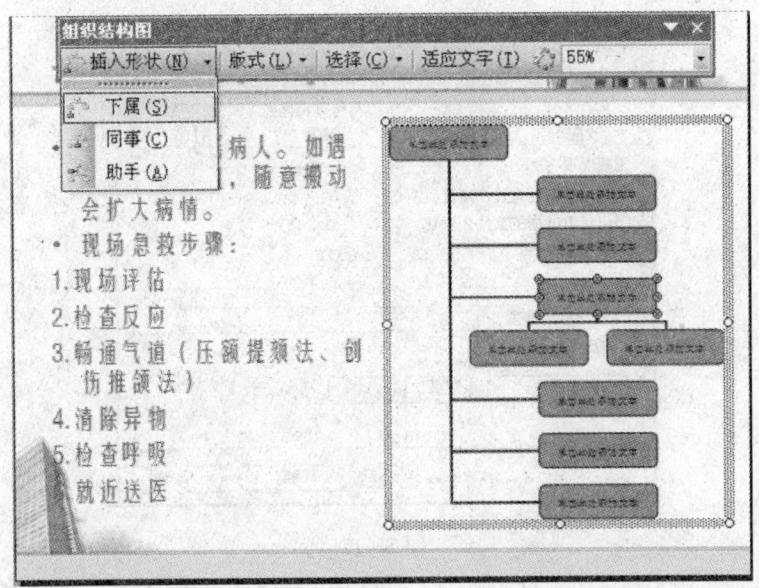

图 5—16

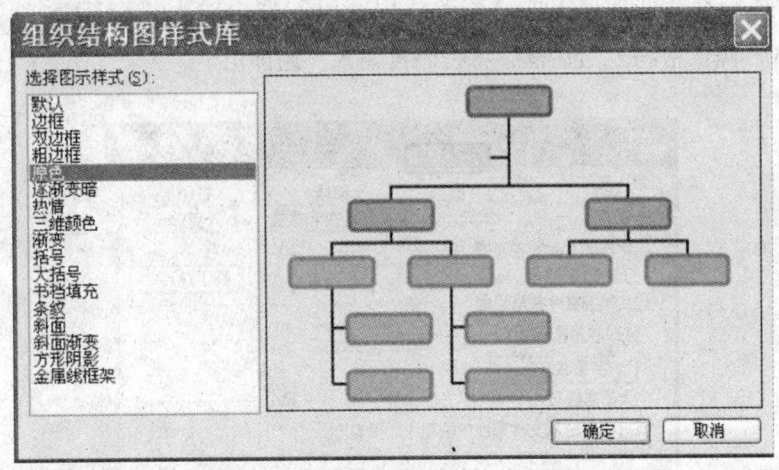

图 5—17

6）按照样文所示，依次选中文本内容，直接拖拽至组织结构图中相应的位置。最后，选中整个组织结构图，执行"格式"菜单下的"字体"命令，将字体设置为宋体、18 磅。

（5）选项设置

执行"工具"菜单下的"选项"命令，弹出如图 5—18 所示的"选项"对话框，在"常规"选项卡下，将"链接声音文件不小于"调整至"55KB"，在"用户信息"选项下输入姓名为"考生",缩写为"KS"。

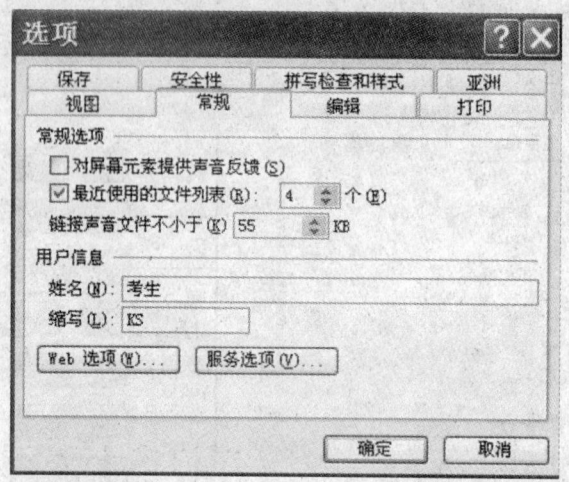

图 5—18

(6) 幻灯片打包

1) 权限设置:执行"工具"菜单下的"选项"命令,弹出如图 5—19 所示的"选项"对话框,在"安全性"选项卡下的"修改权限密码"框中输入"KSMM5－1",单击"确定"按钮弹出"确认密码"对话框,将密码再输入一遍即可。

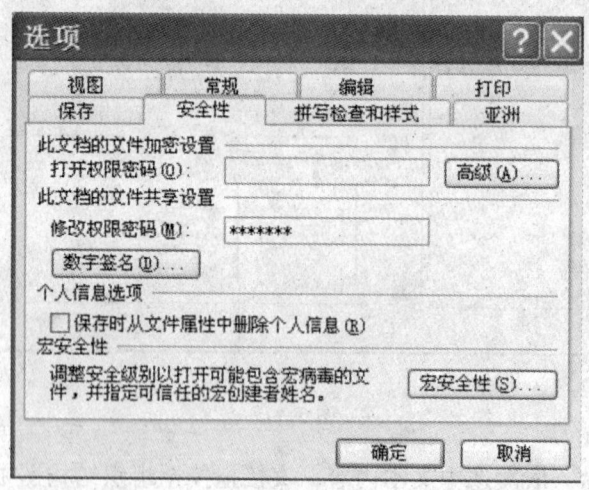

图 5—19

2) 打包:执行"文件"菜单下的"打包成 CD"命令,在弹出的"打包成 CD"对话框中单击"复制到文件夹"按钮,弹出如图 5—20 所示的"复制到文件夹"对话框,在"文件夹名称"文本框中输入"高级 5—1B",单击"确定"按钮即可。

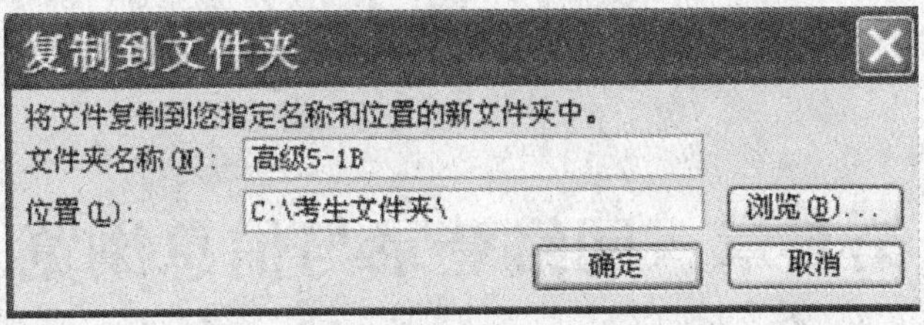

图 5—20

2. 评分项目及标准

评分项目	评分要点	配分	评分标准及扣分
母版操作	母版的修改	3 分	母版修改操作正确得 3 分，否则不得分
动作按钮与超链接设计	超链接设置	5 分	正确设置超链接得 3 分，否则不得分
	动作按钮设置		正确设置动作按钮得 2 分，否则不得分
影片和声音处理	插入影片	3 分	插入影片操作正确得 1 分，否则不得分
	影片处理		影片处理效果正确得 2 分，否则不得分
表格和图表应用	组织结构图插入与设置	3 分	组织结构图类型选择正确得 1 分，否则不得分
			组织结构图版式选择正确得 1 分，否则不得分
			组织结构图样式设置正确得 1 分，否则不得分
选项设置	常规选项设置	2 分	常规选项设置正确得 2 分，否则不得分
幻灯片打包	权限设置	4 分	权限设置正确得 2 分，否则不得分
	幻灯片打包		幻灯片打包操作正确得 2 分，否则不得分

第6章　网络登录与信息浏览

考 核 要 点

考核范围	理论知识考核要点	操作技能考核要点
配置和管理电子邮箱	1. 掌握账户设置的更改 2. 掌握多用户的管理 3. 掌握 Outlook Express 选项的设置 4. 掌握电子邮件的导入、导出和备份	1. 能设置电子邮件属性和其他选项 2. 能备份、导入和导出电子邮件
使用搜索引擎	1. 掌握搜索引擎的作用 2. 掌握搜索的技巧 3. 掌握通配符的应用 4. 掌握指定网站的搜索 5. 掌握其他搜索的应用	1. 能进行限定内容搜索 2. 能进行限定条件搜索
创建和维护博客	1. 掌握博客的概念 2. 掌握博客的操作	1. 能创建博客 2. 能设置博客页面 3. 能发布博客内容 4. 能修改博客页面

重点复习提示

一、配置和管理电子邮箱

1. 账户设置的更改

（1）选择"工具"菜单的"账户"菜单项，屏幕上显示"Internet 账户"对话框。

（2）选择要更改的账户，然后单击"属性"按钮，屏幕弹出其属性对话框。在"常规"选项卡下可以在"邮件账户"框中输入电子邮件账户的名称，在"姓名"框中可以指定用户的显示姓名,在"电子邮件地址"框中输入用户的电子邮件地址。

(3) 在"服务器"选项卡中,可以在"服务器信息"栏中输入接收邮件服务器的地址(POP3)和发送邮件服务器(SMTP)的地址;在"接收邮件服务器"栏中指定用于登录电子邮箱的账号名和密码,以发送和接收电子邮件。

2. 多用户的管理

如果一台计算机有多个人在使用,而用户又不希望自己的电子邮件被他人看到,此时可以使用 Outlook Express 的多用户管理功能。

启动 Outlook Express,单击"文件"菜单的"标识"子菜单下的"添加新标识"菜单项,可以实现多用户管理。退出 Outlook Express 时,需要选择"文件"菜单下的"切换标识"菜单项,然后在"切换标识"对话框中单击"注销标识"按钮退出 Outlook Express。如果没采用"注销标识"的方式退出 Outlook Express,则下次启动时将以上次关闭时使用的标识直接进入 Outlook Express 的操作界面。

3. Outlook Express 选项的设置

(1) 阻止垃圾邮件

用户可以通过将垃圾邮件地址添加到"阻止发件人"的名单中,来屏蔽这些垃圾邮件。单击 Outlook Express 窗口"工具"菜单,选择"邮件规则"子菜单下的"阻止发件人名单"菜单项,可以进行阻止垃圾邮件的操作。

(2) 设置电子邮件保存的位置

选择"工具"菜单的"选项"菜单项,屏幕上显示"选项"对话框。在"维护"选项卡下单击"存储文件夹"按钮,在弹出的"存储位置"对话框中可以设置电子邮件保存的位置。

(3) 定时收取邮件

选择"工具"菜单的"选项"菜单项,屏幕上显示"选项"对话框。在"常规"选项卡下,选中"每隔 30 分钟检查一次新邮件"复选框,同时可以修改检查的时间间隔。

4. 电子邮件的导入、导出和备份

(1) 导入电子邮件

在 Outlook Express 中使用"文件"菜单的"导入"子菜单下的"邮件"命令,可以导入由其他应用程序管理的电子邮件。

(2) 导出电子邮件

如果需要将 Outlook Express 中的邮件导出到 Microsoft Outlook 或 Microsoft Exchange 中,可以单击"文件"菜单的"导出"子菜单下的"邮件"命令。

(3) 邮件的备份

选择"工具"菜单的"选项"菜单项，在弹出的"选项"对话框中选择"维护"选项卡，单击"存储文件夹"按钮，可以观察到电子邮件保存的位置。进入保存邮件的文件夹窗口，将需要备份的文件复制备份即可。

二、使用搜索引擎

1. 搜索引擎的作用

搜索引擎是对因特网上的信息资源进行搜集整理，然后供用户查询的系统，一般包括信息搜集、信息整理和用户查询三部分。从用户的角度来看，搜索引擎是一个提供信息"检索"服务的网站，它使用某些程序把因特网上的海量信息归类整理，可以帮助用户在茫茫网海中搜寻到所需要的信息。

2. 搜索的技巧

（1）一般来说，搜索引擎中使用" "（空格）表示"与"的概念。

（2）一般来说，搜索引擎中使用"－"表示"非"的概念，例如，"A－B"表示搜索包含 A 但没有 B 的网页。

这里的"－"号是英文字符，而不是中文字符。此外，操作符与作用的关键字之间不能有空格。

（3）一般来说，搜索引擎中使用大写的"OR"表示"或"的概念。

（4）一般来说，搜索引擎中使用"""（英文引号）表示"精确匹配"。

（5）如果需要使用某一常见字词才能获得需要的结果，可以在该字词前面放一个"＋"号，从而将其包含在查询字词中。

3. 通配符的应用

很多搜索引擎支持通配符号，如"＊"代表一连串字符，"?"代表单个字符等。

4. 指定网站的搜索

可以使用"site"表示搜索范围局限于某个具体网站或某个域名。

site 后的冒号为英文字符，而且冒号后不能有空格。此外，网站域名不能有"http://"前缀，也不能有任何"/"的目录后缀；网站频道则只局限于"频道名.域名"方式，而不能是"域名/频道名"方式。

如果是要排除某网站或者域名范围内的页面，只需用"－网站/域名"。

5. 其他搜索的应用

（1）在指定类型的文件中搜索

可以使用"filetype:"指定要搜索的文件类型。

(2) 搜索的关键字包含在 URL 链接中

可以使用"inurl："语法，返回的网页链接中包含第一个关键字，后面的关键字则出现在链接中或者网页文档中。"inurl："后面不能有空格。

(3) 搜索的关键字包含在网页标题中

可以使用"intitle："对网页的标题进行查询。网页标题就是 HTML 标记语言 <title> </title> 之间的部分。

(4) 图片搜索

在 Google 首页单击"图片"链接就进入了 Google 的图片搜索界面。可以在关键字栏内输入描述图像内容的关键字。Google 的图片搜索支持基本的搜索语法，如" ""-""OR""site："和"filetype："。

三、创建和维护博客

1. 博客的概念

"博客"（Blog 或 Weblog）一词源于"Web Log（网络日志）"的缩写，是一种十分简易的傻瓜化个人信息发布方式。一般有战争博客、日记博客、知识博客、新闻博客、专家博客、技术博客、群体博客、移动博客、视频博客、音频博客、图片博客、法律博客、文摘博客。

2. 博客的操作

(1) 博客页面的设置

1) 在自己博客的页面上可以编辑一个自己喜欢的博客名字，单击"保存"即可。

2) 单击"管理博客"，可以进入管理主页，在这里可以按照菜单提示对自己的博客进行管理和信息的维护。

(2) 发布博客内容

1) 进入自己的博客主页，单击"发表文章"，可以进入文章发表界面，在里面可以输入要发表的文章。

2) 内容写好后，可以对文章的字体、字号、颜色等进行设置。

3) 可以单击"发表文章"来发表文章，或单击"保存草稿"对文章进行暂时的保存，但并不发表，直至文章修改满意以后再进行发表。发表的文章还可以进行投稿分类。

理论知识辅导练习题

一、**判断题**（下列判断正确的请在括号中打"√"，错误的请在括号内打"×"）

1. 在设置电子邮箱账户时，POP3 是指接收邮件服务器。（ ）
2. 如果一台计算机有多个人在使用，而不希望自己的电子邮件被他人看到，可以使用 Outlook Express 的多用户管理功能。（ ）
3. 如果没采用"切换标识"的方式退出 Outlook Express，则下次启动时将以上次关闭时使用的标识直接进入操作界面。（ ）
4. 用户可以通过将垃圾邮件地址添加到"阻止发件人"名单中，来屏蔽这些垃圾邮件。（ ）
5. Outlook Express 不必将电子邮件从网络下载到自己的硬盘中就可以阅读。（ ）
6. 在 Outlook Express 中使用"文件"菜单的"导入"子菜单下的"邮件"命令，用户可以导入由其他应用程序管理的电子邮件。（ ）
7. 如果用户需要备份所有邮件以便用于其他计算机，可以选择"文件"菜单的"选项"菜单项。（ ）
8. 在 Internet 中查找需要信息的有效方法是使用查询引擎。（ ）
9. 搜索引擎一般包括信息搜集、信息整理和用户查询三部分。（ ）
10. 搜索引擎操作符与作用的关键字之间不能有空格。（ ）
11. 一般来说，搜索引擎中使用中文字符的"－"表示"非"的概念。（ ）
12. 一般来说，搜索引擎中使用""""（英文引号）表示"精确匹配"。（ ）
13. 如果需要使用某一常见字词才能获得需要的结果，用户可以在该字词前面放一个"－"号，从而将其包含在查询字词中。（ ）
14. 在搜索引擎中搜索信息时，"windows client"表示检索结果中含有"windows"或"client"。（ ）
15. 如果要排除某网站或域名范围内的页面，只需使用"－网站/域名"。（ ）
16. 搜索时"site"后的冒号为中文字符。（ ）
17. 搜索时"inurl:"后面必须有空格。（ ）
18. 网页标题就是 HTML 标记语言 <title> </title> 之间的部分。（ ）
19. "播客"是"Web Log（网络日志）"的缩写。（ ）
20. 许多博客是个人心中所想之事的发表。（ ）
21. 博客的页面上的名字不能修改。（ ）

二、**单项选择题**（下列每题有 4 个选项，其中只有 1 个是正确的，请将其代号填写在横线空白处）

1. 在设置电子邮箱账户时，POP3 是指_____。
   A. 接收邮件服务器　　　　　B. 发送邮件服务器
   C. 登录电子邮箱的账号名　　D. 登录电子邮箱的密码

2. 在设置电子邮箱账户时，SMTP 是指_____。
   A. 接收邮件服务器　　　　　B. 发送邮件服务器
   C. 登录电子邮箱的账号名　　D. 登录电子邮箱的密码

3. 在"_____"栏中指定用于登录电子邮箱的账号名和密码，以发送和接收电子邮件。
   A. 接收邮件服务器　　　　　B. 发送邮件服务器
   C. 登录电子邮箱的账号名　　D. 登录电子邮箱的密码

4. 启动 Outlook Express，单击"文件"菜单的"_____"子菜单下的"添加新标识"菜单项，可以实现多用户管理。
   A. 权限　　　B. 标识　　　C. 预览　　　D. 搜索

5. 设置多用户管理后，退出 Outlook Express 时，需要选择"文件"菜单下的"_____"菜单项。
   A. 切换标识　　B. 注销标识　　C. 添加新标识　　D. 关闭标识

6. 如果没采用_____的方式退出 Outlook Express，则下次启动时将以上次关闭时使用的标识直接进入操作界面。
   A. 切换标识　　B. 注销标识　　C. 添加新标识　　D. 关闭标识

7. Outlook Express 可以通过"_____"菜单的"邮件规则"子菜单来阻止垃圾邮件。
   A. 工具　　　B. 编辑　　　C. 视图　　　D. 插入

8. Outlook Express 首先将电子邮件从网络下载到_____中，然后才供用户阅读和管理。
   A. 硬盘　　　B. U 盘　　　C. 软件　　　D. 光盘

9. 通过选择"_____"菜单的"选项"菜单项可以设置电子邮件保存的位置。
   A. 工具　　　B. 编辑　　　C. 视图　　　D. 插入

10. 在 Outlook Express 中使用"_____"菜单的"导入"子菜单下的"邮件"命令，用户可以导入由其他应用程序管理的电子邮件。
    A. 文件　　　B. 编辑　　　C. 视图　　　D. 插入

11. 如果需要将 Outlook Express 中的邮件导出到 Microsoft Outlook，可以使用

"_____"菜单的"导出"子菜单下的"邮件"命令。

  A. 文件   B. 编辑   C. 视图   D. 插入

12. 如果用户需要备份所有邮件以便用于其他计算机,可以选择"_____"菜单的"选项"菜单项。

  A. 文件   B. 编辑   C. 工具   D. 插入

13. _____是对因特网上的信息资源进行搜集整理,然后供用户查询的系统。

  A. 搜索引擎   B. 邮件系统   C. IE   D. 博客

14. 在因特网上查找需要信息的有效方法是使用_____。

  A. 搜索引擎   B. 邮件系统   C. 博客   D. 网站

15. 一般来说,搜索引擎中使用"_____"表示"与"的概念。

  A. 空格   B. +   C. -   D. =

16. 一般来说,搜索引擎中使用"_____"表示"非"的概念。

  A. 空格   B. +   C. -   D. =

17. "A-B"表示搜索_____的网页。

  A. 包含A但不包含B   B. 包含B但不包含A

  C. 既包含A也包含B   D. 既不包含A也不包含B

18. 一般来说,搜索引擎中使用"_____"表示"或"的概念。

  A. 空格   B. +   C. -   D. OR

19. 一般来说,搜索引擎中使用"_____"表示"精确匹配"。

  A. ""   B. ""   C. ;   D. !

20. 一般来说,搜索引擎中用"_____"代表一连串字符。

  A. *   B. ?   C. ;   D. !

21. 一般来说,搜索引擎中用"_____"代表单个字符。

  A. *   B. ?   C. ;   D. !

22. 在搜索引擎中输入"computer. book",检索的结果最可能是_____。

  A. 结果满足computer和book其中的一个条件

  B. 结果中满足computer和book两个条件

  C. 结果中满足computer. book这个条件,而不是满足computer或book任何一个条件

  D. 结果中包含computer或book

23. 使用"_____"表示搜索范围局限于某个具体网站。

  A. site: B. filetype: C. inurl: D. intitle:

24. 搜索指定的网站时，网站频道需使用"＿＿＿＿"方式。
    A. 域名/频道名   B. 频道名．域名
    C. 域名．频道名   D. 频道名/域名

25. 搜索指定的网站时，＿＿＿＿。
    A. 要有"http://"前缀
    B. 要有任何"/"的目录后缀
    C. 要使用"域名/频道名"方式
    D. 要使用"频道名．域名"方式

26. 可以使用"＿＿＿＿"指定要搜索的文件类型。
    A. site：   B. filetype：   C. inurl：   D. intitle：

27. 使用"＿＿＿＿"语法返回的网页链接中包含第一个关键字，后面的关键字则出现在链接中或者网页文档中。
    A. site：   B. filetype：   C. inurl：   D. intitle：

28. 可以使用"＿＿＿＿"对网页的标题进行查询。
    A. site：   B. filetype：   C. inurl：   D. intitle：

29. ＿＿＿＿是"Web Log"的缩写。
    A. Blog   B. 播客   C. 网页   D. 邮件

30. 博客的功能不包括＿＿＿＿。
    A. 写日记   B. 发照片   C. 发视频   D. 发邮件

31. 下列关于博客设置的说法不正确的是＿＿＿＿。
    A. 进入自己的博客主页，可以"发表文章"
    B. "保存草稿"也可发表文章
    C. 发表文章时，用户可对文章的字体等进行设置
    D. 发表的文章可以进行投稿分类

32. 单击"管理博客"，可以进入管理主页，用户不可以＿＿＿＿。
    A. 发表文章   B. 维护个人首页
    C. 管理文章   D. 管理邮件

三、**多项选择题**（下列每题有4个选项，其中有2个或2个以上是正确的，请将其代号填写在横线空白处）

1. 更改账户设置时，下列说法正确的是＿＿＿＿。
    A. 在"邮件账号"框中输入电子邮件账号的名称
    B. 在"姓名"框中可以指定用户的显示姓名

C. 在"电子邮件地址"框中输入用户的电子邮件地址

D. 可以通过选择"工具"菜单的"账号"菜单项进行设置

2. 使用 Outlook Express 中"工具"菜单的"选项"菜单项可以_____。

   A. 设置电子邮件保存的位置　　　B. 阻止垃圾邮件

   C. 设置定时收取邮件　　　　　　D. 在服务器保留邮件备份

3. Outlook Express 中的邮件可以导出到_____。

   A. Microsoft Outlook　　　　　　B. Microsoft Exchange

   C. Microsoft Word　　　　　　　D. Microsoft Excel

4. 搜索引擎一般包括_____三部分。

   A. 信息搜集　　B. 信息整理　　C. 用户查询　　D. 信息传送

5. 下列关于搜索引擎的说法正确的是_____。

   A. 能对因特网上的信息资源进行搜集整理

   B. 包括信息搜集、信息整理和用户查询三部分

   C. 是一个提供信息"检索"服务的网站

   D. 帮助用户在茫茫网海中搜寻到所需要的信息

6. 下列关于搜索方法的说法正确的是_____。

   A. 使用空格表示"与"的概念

   B. 使用"-"表示"非"的概念

   C. 操作符与作用的关键字之间不能有空格

   D. 大写的"OR"表示"或"的概念

7. 下列关于搜索引擎通配符的说法不正确的是_____。

   A. "*"代表一连串字符　　　　　B. "?"代表一连串字符

   C. "?"代表单个字符　　　　　　D. "*"代表单个字符

8. 下列关于搜索指定网站的说法正确的有_____。

   A. 使用"site:"表示搜索范围局限于某个具体网站

   B. site 后的冒号为英文字符

   C. site 的冒号后不能有空格

   D. 网站域名不能有"http://"前缀

9. Google 可以搜索微软的_____文档。

   A. .xls　　　B. .ppt　　　C. .doc　　　D. .pdf

10. Google 的图片搜索支持基本的搜索语法,包括_____。

    A. "-"　　　B. "OR"　　　C. "site:"　　　D. "filetype:"

11. 博客的内容包括_____。

    A．超级链接   B．评论   C．日记   D．照片

12. 博客的种类包括_____。

    A．日记博客   B．知识博客   C．新闻博客   D．技术博客

13. 发表文章时，用户可对文章的_____等进行设置。

    A．字体   B．字号   C．颜色   D．对齐方式

14. 单击"管理博客"，可以进入管理主页，用户可以_____。

    A．发表文章   B．维护个人首页

    C．管理文章   D．管理博客

操作技能辅导练习题

【试题1】创建和维护博客

1．考核要求

（1）登录新浪（http://blog.sina.com.cn）申请博客，账号为"考生姓名的拼音缩写+准考证号后四位"，密码为"KS1234"。

（2）登录上一步申请的博客，为博客选用两栏版式，选择"自然景观"中的第一种作为博客的风格。

2．考核时限

完成本题操作基本时间为20 min；超出要求时间5 min内（含），从本题总分中扣除10%，超出要求时间5 min以上停止操作。

【试题2】配置和管理电子邮箱

1．考核要求

（1）对Outlook Express的回执方式进行设置：在安全接收选项中启用"为所有数字签名的邮件请求安全回执"功能，并且"询问我是否发送安全回执"。

（2）运行Microsoft Office Outlook，将"素材库（高级）\ 考生素材3\ 文件素材6—1.pst"导入至个人文件夹中，用导入的项目替换重复的项目。

2．考核时限

完成本题操作基本时间为20 min；超出要求时间5 min内（含），从本题总分中扣除10%，超出要求时间5 min以上停止操作。

【试题3】搜索引擎的应用

1．考核要求

登录百度网（http://www.baidu.com），利用高级搜索功能搜索全部关键词为"老师"、任意关键词为"敬爱、园丁、教师"的所有网页和文件，搜索结果每页显示 50 条，限定网页时间为最近一周，网页语言为简体中文。

2. 考核时限

完成本题操作基本时间为 20 min；超出要求时间 5 min 内（含），从本题总分中扣除 10%，超出要求时间 5 min 以上停止操作。

参考答案

理论知识辅导练习题参考答案

一、判断题

1. √ 2. √ 3. × 4. √ 5. × 6. √ 7. × 8. × 9. √ 10. √
11. × 12. √ 13. × 14. √ 15. √ 16. × 17. × 18. √ 19. × 20. √
21. ×

二、单项选择题

1. A 2. B 3. A 4. B 5. A 6. B 7. A 8. A 9. A 10. A 11. A 12. C
13. A 14. A 15. A 16. C 17. A 18. D 19. A 20. A 21. B 22. C 23. A
24. B 25. D 26. B 27. C 28. D 29. A 30. D 31. B 32. D

三、多项选择题

1. ABCD 2. AC 3. AB 4. ABC 5. ABCD 6. ABCD 7. BD 8. ABCD
9. ABC 10. ABCD 11. ABCD 12. ABCD 13. ABCD 14. ABCD

操作技能辅导练习题参考答案

【试题 1】

1. 操作步骤及注意事项

（1）创建博客

1）如图 6—1 所示，登录新浪博客首页（http://blog.sina.com.cn），单击"开通博客"按钮，进入"注册新浪博客"页面。

2）如图 6—2 所示，在登录邮箱文本框中输入常用邮箱，创建密码为"KS1234"，昵称为"考生姓名的拼音缩写 + 准考证号后四位"（此处以考生名为"李明"、准考证号后四位为"0001"为例），单击"完成"按钮。

第6章 网络登录与信息浏览

图 6—1

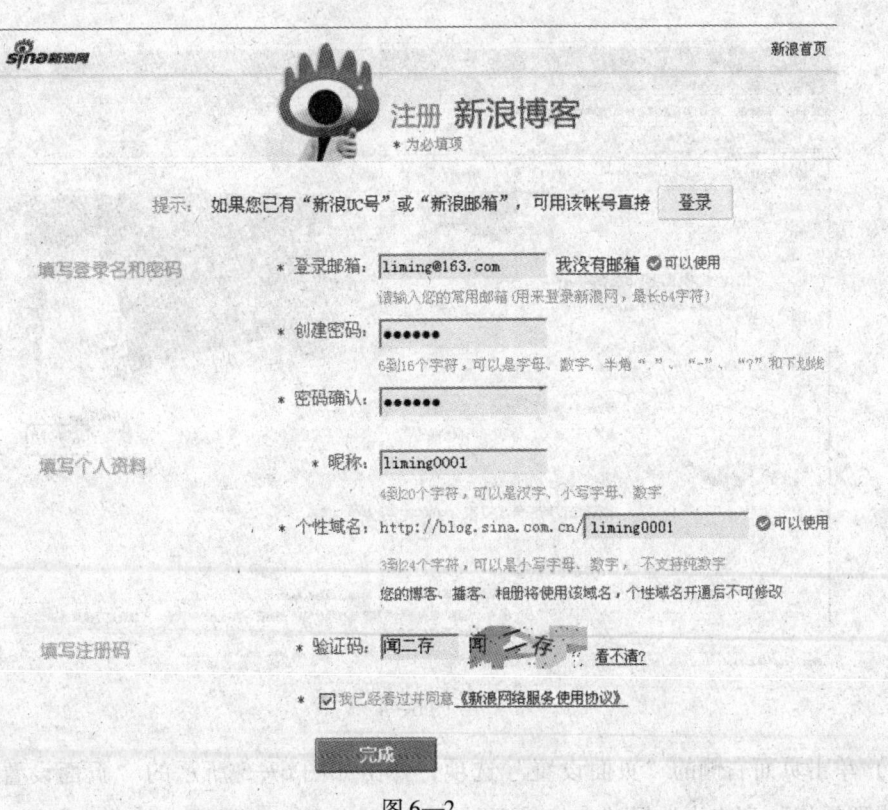

图 6—2

3）至此，已完成注册，页面会跳转至如图6—3所示。此时，只需到常用邮箱中去激活此新浪账户即可。

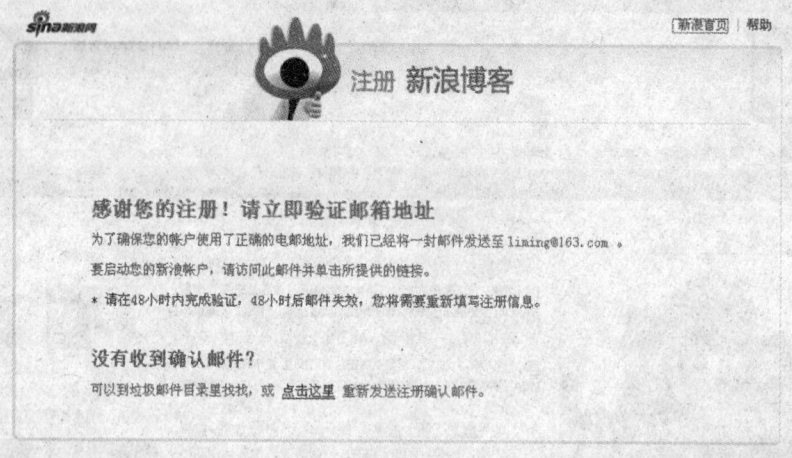

图6—3

（2）维护博客

1）账户被激活后，页面会自动跳转至如图6—4所示的博客页面。

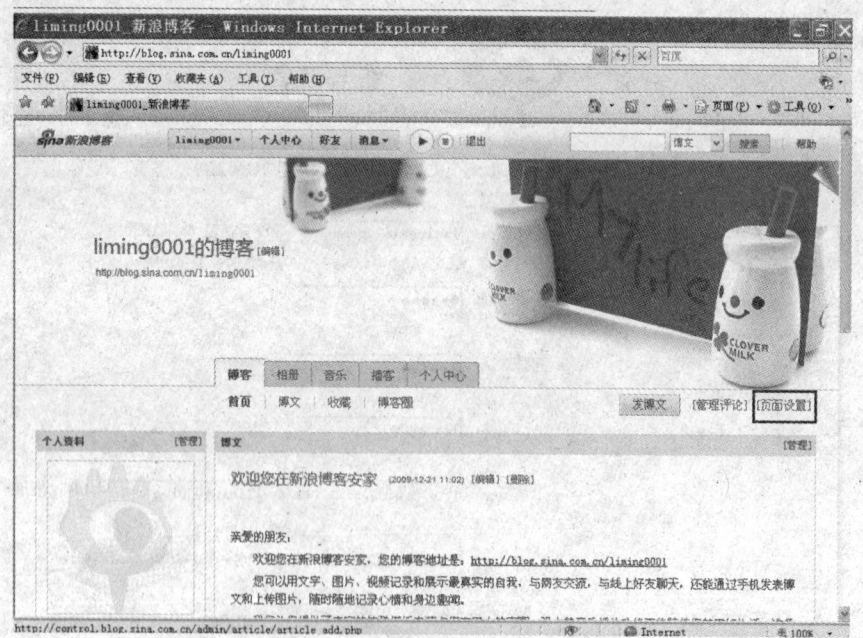

图6—4

2）单击页面右侧的"页面设置"选项，弹出如图6—5所示的"页面设置"对话框，在"设置风格"列表中选择"自然景观"选项，选中第一种风格，单击"保存"按钮。

第6章 网络登录与信息浏览

图6—5

3）如图6—6所示，在"页面设置"对话框中的"设置博客首页版式"选项卡下，选择"两栏版式"，单击"保存"按钮。

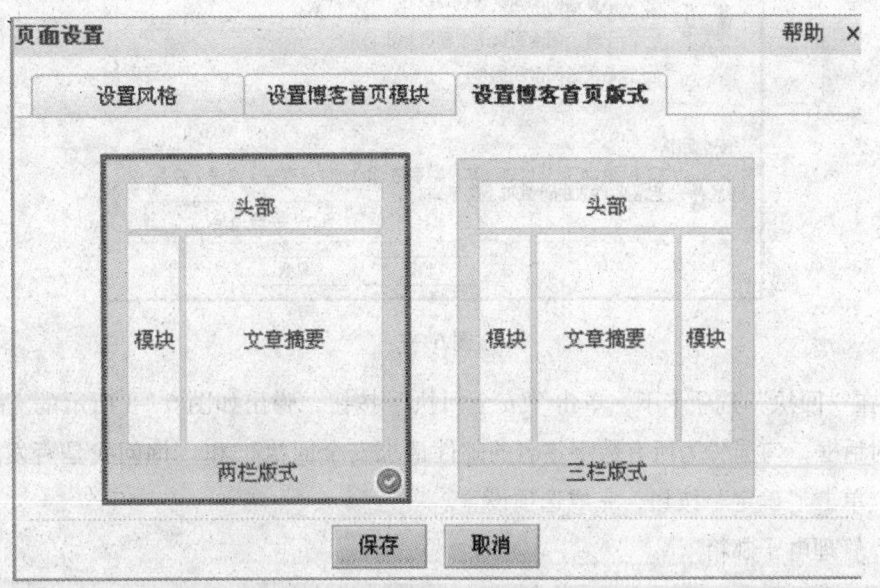

图6—6

2. 评分项目及标准

评分项目	评分要点	配分	评分标准及扣分
创建和维护博客	创建博客	5分	按要求正确申请博客得3分，否则不得分
	维护博客		按要求正确设置博客风格得1分，否则不得分
			按要求正确设置博客版式得1分，否则不得分

【试题2】

1. 操作步骤及注意事项

（1）配置电子邮箱

1）启动 Outlook Express，执行"工具"菜单下的"选项"命令，弹出如图6—7所示的"选项"对话框。

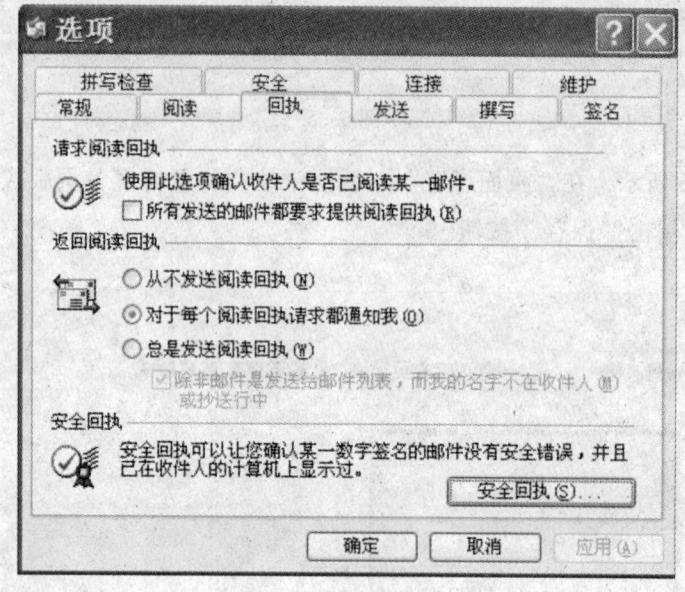

图 6—7

2）在"回执"选项卡下，单击"安全回执"按钮，弹出如图6—8所示的"安全接收选项"对话框，勾选"为所有数字签名的邮件请求安全回执"和"询问我是否发送安全回执"项，单击"确定"按钮，完成选项设置。

（2）管理电子邮箱

1）启动 Microsoft Office Outlook，执行"文件"菜单下的"导入和导出"命令，弹出如图6—9所示的"导入和导出向导"对话框。

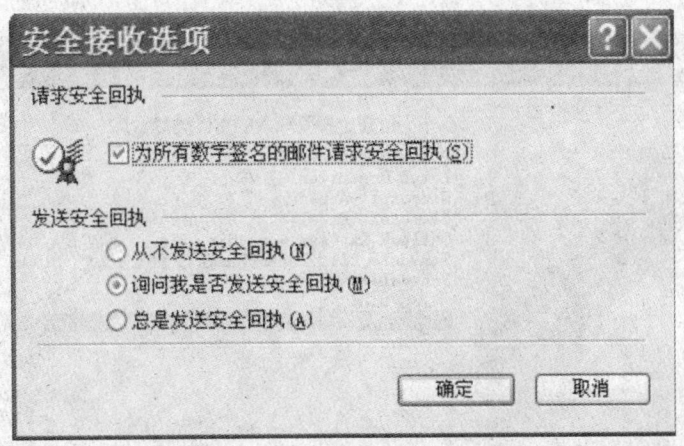

图 6—8

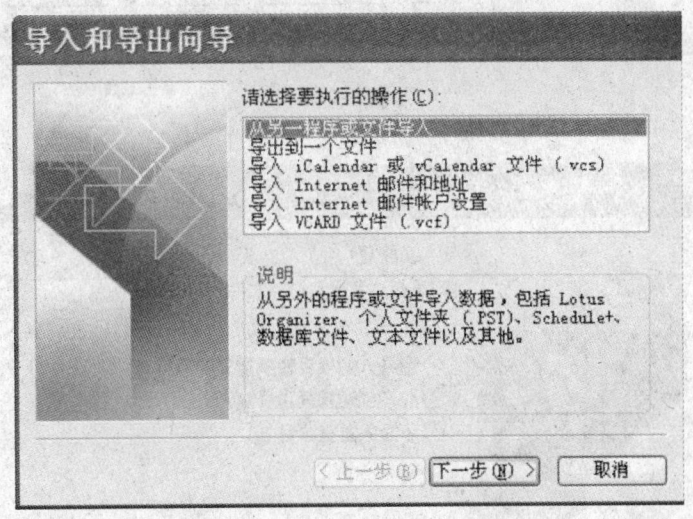

图 6—9

2）在"请选择要执行的操作"列表框中选择"从另一程序或文件导入"选项，单击"下一步"按钮。

3）如图 6—10 所示，在"导入文件"对话框中，选择"个人文件夹文件（.pst）"的文件类型，单击"下一步"按钮。

4）如图 6—11 所示，在"导入个人文件夹"对话框中，选择"用导入的项目替换重复的项目"选项。单击"浏览"按钮，在"打开个人文件夹"对话框的"查找范围"下拉列表中选择"素材库（高级）\ 考生素材 3 \ 文件素材 6—1.pst"，单击"下一步"按钮。

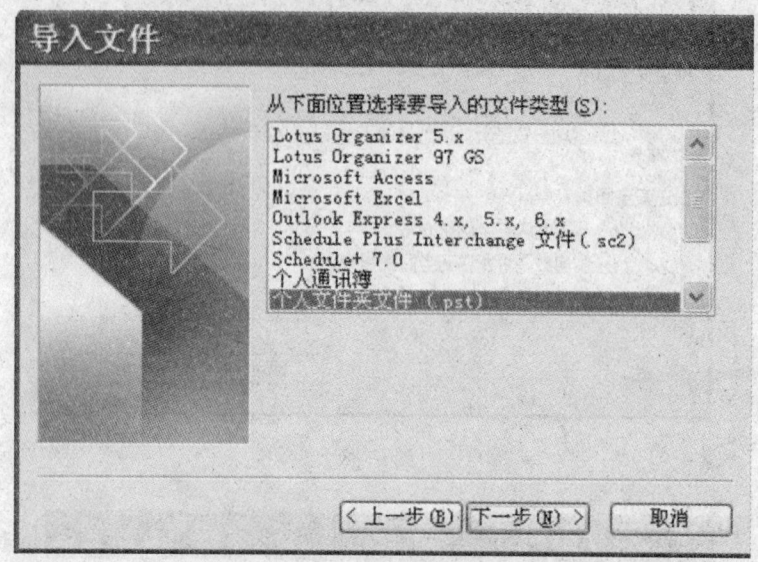

图 6—10

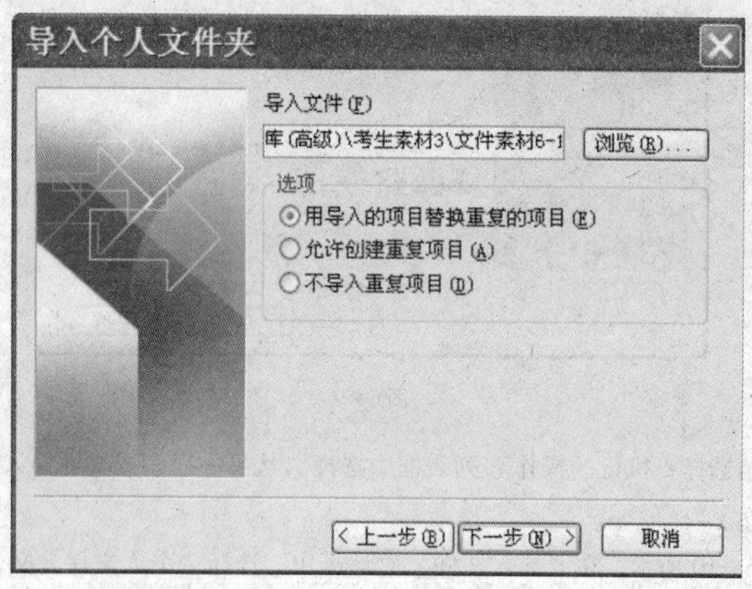

图 6—11

5）如图 6—12 所示，在"导入个人文件夹"对话框的"从下面位置选择要导入的文件夹"列表中选中"个人文件夹"，并且勾选"包括子文件夹"复选框，单击"完成"按钮。

第6章 网络登录与信息浏览

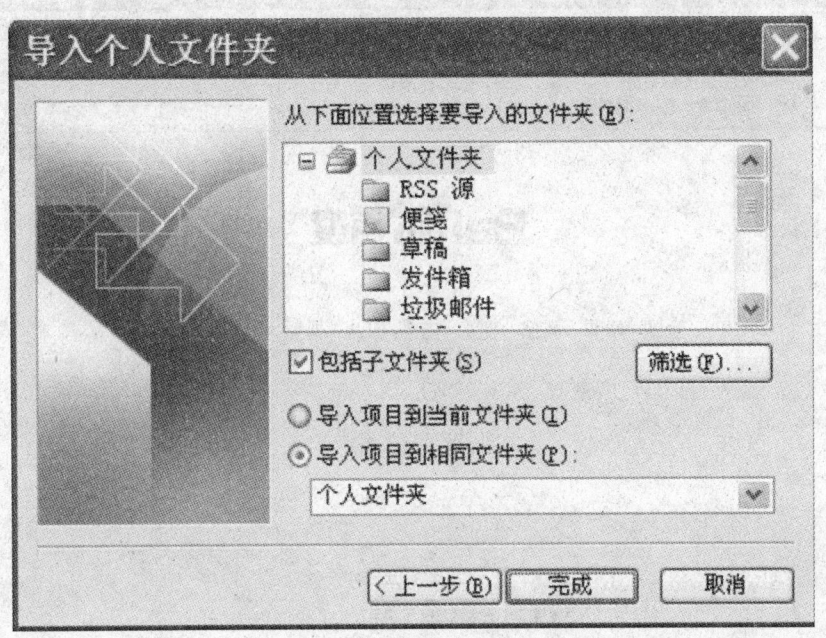

图6—12

2. 评分项目及标准

评分项目	评分要点	配分	评分标准及扣分
配置和管理电子邮箱	配置电子邮箱	5分	按要求正确配置电子邮箱得2分，否则不得分
	管理电子邮箱		按要求正确导入个人文件夹得3分，否则不得分

【试题3】

1. 操作步骤及注意事项

（1）打开网络浏览器，在地址栏中输入"www.baidu.com"，按Enter键，出现如图6—13所示的百度主页。

（2）单击搜索框后面的"高级"链接，弹出如图6—14所示的高级搜索页面。

（3）在"包含以下全部的关键词"文本框中输入"老师"，在"包含以下任意一个关键词"文本框中输入"敬爱 园丁 教师"，选择搜索结果显示的条数为"每页显示50条"，限定要搜索的网页的时间为"最近一周"，限定搜索网页语言为"仅在简体中文中"，限定搜索网页格式是"所有网页和文件"。

（4）以上设置完成后，单击"百度一下"按钮，即可搜索出所要的结果。

图 6—13

图 6—14

2. 评分项目及标准

评分项目	评分要点	配分	评分标准及扣分
搜索引擎的高级应用	百度的高级搜索	5分	按要求正确设置限定内容、条件得5分，否则每错一处扣1分

第7章 办公信息综合处理

考 核 要 点

考核范围	理论知识考核要点	操作技能考核要点
办公软件间创建工作区	1. 掌握网页的基本概念 2. 掌握保存文档为 Web 网页的方法 3. 掌握网页的类型 4. 掌握 Word 文档的批量转换 5. 掌握演示文稿的发布 6. 掌握工作表的发布	1. 能将文档发布成网页 2. 能将演示文稿发布成网页 3. 能将电子表格发布成网页
办公软件间信息传递	1. 掌握发送文档到演示文稿的方法 2. 掌握数据库的导入	1. 能将文档内容发送到演示文稿中 2. 能在电子表格中读入数据库的内容
创建与保存数据库	1. 掌握数据库的概念 2. 掌握数据库管理系统的概念 3. 掌握数据库管理系统的功能 4. 掌握数据库应用系统的概念 5. 掌握 Access 数据库中的表 6. 掌握 Access 数据库中的窗体 7. 掌握 Access 数据库中的报表 8. 掌握 Access 数据库的其他组成部分 9. 掌握设计数据库的步骤 10. 掌握建立数据库的方法 11. 掌握数据库的保存	1. 能创建数据库 2. 能保存数据库

续表

考核范围	理论知识考核要点	操作技能考核要点
创建与保存表	1. 掌握创建表的步骤 2. 掌握数据类型的定义 3. 掌握字段的大小 4. 掌握"常规"选项卡的设置 5. 掌握主键的设置 6. 掌握使用向导创建表的步骤 7. 掌握表结构的修改 8. 掌握表记录的输入 9. 掌握表记录的删除 10. 掌握通过输入数据创建表的步骤	1. 能创建表 2. 能设置字段属性 3. 能输入数据
创建图表	1. 掌握图表的创建和删除 2. 掌握图表位置的移动 3. 掌握图表大小的调整 4. 掌握图表类型和数据系列的改变 5. 掌握创建图表的步骤 6. 掌握"源数据"对话框的使用	1. 能添加、删除形状 2. 能移动形状和调整形状大小 3. 能连接形状 4. 能设置形状格式
图表高级处理	1. 掌握绘图区格式的设置 2. 掌握趋势线的添加 3. 掌握趋势线的修改	1. 能进行精确绘图 2. 能对形状进行高级编辑
项目的跟踪、总览和打印	1. 掌握项目跟踪的目的 2. 掌握分析进度的工具 3. 掌握计划信息的含义 4. 掌握实际信息的含义 5. 掌握域的跟踪 6. 掌握 Project 2003 的视图 7. 掌握项目的总览 8. 掌握报表的使用 9. 掌握视图的打印 10. 掌握报表的打印	1. 能制作、跟踪、总览项目计划 2. 能格式化、打印视图和报表
项目的分析、调整和优化	1. 掌握项目内容的分析和优化 2. 掌握确定关键路径的方法 3. 掌握调整任务的方法 4. 掌握复制或移动任务的方法 5. 掌握删除任务的操作步骤 6. 掌握清除任务的操作步骤 7. 掌握更改任务链接的操作步骤 8. 掌握任务资源的分配	1. 能分析并重组任务 2. 能缩短工期、减少费用、调配资源

重点复习提示

一、办公软件间创建工作区

1. 网页的基本概念

网页通常是 HTML（超文本标记语言）格式（文件扩展名为 .html 或 .htm）的文件，它可以通过 Internet 用浏览器来阅读。将文档发布为 Web 页面可以使文档通过 Internet 传播，实现文档的共享。

2. 保存文档为 Web 网页的方法

用户可以将正在编辑的文档保存为网页文件，需使用"文件"菜单中的"另存为网页"命令。在保存为 Web 网页前，用户可以选择"文件"菜单中的"网页预览"命令，观看页面效果，并据此编辑调整。

3. 网页的类型

（1）单个文件网页

表示将要发布的网页文件保存为只有一个文件的网页，网页中的各种图片或其他对象将一并保存在该文件中，不需要另外建立一个文件夹来存放支持文件。

（2）网页

表示将已经编辑好的文档发布为标准的 Web 网页。

（3）筛选过的网页

若要减小 HTML 格式的网页的大小，可将其保存为经筛选的 HTML 格式，以删除 Microsoft Office 程序使用的标记。以后再打开该文件，虽然文本和显示方式会保持不变，但可能无法以通常的方式使用 Word 功能来编辑文件了。

4. Word 文档的批量转换

用户可以批量转换多个 Word 文档为 Web 页面，其操作步骤如下：

（1）单击"文件"菜单的"新建"命令，在屏幕上会弹出"新建文档"任务窗格，在其中单击"本机上的模板"超链接。

（2）屏幕弹出"模板"对话框，在其中选择"其他文档"选项卡。

（3）选择"转换向导"后，单击"确定"按钮，弹出"转换向导"对话框。然后可按照向导逐步完成操作。

5. 演示文稿的发布

PowerPoint 提供了直接将演示文稿保存为 Web 页面的功能。选择"文件"菜单中的

"网页预览"命令,可以在浏览器中预览网页的显示效果,浏览器的下方将出现 PowerPoint 工具条,从左到右的按钮依次是:显示/隐藏大纲、展开/折叠大纲、显示/隐藏备注、上一张幻灯片、下一张幻灯片和全屏幻灯片放映。

6. 工作表的发布

Excel 具有网页发布功能,利用它能够将工作簿或工作簿里的部分内容保存为 HTML 格式的网页文件。

(1) 打开要发布的工作表。

(2) 单击"文件"菜单中的"另存为网页"命令,打开"另存为"对话框。

(3) 单击"保存位置"下拉列表可以选择要保存到的文件夹,并在"文件名"编辑框中输入文件的名称。

(4) 在"保存"栏中可以选择将文件保存为工作簿还是工作表,这里选择工作表。如果勾选了"添加交互"复选框,则在 Web 页面中将添加 Excel 控制控件提供的排序等电子表格功能,否则将是静态的表格页面。

(5) 单击"更改标题"按钮,可以在"设置页标题"对话框中设置浏览器标题栏中显示的标题名。

(6) 单击"发布"按钮,可以打开"发布为网页"对话框,在其中选择发布内容等选项,然后单击"发布"按钮。

二、办公软件间信息传递

1. 发送文档到演示文稿的方法

(1) 在 Word 中打开文档。

(2) 单击"文件"菜单中的"发送"子菜单,再单击"Microsoft Office PowerPoint"命令。则每个标题 1 样式的段落都会成为新幻灯片的标题;每个标题 2 样式的段落都会成为第一级文本,依此类推。

同样,用户也可以使用 PowerPoint "文件"菜单中"发送"子菜单下的"Microsoft Office Word"命令将演示文稿发送为 Word 文档。

2. 数据库的导入

(1) 在 Excel 窗口中,单击"数据"菜单的"导入外部数据"子菜单下的"导入数据"命令,屏幕弹出"选取数据源"对话框。

(2) 在对话框中选择要导入电子表格的数据库文件,然后单击"打开"按钮,屏幕上会弹出"选择表格"对话框。用户可以在其中选择要导入电子表格的表。

(3) 单击"确定"按钮后,屏幕弹出"导入数据"对话框。用户可以选择将导入的数据放在当前工作表中还是新建立的工作表中。

（4）单击"确定"按钮，数据源中的数据将导入电子表格中。

三、创建与保存数据库

1. 数据库的概念

所谓数据库（Database 或 Data Base，简称 DB），就是为了满足某些需要，在计算机系统中按照一定的数据模型、数据结构等方式进行组织、存储和使用的互相关联的数据集合。

人们把数据库以文件形式存入磁盘（软盘、硬盘或磁带）中，数据库管理系统以文件形式对其进行调度管理。

2. 数据库管理系统的概念

数据库管理系统（Data Base Management System，简称 DBMS）是为数据库的建立、使用、管理和维护而配置的软件。用户使用的各种数据库命令以及应用程序的执行都要通过数据库管理系统。数据库管理系统还承担着数据库的维护工作，保证数据库的安全性和完整性。

3. 数据库管理系统的功能

不同的数据库管理系统提供的功能各有侧重，但一般都提供以下几个功能：

（1）定义数据库

根据用户设计的数据结构，建立数据库结构组织。

（2）存取数据

它包括很多基本操作，如输入、更新、插入、查询、删除、输出、统计、排序、索引等。

（3）数据库运行管理

所有数据库的操作都要在数据库管理系统的控制程序的统一管理下进行，以保证其正确运行，保证数据库正确、有效。

（4）数据库系统的维护

这是一项重要的工作，它包括数据库的转储、恢复、重组及性能监视、分析等。

（5）数据通信

数据通信功能实现数据库系统与用户程序及其之间的通信。

4. 数据库应用系统的概念

数据库应用系统是针对某一数据库管理而编制的一组应用程序，形成该数据库的应用系统。数据库应用系统是指数据库应用程序系统，它是针对某一个管理对象（应用）而设计的一个面向用户的软件系统，是建立在数据库基础上的，而且具有良好的交互操作性和用户界面。

以数据库为核心,并对其进行管理和应用的计算机系统称为数据库系统(Data Base System,简称 DBS)。国际标准化组织(ISO)公布的标准数据库语言是 SQL(Structured Query Language)。

5. Access 数据库中的表

数据表是将信息以表格方式排列的。每张表都由某一主题的信息组成,表中的每条记录包含数据库中的所有字段。表是数据库的基础,如果要保存数据,就要为所记录的信息创建一个表。

6. Access 数据库中的窗体

窗体是 Access 数据库的对象之一,可以在这种对象上放置控件,用于执行操作,或在字段中输入、显示、编辑数据。它是 Access 与用户交互的界面,具有多种功能,例如,创建数据输入窗体以显示、输入和修改数据,创建自定义对话框接收用户输入信息并执行相应的操作,利用窗体还可以制作菜单面板,控制应用软件的执行流程。

7. Access 数据库中的报表

报表是为计算、打印、分组和汇总数据而设计的一种数据库对象。它可以对数据进行排序和分组,同时还可以给出该组记录的各种统计数据。报表的大部分内容是从基表、查询或 SQL 语句中获得的,它们都是报表的数据来源。用户可以在报表中控制每个对象的大小和显示方式。

8. Access 数据库的其他组成部分

(1) 查询

利用查询可以通过不同的方法来查看、更改及分析数据,用户也可以将查询作为窗体和报表的数据来源。

(2) 数据访问页

在数据访问页中,可查看、添加、编辑及操作数据库中存储的数据。

(3) 模块

模块是指存储在一起作为一个命名单元的声明、语句和过程的集合。有两种类型的模块:标准模块和类模块。

(4) 宏

宏是指用来自动执行任务的一个操作或一组操作。

9. 设计数据库的步骤

一般合理、正确的设计都要经过以下步骤:

(1) 确定数据库的用途。

(2) 确定数据库中需要的字段。每个字段都是关于特定主题的信息，在确定需要哪些字段时，应该注意：字段要包含所有需要的信息；将信息分成最小的逻辑部分存储，不要创建容纳多项列表数据的字段；不要包含派生或计算得到的数据（如表达式的计算结果）；不要创建相互类似的字段。

(3) 确定数据库中需要的表。每个表应该只包含关于一个主题的信息。

(4) 确定每个字段属于哪个表。在确定每个字段属于哪个表时，应该注意只将字段添加到一个表中。

(5) 在每个记录中使用唯一值标识字段（一个或多个）。数据库中的每个表都必须包含表中唯一标识每个记录的字段或字段集。这种字段或字段集称为主键［具有唯一标识表中每条记录的值的一个或多个域（列）］，主键用来将表与其他表中的外键相关联，它不允许"什么也没有"（Null），并且必须始终具有唯一索引。

(6) 确定表与表之间的关系。

(7) 优化设计。

(8) 输入数据并创建其他数据库对象。

(9) 使用分析工具。"表分析器"能分析表的设计，建议新的表结构和关系，并在合理的情况下拆分原来的表。

10. 建立数据库的方法

根据不同的需要，有以下两种方法可以创建 Access 数据库：

(1) 建立空数据库，然后在空数据库中添加表，再根据表建立其他数据库对象。

(2) 用数据库向导建立数据库。在 Access 中，数据库向导提供了多种数据库模板，可以帮助用户快捷地建立起自己的数据库。数据库模板通过对话框定义了表、查询、窗体和报表等对象，并定义了它们之间的关系，但其中没有任何数据，数据部分需要用户自己输入。

11. 数据库的保存

要保存数据库可以选择"文件"菜单的"保存"命令，此时，当前正在编辑的对象将直接被保存。

如果要换名保存数据库中的对象，则可以执行如下操作：

(1) 在"数据库"窗口中打开或者选中要保存的对象。

(2) 选择"文件"菜单中的"另存为"命令，屏幕将弹出"另存为"对话框。

(3) 在上方的编辑框中输入对象要另存为的名称，在"保存类型"下拉列表中可以选择对象要保存的类型。

(4) 单击"确定"按钮，即可完成保存操作。

四、创建与保存表

1. 创建表的步骤

在创建表之前,首先应该打开要添加该表的数据库,然后在该数据库中添加表。不管是使用向导,还是使用视图,建立一个新表实际都包括以下操作:

(1) 建立一个新数据表。

(2) 输入每个字段的名称、数据类型和说明。

(3) 输入已定义的每个字段的属性。

(4) 设定主关键字。

(5) 为需要的字段建立索引。

(6) 保存定义的数据库结构。

2. 数据类型的定义

Access 总共有 10 种可用的数据类型:文本、备注、数字、日期/时间、货币、自动编号、是否、OLE 对象、超链接和查阅向导。

3. 字段的大小

文本的长度默认值为 50 个字符,最大值为 255 个字符。数字字段大小包括字节、整型、长整型、单精度型、双精度型、同步复制型、小数等设置。

4. "常规"选项卡的设置

在表设计视图的"常规"和"查阅"选项卡下可以设置字段属性。每一个字段都有自己的属性,并且每个数据类型的属性选项都有所不同。以下是部分属性的具体含义:

(1) 格式

"格式"属性可以设置数据的显示形式。

(2) 小数位数

可以设置数字或货币数据类型的小数位数。

(3) 标题

一个表被显示出来时,列标题的名字一般就是表的字段名。该名称可以是字母、数字、空格和符号的任意组合,长度最多为 255 个字符。

(4) 默认值

除了 OLE 对象之外的所有数据类型都有一个默认值。对于数字类型,其默认值为 0。"文本"和"备注"型数据默认值为 Null(空)。

(5) 有效性规则

字段的有效性规则可以限定用户输入数据值的范围,拒绝接收错误数据的输入。

（6）必填字段

如果将某字段设置为"必填字段"，表示记录的字段必须具有输入值。

（7）索引

索引将加速字段中搜索及排序的速度。

5．主键的设置

在保存表之前，最好再定义一个主键，建立主键有下列方法：

（1）选择要作为主键的字段后，单击"编辑"菜单栏中的"主键"命令。

（2）选择要作为主键的字段后，单击工具栏中的"主键"按钮 。

（3）右击要作为主键的字段，在快捷菜单中选择"主键"命令。

6．使用向导创建表的步骤

利用"表向导"可以根据向导程序给定的内容，通过对话框选择表的类型，确定表的字段、关键字及索引等，方便快捷地建立数据表。使用"表向导"创建表的过程如下：

（1）单击"数据库"窗口左面板上的"表"选项，再双击"使用向导创建表"，弹出"表向导"对话框。

（2）按照提示信息完成向导，即可建立需要的表了。

7．表结构的修改

（1）在表的结构中，字段是基本单位。单击"数据库"窗口左面板上的"表"选项，再选择要修改字段的表。

（2）单击工具栏中的"设计"按钮，即可在"设计"视图中打开相应的表。

（3）在"字段名称"列中可以修改字段的名称；在"数据类型"下拉列表中可以选择数据类型；在"说明"列中可输入此字段的说明。

（4）如果要插入新字段，可以单击"常用"工具栏的"插入行"按钮 ；如果要删除字段，可以选中要删除的字段后，单击"常用"工具栏上的"删除行"按钮 。

（5）单击工具栏上的"保存"按钮 ，保存所做的修改。

8．表记录的输入

从第一字段开始依次输入所需的数据，然后按 Tab 键转至下一个字段。在一条记录的末尾，按 Tab 键转至下一个记录。

9．表记录的删除

（1）在"数据库"窗口中打开一个表。

（2）单击行选定器选定要删除的一个记录。

（3）单击工具栏上的"删除记录"按钮 ，这时出现消息框。

(4) 单击"是"按钮删除选定的记录。

删除操作是不可恢复的操作，在删除记录之前要确认该记录是否是要删除的记录。在消息框中单击"否"按钮可以取消删除操作。

10. 通过输入数据创建表的步骤

用户可以通过直接输入字段名和数据来创建表，其操作步骤如下：

(1) 单击"数据库"窗口左面板上的"表"选项，再双击"通过输入数据创建表"，将弹出"表"窗口。

(2) 在窗口中可以直接输入表的数据。表默认的字段名为字段1、字段2、字段3……用户可以通过双击字段名来修改它。

五、创建图表

1. 图表的创建和删除

在创建完图表之后，还可以利用"图表"菜单对图表进行修改。图表可以作为一个整体进行编辑，例如选择图表、移动图表位置、改变图表大小、复制图表、删除图表等操作。另外，只要修改了工作表中的数据，则图表中对应的数据将会自动改变。

要删除作为对象插入的图表，只需选中该对象，然后按 Del 键删除即可；如果要删除作为新工作表插入的图表，则可以在选中图表所在的工作表后，单击"编辑"菜单的"删除工作表"命令，即可将图表所在的工作表删除。

2. 图表位置的移动

在创建作为对象插入的图表后，图表区域可能盖住数据区域，此时就需要调整图表的位置。用鼠标单击需要移动的图表，会看到图表四角及四边的中央出现黑色的标记。这时可按住鼠标左键，将其拖拽到指定位置。

3. 图表大小的调整

(1) 用鼠标单击要调整的图表，会看到在图表四周及四边中央都有黑色标记。

(2) 将鼠标指向黑色标记，指针会分别变为指向上下、左右、左对角线或右对角线的双向箭头。

(3) 按住鼠标左键，向内或向外拖拽鼠标，在拖拽过程中，Excel 用虚线表示图表大小。

(4) 松开鼠标，就得到改变大小后的图表。

4. 图表类型和数据系列的改变

(1) 图表类型的改变

如果要改变图表的类型，需单击鼠标左键选取图表，选择"图表"下拉菜单中的

"图表类型"命令，屏幕弹出"图表类型"对话框，在此对话框中可选择所需图表类型。

（2）图表数据系列的改变

数据系列是指在图表中绘制的相关数据点，这些数据源自数据表的行或列。图表中的每个数据系列具有唯一的颜色或图案并且在图表的图例中表示。可以在图表中绘制一个或多个数据系列。饼图只有一个数据系列。向图表中增加数据系列和数据点，可选择"编辑"菜单中的"复制"和"粘贴"命令来完成。

5. "源数据"对话框的使用

用户还可以使用"源数据"对话框，重新确定图表的数据区域。其操作步骤如下：

（1）右击图表，在快捷菜单中选择"源数据"命令，屏幕弹出"源数据"对话框。

（2）在对话框的"数据区域"框中重新选择指定数据区域。

（3）单击"确定"按钮即可。

六、图表高级处理

1. 绘图区格式的设置

一个图表按其分布的面积可分为图表区、绘图区、图例区、坐标轴、网格线、数据系列和标题7个区域，当在图表上用鼠标移动到相应的区域时，系统将自动弹出一个提示，标明这个区域的名称。

在二维图表中，绘图区是指以坐标轴为界并包含全部数据系列的区域；在三维图表中，绘图区是指以坐标轴为界并包含数据系列、分类名称、刻度线和坐标轴标题的区域。

2. 趋势线的添加

在图表中，趋势线的作用是能够直观地表达出数据的变化趋势。若要给图表添加趋势线，可通过菜单栏里的"图表"→"添加趋势线"命令。

3. 趋势线的修改

（1）用鼠标右击趋势线，在弹出的快捷菜单里选择"趋势线格式"，打开"趋势线格式"对话框。

（2）在"图案"选项卡中，可以对趋势线的曲线样式、颜色和粗细进行修改设置。

（3）单击"选项"选项卡，将"显示公式"勾选上，即要求系统将这条趋势线的数学表示公式显示出来。

（4）最后，单击"确定"按钮即可。

七、项目的跟踪、总览和打印

1. 项目跟踪的目的

项目跟踪的目的就是要保证项目在现有资源的情况下按时交出合格的产品。通过项目跟踪，可以发现项目的偏离和问题，进而纠正偏离和解决问题，所以项目跟踪是项目控制的前提。

2. 分析进度的工具

在跟踪项目中的任务时，有五项可以用于分析进度的任务信息：

（1）工期

工期是指完成任务所需的有效工作时间的总范围。

（2）工时

对于任务，工时是指完成任务所需的人员总数；对于工作分配，工时是指分配给资源的工时量；对于资源，工时是指为完成所有任务而分配给资源的总工时量。

（3）开始日期

开始日期是指任务的计划开始日期。

（4）完成日期

完成日期是指任务的计划完成日期。

（5）成本

成本是指任务、资源或工作分配的计划总成本，或整个项目的计划总成本。

3. 计划信息的含义

计划信息也称为比较基准，是用于跟踪项目进度的最初项目计划。比较基准计划是在保存比较基准时得到的日程概况，它包括关于任务、资源和工作分配的信息。

用户在建立一个项目后，可以对项目进行精确调整。保存比较基准需单击"工具"菜单中"跟踪"子菜单下的"保存比较基准"命令。

4. 实际信息的含义

实际信息反映了任务最终的完成情况。它反映了该任务实际花费了多少成本、实际用了多少天、实际工期及实际开始日期和完成日期。

在用户输入有关正在进行的任务的实际信息后，系统将根据该信息进行重新计算，给出项目的排定信息。

5. 域的跟踪

用户可以在工作表视图添加跟踪域，以跟踪项目计划的进行情况。可通过单击"插入"菜单上的"列"命令来实现。用户还可设计有几个跟踪域的表，如"跟踪""工时""成本"和"差异",以便于跟踪项目的进度。

6. Project 2003 的视图

Project 2003 提供了任务视图、资源视图和组合图视图,它们可以用不同的格式显示在 Project 中输入的项目信息。

用户可以在"视图"菜单中选择不同的视图命令来切换到对应的视图,总览项目的不同信息。如果在"视图"菜单中单击"其他视图"命令,在弹出的"其他视图"对话框中,提供了更多的视图显示方式供用户选择。

7. 项目的总览

总览项目可以使用户对项目的整体情况有所了解。

8. 报表的使用

Project 2003 还提供了多个可以进行简单选择、预览和打印的内置报表。这些报表汇集了最常用的信息集,可以用来管理项目、调整资源、控制成本、分析潜在问题以及交流进度情况。

通过"视图"菜单下的"报表"命令,可以使用报表管理项目。报表的类型包括总览、当前操作、成本、工作分配、工作量、自定义。

9. 视图的打印

(1) 打开 Project 文档,并切换到需要的视图方式。

(2) 如果预定义视图无法完全满足需要,则可以应用不同的表或筛选器,更改任务、资源,得到包含需要信息的视图。

(3) 调整视图中的信息显示,最好能够适合单页显示。

(4) 在"文件"菜单上,单击"页面设置"命令,在"页面设置"对话框中进行页面设置。

(5) 使用"文件"菜单中的"打印预览"命令,在打印前预览视图,以便对其进行调整。

(6) 在"文件"菜单上,单击"打印"命令,弹出"打印"对话框。在"打印机""打印范围""副本"和"时间刻度"栏下设置所需的打印选项。如果要禁止在打印过程中手动插入分页符,则清除"手动分页符"复选框。

(7) 最后,单击"确定"按钮进行打印。

10. 报表的打印

打印报表要通过"视图"菜单上的"报表"命令来完成。打印报表前可以在"页面设置"对话框中进行页面设置,如更改页面方向、对页面进行缩放、更改纸张大小等。

八、项目的分析、调整和优化

1. 项目内容的分析和优化

在项目开始之后，可能需要检查和分析项目的进展情况，并对任务、资源或成本进行优化调整。分析和优化项目可以包括以下内容：

（1）分析项目计划以保证完成日期。分析并调整计划，以确保符合甚至缩短计划的完成日期。

（2）分析项目计划以优化其工作量。分析并检查项目计划的资源分配状况，以优化其工作量。

（3）分析项目计划以满足预算要求。分析并检查项目计划中的计划成本，以确保成本控制在预算范围之内。

2. 确定关键路径的方法

关键路径是为使项目按时完成而必须按时完成的系列任务。当关键路径上的最后一个任务完成时，整个项目也就随之完成了。查看关键路径的操作步骤如下：

（1）在"视图"菜单上，单击"其他视图"命令，屏幕弹出"其他视图"对话框。

（2）在对话框的"视图"列表中选择"详细甘特图"，再单击"应用"按钮，则可以查看在所有任务中显示的关键路径。

3. 调整任务的方法

如果不能保证目标按时完成，则可以调整日历、范围、任务和工作分配，从而更改关键路径任务，并最终保证完成日期。这里以调整任务为例进行介绍。

（1）更改任务的日期限制。

（2）更改关键路径上的任务工期。

（3）调整工作资源在关键任务上花费的时间，可缩短关键路径上某项任务的工期。

（4）如果一个任务包含多个可由不同资源同时处理的要素，则可以考虑拆分该任务。

（5）检查关键路径中各个任务间的关系（或相关性），查看是否有可以更改的错误链接或不必要的链接。

（6）调整已链接的任务之间的前置重叠时间和延隔时间，也会有助于保证完成日期。

4. 复制或移动任务的方法

（1）在"标识号"域中，选择要复制或移动的任务。如果要选择一组相邻的行，可以按住 Shift 键，然后单击该组的第一个标识号和最后一个标识号；如果要选择不相邻的几行，可以按住 Ctrl 键，然后单击各标识号。

（2）如果要移动任务，可以单击"编辑"菜单的"剪切任务"命令；如果要复制任务，可以单击"编辑"菜单的"复制任务"命令。

（3）在"标识号"域中，选择要粘贴所选任务的行。

（4）单击"编辑"菜单的"粘贴"命令。

5．删除任务的操作步骤

（1）打开 Project 文档，并切换到甘特图视图。

（2）在"任务名称"域中，选择要删除的任务。

（3）在"编辑"菜单中，单击"删除任务"命令。

如果删除的是由子任务组成的摘要任务，则其所有子任务都将被删除。

6．清除任务的操作步骤

（1）在"编辑"菜单上，指向"清除"子菜单。

（2）单击"全部"命令，可以清除该任务域中的所有信息，包括分配给该任务的所有备注或超链接。

（3）单击"格式"命令，可以将所选域的格式恢复为默认格式。

（4）单击"内容"命令，可以清除所选域中的信息。

（5）单击"备注"命令，可以删除所选任务的备注。

（6）单击"超链接"命令，可以删除所选任务的超链接。

（7）单击"完整任务"命令，可以清除所选任务的全部信息。

7．更改任务链接的操作步骤

更改任务链接可以更改任务间的相关性，其操作步骤如下：

（1）在"视图"菜单上，单击"甘特图"命令，切换到甘特图视图。

（2）双击要更改的任务链接线，将弹出"任务相关性"对话框。

（3）如果要更改任务相关性（链接）类型，可以在"类型"下拉列表中单击所需的任务链接。有四种任务相关性类型可供选择："完成－开始"（FS）、"开始－开始"（SS）、"完成－完成"（FF）、"开始－完成"（SF）。

（4）在"延迟时间"框中，可以设置任务间的延迟时间。

（5）如果要删除任务相关性，可以单击"删除"按钮。

8．任务资源的分配

将资源分配给任务可明确完成任务的职责，并帮助用户确定完成一项任务所需要的时间。资源可以是个人、小组、设备，或者完成任务过程中消耗的材料资源。

要将资源分配给任务，需单击"工具"菜单的"分配资源"命令，弹出"分配资源"对话框。在"资源名称"中列出了资源的名称，带有复选标记的那些资源是已分配给该任务的资源。选择资源后，单击"分配"按钮可以将对应的资源分配给任务。

理论知识辅导练习题

一、判断题（下列判断正确的请在括号内打"√"，错误的请在括号内打"×"）

1. 网页通常是 HTML 格式的文件，它可以通过 Internet 用浏览器来阅读。（　）
2. 网页的文件扩展名为 .ppt。（　）
3. 用户要将正在编辑的文档保存为网页文件，需使用"文件"菜单中的"网页预览"命令。（　）
4. 在保存为 Web 页前，用户可以选择"文件"菜单中的"网页预览"命令观看页面效果，并据此编辑调整。（　）
5. 若要减小 HTML 格式的网页的大小，可将其保存为经筛选的 HTML 格式，以删除 Microsoft Office 程序使用的标记。（　）
6. 将文档保存为筛选过的网页，以后再打开该文件，仍然能以通常的方式使用 Word 功能来编辑文件。（　）
7. 批量转换 Word 文档时，在"模板"对话框中要选择"其他文档"选项卡。（　）
8. 批量转换 Word 文档需要使用"文件"菜单的"保存"命令。（　）
9. Internet 提供了直接将演示文稿保存为 Web 页面的功能。（　）
10. 选择"文件"菜单中的"网页预览"命令，可以在浏览器中预览网页的显示效果。（　）
11. Excel 能够利用网页发布功能将工作簿或工作簿里的部分内容保存为 HTML 格式的网页文件。（　）
12. 发布工作表保存时如果勾选了"添加交互"复选框，则显示的是静态的表格页面。（　）
13. 用户可以把已有的 Word 文档发送给 PowerPoint，以快速制作幻灯片。（　）
14. 发送文档到演示文稿需要通过"文件"菜单中的"保存"子菜单。（　）
15. 要将数据库中的数据导入电子表格中，需使用"数据"菜单的"导入外部数据"子菜单下的"导入数据"命令。（　）
16. 在"插入数据"对话框中可以创建数据透视表。（　）
17. 数据库简称为 DBS。（　）
18. 人们把数据库以文件形式存入磁盘（软盘、硬盘或磁带）中。（　）
19. 数据库管理系统还承担着数据库的维护工作，保证数据库的安全性和完整性。（　）

20. 用户使用的各种数据库命令及应用程序的执行都不必通过数据库管理系统。
（   ）
21. 所有数据库的操作都要在数据库管理系统的控制程序的统一管理下进行。（   ）
22. 数据库管理系统的存取数据功能是根据用户设计的数据结构，建立数据库结构组织。（   ）
23. 针对某一数据库管理而编制的一组应用程序形成了该数据库的应用系统。（   ）
24. 以数据库为核心，并对其进行管理和应用的计算机系统称为管理信息系统。
（   ）
25. 在 Access 2003 数据库中，如果要保存数据，就要为所记录的信息创建一个模块。（   ）
26. 在 Access 2003 数据库中，数据表中的每条记录包含数据库中的所有字段。（   ）
27. 在 Access 2003 数据库中，窗体是 Access 与用户交互的界面。（   ）
28. 在 Access 2003 数据库中，表上可以放置控件，用于执行操作，或在字段中输入、显示、编辑数据。（   ）
29. 在 Access 2003 数据库中，用户可以在报表中控制每个对象的大小和显示方式。
（   ）
30. 在 Access 2003 数据库中，窗体是为计算、打印、分组和汇总数据而设计的一种数据库对象。（   ）
31. 在 Access 2003 数据库中，数据访问页是存储在一起作为一个命名单元的声明、语句和过程的集合。（   ）
32. 在 Access 2003 数据库中，宏是用来自动执行任务的一个操作或一组操作。（   ）
33. 在 Access 2003 数据库中，每个表应该只包含关于一个主题的信息。（   ）
34. 在 Access 2003 数据库中，在确定每个字段属于哪个表时，应该注意将字段添加到不同的表中。（   ）
35. 用户可以建立空数据库，然后在空数据库中添加表，再根据表建立其他数据库对象。（   ）
36. 在 Access 2003 中，用数据库向导建立数据库，数据部分不需要用户自己输入。
（   ）
37. 空白数据库中没有数据，但有存储、处理数据所需的各种对象。（   ）
38. 在 Access 2003 中，使用"数据库向导"创建数据库，是创建数据库的快速方法。
（   ）
39. Access 2003 "数据库向导"对话框的第一步是选择屏幕的显示样式。（   ）

40. 在 Access 2003 中，要保存数据库可以选择"文件"菜单的"保存"命令，此时，当前正在编辑的对象将直接保存。（　　）

41. 在 Access 2003 中，保存数据库应选择"文件"菜单的"保存"命令，并且在"保存类型"下拉列表中可以选择对象要保存的类型。（　　）

42. 在 Access 2003 中，创建表时不必设定主关键字。（　　）

43. 在 Access 2003 中，创建表时要为需要的字段建立索引。（　　）

44. 在 Access 2003 中，使用设计器创建表时，所有字段都需要用户依次定义。（　　）

45. 在 Access 2003 中，使用设计器是创建表方法中功能最全的一种，而且过程简单。（　　）

46. Access 2003 的"数据类型"下拉列表中可以选择该字段的数据类型，缺省为"文本"。（　　）

47. 在 Access 2003 新数据表中需要定义表中的每一项目。（　　）

48. 在 Access 2003 表中，每一个字段都有自己的属性，并且每个数据类型的属性选项都有所不同。（　　）

49. 在 Access 2003 表中，文本的长度默认值为 20 个字符，最大值为 255 个字符。（　　）

50. 在 Access 2003 中，"文本"和"备注"型数据默认值为 0。（　　）

51. 在 Access 2003 中，除了 OLE 对象之外的所有数据类型都有一个默认值。（　　）

52. 在 Access 2003 表的"说明"中可以输入对应字段的说明信息，该信息是必需的。（　　）

53. 在 Access 2003 中，若要设定主键，可选择要作为主键的字段后，单击"编辑"菜单栏中的"主键"命令。（　　）

54. 在 Access 2003 中，利用"表向导"可以根据分析工具给定的内容，通过对话框选择表的索引方便快捷地建立数据库。（　　）

55. 在 Access 2003 中，用户可以通过直接输入字段和数据库来创建表。（　　）

56. 在 Access 2003 中，字段是表的结构的基本单位。（　　）

57. 在 Access 2003 中，修改表的结构时，如果要插入新字段，可以单击"常用"工具栏的"插入列"按钮。（　　）

58. 在 Access 2003 中，用户不仅可以输入数据，而且还可以删除、复制和粘贴数据。（　　）

59. 在 Access 2003 中，用户可以将数据导出到其他应用程序中，但不可以从其他应用程序中获得数据。（　　）

60. 在 Access 2003 中，数据库中的信息是一成不变的。   （   ）

61. 在 Access 2003 中，删除操作是不可恢复的操作，在删除记录之前要确认该记录是否是要删除的记录。   （   ）

62. 在 Excel 2003 中，通过菜单栏里的"插入"中的"图表"命令，可以打开图表向导对话框。   （   ）

63. 在 Excel 2003 中，在"图表向导"对话框中设置"数据区域"时要求用户在工作表中选择源数据。   （   ）

64. 在 Excel 2003 中，"图表向导"对话框的第四步是"图表选项"对话框。
                （   ）

65. 在 Excel 2003 中，要删除作为对象插入的图表，只需选中该对象，然后按 Shift 键删除即可。   （   ）

66. 在 Excel 2003 中，在创建作为对象插入的图表后，图表区域可能盖住数据区域，此时就需要调整图表的位置。   （   ）

67. 在 Excel 2003 中，用鼠标单击需要移动的图表，会看到图表四角及四边的中央出现红色的标记。   （   ）

68. 在 Excel 2003 中，调整图表大小时，将鼠标指向黑色标记，指针会变为双向箭头。
                （   ）

69. 在 Excel 2003 中，调整图表大小时，在拖拽鼠标的过程中，用实线表示图表大小。
                （   ）

70. 在 Excel 2003 中，只要修改了工作表中的数据，则图表中对应的数据将会自动改变。   （   ）

71. 在 Excel 2003 中，饼图可以有多个数据系列。   （   ）

72. 在 Excel 2003 中，用户可以使用"源数据"对话框的"数据来源"框重新选择指定数据区域。   （   ）

73. 在 Excel 2003 的图表中，趋势线的作用是能够直观地表达出数据的变化趋势。
                （   ）

74. 在 Excel 2003 中，添加趋势线后，可以左键双击趋势线调整趋势线格式。（   ）

75. 在 Excel 2003 的"趋势线格式"对话框的"选项"选项卡中，可以对趋势线的曲线样式、颜色和粗细进行修改设置。   （   ）

76. 在 Excel 2003 的图表上，用鼠标移动到相应的区域时，系统将自动弹出一个提示，标明这个区域的名称。   （   ）

77. 在 Excel 2003 的二维工作表中，图表区指以坐标轴为界并包含全部数据系列的

区域。( )

78. 在 Project 2003 中，项目跟踪是项目控制的前提。( )

79. 在 Project 2003 中，通过项目总览，可以发现项目的偏离和问题，进而纠正偏离和解决问题。( )

80. 在 Project 2003 中，对于任务，成本是指完成任务所需的人员总数。( )

81. 在 Project 2003 中，对于工作分配，工时是指分配给资源的工时量。( )

82. 在 Project 2003 中，实际信息也称为比较基准，是用于跟踪项目进度的最初项目计划。( )

83. 在 Project 2003 中，用户在建立一个项目后，可以对项目进行精确调整。( )

84. 在 Project 2003 中，实际信息反映了任务最终的完成情况。( )

85. 在 Project 2003 中，在用户输入有关正在进行的任务的计划信息后，系统将根据该信息进行重新计算，给出项目的排定信息。( )

86. 在 Project 2003 中，用户可以在工作表视图添加跟踪域，以跟踪项目计划的进行情况。( )

87. 用户要跟踪域，可以在"格式"菜单上单击"列"命令。( )

88. Project 2003 中的总览项目可以使用户对报表整体情况有所了解。( )

89. Project 2003 提供了很多任务视图、资源视图和组合图视图，它们可以用不同的格式显示项目信息。( )

90. 在 Project 2003 中，用户可以在"工具"菜单中选择不同的视图命令来切换到对应的视图。( )

91. Project 2003 提供的报表汇集了最常用的信息集，可以用来管理项目、调整资源、控制成本、分析潜在问题及交流进度情况。( )

92. Project 2003 还提供了多个可以进行简单选择、预览和打印的内置报表。( )

93. 在 Project 2003 中，通过"插入"菜单下的"报表"命令，可以使用报表管理项目。( )

94. 在 Project 2003 中，打印视图时，应调整视图中的信息显示，最好能够适合单页显示。( )

95. 在 Project 2003 中，打印视图时，"打印"对话框不包括"打印范围"选项。( )

96. 在 Project 2003 中，打印报表前可以在"打印预览"对话框中进行页面设置。( )

97. 在 Project 2003 中，打印报表要通过"视图"菜单中的"报表"命令。( )

98. 在 Project 2003 中，在项目开始之后，可能需要检查和分析项目的进展情况，并对任务、资源或成本进行优化调整。（　　）

99. 在 Project 2003 中，在项目开始之后，分析并检查项目计划的资源分配状况是为了缩短计划的完成日期。（　　）

100. 在 Project 2003 中，要查看关键路径和关键任务，应在"视图"菜单中单击"任务窗格"命令。（　　）

101. 在 Project 2003 中，当关键路径上的最后一个任务完成时，整个项目也就随之完成了。（　　）

102. 在 Project 2003 中，调整工作资源在关键任务上花费的时间，可减少关键路径上某项任务的成本。（　　）

103. 在 Project 2003 中，调整已链接的任务之间的前置重叠时间和延隔时间，会有助于保证完成日期。（　　）

104. 在 Project 2003 中，任务是一种有开始日期和完成日期的操作，是项目计划的组成元素。（　　）

105. 在 Project 2003 中，在"标识号"域中，如果要选择不相邻的几个任务，可以按住 Shift 键，然后单击各标识号。（　　）

106. 在 Project 2003 中的"标识号"域中，可选择要删除的任务。（　　）

107. 在 Project 2003 中删除任务，需要打开 Project 文档，并切换到甘特图视图。（　　）

108. 在 Project 2003 中的"清除"子菜单中单击"格式"命令，可以清除所选域中的信息。（　　）

109. 在 Project 2003 中的"清除"子菜单中单击"完整任务"命令，可以清除所选任务的全部信息。（　　）

110. 在 Project 2003 中，更改任务链接可以更改任务间的相关性。（　　）

111. 在 Project 2003 的甘特图视图中，双击要更改的任务链接线，将打开"任务联系性"对话框。（　　）

112. 资源不包括完成任务过程中消耗的材料资源。（　　）

113. 在 Project 2003 中，将资源分配给任务可明确完成任务的职责，并帮助用户确定完成一项任务所需要的时间。（　　）

二、单项选择题（下列每题有 4 个选项，其中只有 1 个是正确的，请将其代号填写在横线空白处）

1. 网页通常是_____格式的文件，它可以通过 Internet 用浏览器来阅读。

A．DOC　　　　B．EXE　　　　C．PPT　　　　D．HTML

2．将文档发布为Web页面可以使文档通过Internet_____，实现文档的共享。

A．修改　　　　B．传播　　　　C．保存　　　　D．发送

3．用户要将正在编辑的文档保存为网页文件，需要使用"文件"菜单中的"_____"命令。

A．页面设置　　B．文件搜索　　C．另存为网页　　D．网页预览

4．在保存为Web页前，用户可以选择"文件"菜单中的"_____"命令，观看页面效果，并据此编辑调整。

A．文件搜索　　B．网页预览　　C．页面设置　　D．打印预览

5．将文档保存为网页文件时，选择_____类型表示将要发布的网页文件保存为只有一个文件的网页。

A．单个文件网页　　B．网页　　C．筛选过的网页　　D．XML文档

6．将文档保存为网页文件时，选择_____类型表示将已经编辑好的文档发布为标准的Web网页。

A．单个文件网页　　B．网页　　C．筛选过的网页　　D．XML文档

7．将文档保存为网页文件时，选择_____类型会减小HTML格式的网页的大小。

A．单个文件网页　　B．网页　　C．筛选过的网页　　D．XML文档

8．批量转换Word文档需要使用"文件"菜单的"_____"命令。

A．新建　　　　B．打开　　　　C．关闭　　　　D．保存

9．批量转换Word文档时，在"模板"对话框中要选择"_____"选项卡。

A．常用　　　　B．报告　　　　C．备忘录　　　　D．其他文档

10．_____提供了直接将演示文稿保存为Web页面的功能。

A．Word　　　　B．Excel　　　　C．PowerPoint　　　　D．Internet

11．发布演示文稿前选择"文件"菜单中的"_____"命令，可以在浏览器中预览网页的显示效果。

A．文件搜索　　B．网页预览　　C．页面设置　　D．打印预览

12．对将发布的演示文稿进行网页预览时，浏览器的下方将出现PowerPoint工具条，左边的第一个按钮是_____。

A．显示/隐藏大纲　　　　B．展开/折叠大纲
C．显示/隐藏备注　　　　D．全屏幻灯片放映

13．_____能够利用网页发布功能将工作簿或工作簿里的部分内容，保存为HTML格式的网页文件。

A. Word   B. Excel   C. PowerPoint   D. Internet

14. 发布工作表需要使用"文件"菜单中的"_____"命令。

    A. 页面设置   B. 文件搜索   C. 另存为网页   D. 网页预览

15. 发布工作表保存时如果勾选了"_____"复选框，则在 Web 页面中将添加 Excel 控制控件提供的排序等电子表格功能。

    A. 添加交互   B. 更改标题   C. 选择工作簿   D. 选择工作表

16. 用户可以把已有的 Word 文档发送给_____，以快速制作幻灯片。

    A. Excel   B. PowerPoint   C. Internet   D. Outlook

17. 发送文档到演示文稿需要通过"文件"菜单中的"_____"子菜单。

    A. 新建   B. 保存   C. 权限   D. 发送

18. 用户可以使用 PowerPoint "文件"菜单中"发送"子菜单下的"_____"命令将演示文稿发送为 Word 文档。

    A. Microsoft Office Word   B. 邮件收件人（审阅）
    C. 邮件收件人（以附件形式）   D. 使用 Internet 传真服务的收件人

19. 要将数据库中的数据导入电子表格中，需使用"_____"菜单的"导入外部数据"子菜单下的"导入数据"命令。

    A. 视图   B. 插入   C. 工具   D. 数据

20. _____就是为了满足某些需要，在计算机系统中按照一定的数据模型、数据结构等方式进行组织、存储和使用的互相关联的数据集合。

    A. 数据库   B. 数据库管理系统
    C. 数据库应用系统   D. 数据库操作系统

21. 数据库简称为_____。

    A. DB   B. DBMS   C. DBS   D. DBM

22. 人们把数据库以_____形式存入磁盘（软盘、硬盘或磁带）中。

    A. 数据   B. 文件   C. 信息   D. 表格

23. 数据库管理系统以_____形式对数据库进行调度管理。

    A. 数据   B. 文件   C. 信息   D. 表格

24. 数据库管理系统简称为_____。

    A. DB   B. DBMS   C. DBS   D. DBM

25. _____是为数据库的建立、使用、管理和维护而配置的软件。

    A. 数据库   B. 数据库管理系统
    C. 数据库应用系统   D. 数据库操作系统

26. 数据库管理系统的_____功能是根据用户设计的数据结构，建立数据库结构组织。
    A．定义数据库　　　　　　　　B．存取数据
    C．数据库运行管理　　　　　　D．数据库系统维护
27. 数据库管理系统的_____功能包括数据库的转储、恢复、重组及性能监视、分析等。
    A．定义数据库　　　　　　　　B．存取数据
    C．数据库运行管理　　　　　　D．数据库系统维护
28. 数据库管理系统的_____功能是实现数据库系统与用户程序及其之间的通信。
    A．定义数据库　　　　　　　　B．存取数据
    C．数据库运行管理　　　　　　D．数据通信
29. 针对某一数据库管理而编制的一组应用程序形成了该数据库的_____。
    A．操作系统　　B．管理系统　　C．应用系统　　D．统计系统
30. 以数据库为核心，并对其进行管理和应用的计算机系统称为_____。
    A．DB　　　　B．DBMS　　　C．DBS　　　　D．DBM
31. 国际标准化组织（ISO）公布的标准数据库语言是_____。
    A．SQL　　　　B．JAVA　　　C．VB　　　　D．VF
32. 在 Access 2003 数据库中，数据表是将_____以表格方式排列的。
    A．文字　　　　B．信息　　　C．符号　　　D．字母
33. 在 Access 2003 数据库中，每张数据表都由某一_____的信息组成。
    A．标题　　　　B．内容　　　C．主题　　　D．类
34. 在 Access 2003 数据库中，用户可以将_____作为窗体的数据来源。
    A．查询　　　　B．替换　　　C．访问　　　D．排序
35. 在 Access 2003 数据库中，利用_____可以通过不同的方法来查看、更改及分析数据。
    A．排序　　　　B．筛选　　　C．分组　　　D．查询
36. 在 Access 2003 数据库中，_____是 Access 与用户交互的界面。
    A．表　　　　　B．窗体　　　C．报表　　　D．访问页
37. 在 Access 2003 数据库中，_____是为计算、打印、分组和汇总数据而设计的一种数据库对象。
    A．表　　　　　B．窗体　　　C．报表　　　D．访问页
38. 在 Access 2003 数据库中，用户可以在_____中控制每个对象的大小和显示方式，并可以按照所需的方式来显示相应的内容。

  A．表   B．窗体   C．报表   D．访问页

39．在Access 2003 数据库中，_____可以对数据进行排序和分组，同时还可以给出该组记录的各种统计数据。

  A．表   B．窗体   C．报表   D．访问页

40．在Access 2003 数据库中，_____是存储在一起作为一个命名单元的声明、语句和过程的集合。

  A．表   B．窗体   C．模块   D．访问页

41．在Access 2003 数据库中，_____是用来自动执行任务的一个操作或一组操作。

  A．表   B．窗体   C．模块   D．宏

42．设计数据库的第一个步骤是_____。

  A．确定数据库中需要的表   B．确定数据库的用途

  C．确定表与表之间的关系   D．使用分析工具

43．数据库中的每个表都必须包含表中唯一标识每个记录的字段或字段集，这种字段或字段集称为_____。

  A．主键   B．外键   C．索引   D．域

44．Access 2003 的_____能分析表的设计，建议新的表结构和关系，并在合理的情况下拆分原来的表。

  A．性能分析器   B．报表分析器

  C．表分析器   D．窗体分析器

45．根据需要，用户可用数据库_____建立数据库。

  A．设计器   B．分析工具   C．向导   D．输入工具

46．在Access 2003 中，数据库向导提供了多种数据库_____，可以帮助用户快捷地建立起自己的数据库。

  A．模板   B．工具   C．方法   D．模式

47．启动Access 2003 后，建立空数据库需使用"文件"菜单的"_____"命令。

  A．新建   B．打开   C．保存   D．传送

48．在Access 2003 中建立空数据库，打开"新建文件"任务窗格后需要单击"_____"超链接。

  A．空数据库   B．空数据访问页

  C．使用现有数据的项目   D．使用新数据的项目

49．Access 2003 带有丰富的数据库模板，用户可以利用模板向导为所选择的数据库_____创建所需的表、窗体及报表。

A. 类型 　　　　B. 工具 　　　　C. 方法 　　　　D. 模式

50. 在 Access 2003 "数据库向导"对话框的第二步中，_____列表为数据库所包含的表。

    A. 左边 　　　　B. 右边 　　　　C. 上边 　　　　D. 下边

51. 在 Access 2003 "数据库向导"对话框的第二步中，_____列表为当前表所包含的字段。

    A. 左边 　　　　B. 右边 　　　　C. 上边 　　　　D. 下边

52. Access 2003 "数据库向导"对话框的第三步是_____。

    A. 显示安装信息　　　　　　　　B. 选择屏幕的显示样式
    C. 选择报表的样式　　　　　　　D. 选择数据库的标题及图案

53. 在 Access 2003 中，要保存数据库可以选择"_____"菜单的"保存"命令。

    A. 文件 　　　　B. 编辑 　　　　C. 视图 　　　　D. 表格

54. 在 Access 2003 中，保存数据库时可选择的保存类型不包括_____。

    A. 窗体 　　　　B. 报表 　　　　C. 数据访问页 　　　　D. 网页

55. 在 Access 2003 中，创建表时需要输入已定义的每个字段的_____。

    A. 大小 　　　　B. 属性 　　　　C. 信息 　　　　D. 查询

56. 在 Access 2003 中，在创建表之前，首先应该_____。

    A. 打开要添加该表的数据库　　　　B. 设定主关键字
    C. 为需要的字段建立索引　　　　　D. 保存定义的数据库结构

57. Access 2003 的"数据类型"缺省为_____。

    A. 文本 　　　　B. 备注 　　　　C. 数字 　　　　D. 货币

58. 在 Access 2003 新数据表中需要定义表中的每一个_____。

    A. 项目 　　　　B. 任务 　　　　C. 字段 　　　　D. 记录

59. 在 Access 2003 新数据表中使用"_____"数据类型可以避免计算时四舍五入的情况。

    A. 文本 　　　　B. 备注 　　　　C. 数字 　　　　D. 货币

60. 在 Access 2003 中，在表设计视图的"常规"选项卡的"_____"属性中可以指定文本和数字数据的类型和大小。

    A. 字段大小 　　　　B. 格式 　　　　C. 输入掩码 　　　　D. 默认值

61. 在 Access 2003 表中，文本的长度默认值为_____个字符，最大值为 255 个字符。

    A. 10 　　　　B. 20 　　　　C. 30 　　　　D. 50

62. 在 Access 2003 表中，数字的字段大小类型不包括_____。

A. 整型　　　　B. 长整型　　　　C. 单精度型　　　D. 异步复制型

63. 在 Access 2003 表的"常规"选项卡中，"＿＿＿＿"属性可设置数据显示形式。

A. 字段大小　　B. 格式　　　　C. 输入掩码　　　D. 默认值

64. 在 Access 2003 表的"常规"选项卡中，"＿＿＿＿"属性可以限定用户输入数据值的范围，拒绝接收错误数据的输入。

A. 输入掩码　　B. 默认值　　　C. 有效性规则　　D. 有效性文本

65. 在 Access 2003 表的"常规"选项卡中，＿＿＿＿将加快字段中搜索及排序的速度。

A. 输入掩码　　B. 默认值　　　C. 有效性规则　　D. 索引

66. 在 Access 2003 中，说明将显示在＿＿＿＿上。

A. 工具栏　　　B. 状态栏　　　C. 任务栏　　　　D. 标题栏

67. 在 Access 2003 中，定义主键的方法不包括＿＿＿＿。

A. 选择要作为主键的字段后，单击"编辑"菜单栏中的"主键"命令

B. 选择要作为主键的字段后，单击工具栏中的"主键"按钮

C. 右击要作为主键的字段，在快捷菜单中选择"主键"命令

D. 左击要作为主键的字段，在快捷菜单中选择"主键"命令

68. 在 Access 2003 中，若要定义主键，可选择要作为主键的字段后，单击"＿＿＿＿"菜单中的"主键"命令。

A. 文件　　　　B. 编辑　　　　C. 视图　　　　　D. 工具

69. 在 Access 2003 中，利用＿＿＿＿可以根据向导程序给定的内容，通过对话框选择表的类型、确定表的字段、关键字及索引等，方便快捷地建立数据表。

A. 设计器　　　B. 表向导　　　C. 数据输入器　　D. 分析工具

70. 启动 Access 2003 后，如果当前不是"数据库"窗口，可以按＿＿＿＿键从其他窗口切换到"数据库"窗口。

A. F7　　　　　B. F8　　　　　C. F11　　　　　D. F12

71. 在 Access 2003 中，单击"数据库"窗口左面板上的"＿＿＿＿"选项，再双击"使用设计器创建表"，将显示表设计视图。

A. 表　　　　　B. 窗体　　　　C. 报表　　　　　D. 页

72. 在 Access 2003 中，用户可以通过直接输入＿＿＿＿来创建表。

A. 字段名和数据　　　　　　　　B. 字段和数据

C. 字段和数据库　　　　　　　　D. 字段名和数据库

73. 在 Access 2003 中，通过输入数据创建表时，表默认的字段名为＿＿＿＿。

A. 字段1、字段2、字段3……　　　B. 字段a、字段b、字段c……
C. 字段A、字段B、字段C……　　　D. 字段一、字段二、字段三……

74. 启动Access 2003，单击"数据库"窗口左面板上的"＿＿＿＿"选项，可以通过输入数据创建表。

　　A. 表　　　　B. 查询　　　　C. 窗体　　　　D. 报表

75. 在Access 2003中，在表的结构中，＿＿＿＿是基本单位。

　　A. 项目　　　B. 任务　　　　C. 字段　　　　D. 记录

76. 在Access 2003中，单击"数据库"窗口工具栏中的"＿＿＿＿"按钮，即可在视图中打开相应的表。

　　A. 打开　　　B. 设计　　　　C. 新建　　　　D. 删除

77. 在Access 2003中，修改表的结构时，如果要插入新字段，可以单击"常用"工具栏的"＿＿＿＿"按钮。

　　A. 插入行　　B. 插入列　　　C. 插入工作表　D. 插入图表

78. 在Access 2003中，数据库是由各种＿＿＿＿组成的一种集合。

　　A. 项目　　　B. 任务　　　　C. 数据　　　　D. 记录

79. 在Access 2003中，向表中输入记录时按＿＿＿＿键可以转至下一个字段。

　　A. Shift　　 B. Ctrl　　　　C. Tab　　　　 D. Enter

80. 在Access 2003中，向表中输入记录时，在一条记录的末尾按＿＿＿＿键可转至下一个记录。

　　A. Shift　　 B. Ctrl　　　　C. Tab　　　　 D. Enter

81. 在Access 2003中，数据库中的信息不是一成不变的，要＿＿＿＿不再需要的数据。

　　A. 添加　　　B. 修改　　　　C. 删除　　　　D. 复制

82. 在Excel 2003中，通过菜单栏"＿＿＿＿"中的"图表"，可以打开图表向导对话框。

　　A. 插入　　　B. 格式　　　　C. 工具　　　　D. 视图

83. 在Excel 2003中，在"图表向导"对话框中设置"数据区域"时要求用户在工作表中选择＿＿＿＿。

　　A. 元数据　　B. 源数据　　　C. 字段　　　　D. 记录

84. 在Excel 2003中，在"图表向导"对话框中，选择源数据时用鼠标拖动选中的区域会被闪动的＿＿＿＿框所包围。

　　A. 虚线　　　B. 实线　　　　C. 双虚线　　　D. 双实线

85. 在Excel 2003中，"图表向导"对话框的第四步是＿＿＿＿对话框。

A. 图表类型　　　B. 图表源数据　　C. 图表选项　　　D. 图形位置

86. 在 Excel 2003 中，要删除作为对象插入的图表，只需选中该对象，然后按_____键删除即可。

　　A. Shift　　　　B. Alt　　　　　C. Ctrl　　　　　D. Del

87. 在 Excel 2003 中，如果要删除作为新工作表插入的图表，可以通过单击"_____"菜单的"删除工作表"命令。

　　A. 插入　　　　B. 格式　　　　C. 工具　　　　　D. 编辑

88. 在 Excel 2003 中，在创建完图表之后，还可以利用"_____"菜单对图表进行修改。

　　A. 格式　　　　B. 图表　　　　C. 工具　　　　　D. 编辑

89. 在 Excel 2003 中，在创建作为对象插入的图表后，图表区域可能盖住数据区域，此时就需要_____。

　　A. 移动图表位置　　　　　　　B. 调整图表大小
　　C. 改变图表的类型　　　　　　D. 修改图表数据

90. 在 Excel 2003 中，用鼠标单击需要移动的图表，会看到图表四角及四边的中央出现_____的标记。

　　A. 红色　　　　B. 蓝色　　　　C. 黑色　　　　　D. 黄色

91. 在 Excel 2003 中，调整图表大小时，将鼠标指向黑色标记，指针会变为_____。

　　A. 单向箭头　　B. 双向箭头　　C. 漏斗　　　　　D. 直线

92. 在 Excel 2003 中，调整图表大小时，在拖拽鼠标的过程中，用_____表示图表大小。

　　A. 虚线　　　　B. 实线　　　　C. 双虚线　　　　D. 双实线

93. 在 Excel 2003 中，要调整作为新工作表插入的图表的大小，可以通过在"常用"工具栏中设置"_____"来实现。

　　A. 显示比例　　B. 显示名称　　C. 显示属性　　　D. 显示内容

94. 在 Excel 2003 中，改变图表的类型要单击鼠标左键选取图表，选择"_____"菜单中的"图表类型"命令。

　　A. 格式　　　　B. 图表　　　　C. 工具　　　　　D. 编辑

95. 在 Excel 2003 中，_____指在图表中绘制的相关数据点，这些数据源自数据表的行或列。

　　A. 数据系列　　B. 数据来源　　C. 数据集合　　　D. 数据汇总

96. 在 Excel 2003 中，要向图表中增加数据系列和数据点，可以选择"编辑"菜单中的"_____"命令。

  A. 剪切　　　　B. 复制　　　　C. 填充　　　　D. 清除

97. 在 Excel 2003 中,用户还可以使用"_____"对话框重新确定图表的数据区域。

  A. 元数据　　　B. 源数据　　　C. 字段　　　　D. 记录

98. 在 Excel 2003 中,用户可以右击图表,在快捷菜单中选择"_____"命令,屏幕将弹出"源数据"对话框。

  A. 元数据　　　B. 源数据　　　C. 字段　　　　D. 记录

99. 在 Excel 2003 中,用户可以使用"源数据"对话框的"_____"框重新选择指定数据区域。

  A. 图表类型　　B. 数据区域　　C. 图表选项　　D. 图形位置

100. 在 Excel 2003 的图表中,_____的作用是能够直观地表达出数据的变化趋势。

  A. 网格线　　　B. 趋势线　　　C. 数据线　　　D. 坐标轴

101. 在 Excel 2003 中,用户可以通过菜单栏里的"_____"添加趋势线。

  A. 视图　　　　B. 图表　　　　C. 工具　　　　D. 窗口

102. 在 Excel 2003 中,添加趋势线后,可以_____趋势线调整趋势线格式。

  A. 左键单击　　B. 左键双击　　C. 右键单击　　D. 右键双击

103. 在 Excel 2003 中,在"趋势线格式"对话框的"_____"选项卡中,可以对趋势线的曲线样式、颜色和粗细进行设置。

  A. 图案　　　　B. 类型　　　　C. 选项　　　　D. 样式

104. 在 Excel 2003 中,在"趋势线格式"对话框的"选项"选项卡中,将"_____"勾选上,即要求系统将这条趋势线的数学表示公式显示出来。

  A. 设置截距　　　　　　　　　B. 显示公式
  C. 显示 R 平方值　　　　　　　D. 趋势预测

105. 在 Excel 2003 的图表上,用鼠标移动到相应的区域时,系统将自动弹出一个提示,标明这个区域的_____。

  A. 名称　　　　B. 类型　　　　C. 属性　　　　D. 数据

106. 在 Excel 2003 的二维工作表中,_____指以坐标轴为界并包含全部数据系列的区域。

  A. 图表区　　　B. 绘图区　　　C. 图例区　　　D. 坐标轴

107. 在 Project 2003 中,_____的目的就是要保证项目在现有资源的情况下按时交出合格的产品。

  A. 项目跟踪　　B. 项目规划　　C. 项目预算　　D. 项目总览

108. 在 Project 2003 中，_____是项目控制的前提。
    A. 项目跟踪   B. 项目规划   C. 项目预算   D. 项目总览

109. 在 Project 2003 中，通过_____，可以发现项目的偏离和问题，进而纠正偏离和解决问题。
    A. 项目跟踪   B. 项目规划   C. 项目预算   D. 项目总览

110. 在 Project 2003 中，_____是指完成任务所需的有效工作时间的总范围。
    A. 工期   B. 工时   C. 开始日期   D. 完成日期

111. 在 Project 2003 中，对于任务，_____是指完成任务所需的人员总数。
    A. 工期   B. 工时   C. 开始日期   D. 完成日期

112. 在 Project 2003 中，对于工作分配，_____是指分配给资源的工时量。
    A. 工期   B. 工时   C. 开始日期   D. 完成日期

113. 在 Project 2003 中，_____也称为比较基准，是用于跟踪项目进度的最初项目计划。
    A. 计划信息   B. 实际信息   C. 跟踪域   D. 比较信息

114. 在 Project 2003 中，比较基准计划是在保存比较基准时得到的_____概况。
    A. 任务   B. 日程   C. 数据   D. 信息

115. 在 Project 2003 中，保存比较基准信息需要通过"_____"菜单。
    A. 视图   B. 工具   C. 数据   D. 窗口

116. 在 Project 2003 中，_____反映了任务最终的完成情况。
    A. 计划信息   B. 实际信息   C. 跟踪域   D. 比较信息

117. 在 Project 2003 中，在用户输入有关正在进行的任务的_____后，系统将根据该信息进行重新计算，给出项目的排定信息。
    A. 计划信息   B. 实际信息   C. 跟踪域   D. 比较信息

118. 在 Project 2003 中，用户可以在工作表视图添加_____，以跟踪项目计划的进行情况。
    A. 计划信息   B. 实际信息   C. 跟踪域   D. 比较信息

119. 在 Project 2003 中，用户要跟踪域，可以在"插入"菜单中单击"_____"命令。
    A. 行   B. 列   C. 工作表   D. 图表

120. Project 2003 提供的视图不包括_____。
    A. 任务视图   B. 资源视图   C. 组合图视图   D. 数据视图

121. 在 Project 2003 中，用户可以在"_____"菜单中选择不同的视图命令来切换到对应的视图。

    A. 插入　　　　B. 视图　　　　C. 工具　　　　D. 格式

122. Project 2003 的"_____"对话框提供了更多的视图显示方式供用户选择。

    A. 其他视图　　　　　　　　B. 任务窗格
    C. 视图管理器　　　　　　　D. 工具栏

123. Project 2003 提供的内置报表不可以进行的操作是_____。

    A. 选择　　　　B. 预览　　　　C. 打印　　　　D. 绘图

124. 在 Project 2003 中,通过"_____"菜单下的"报表"命令可以使用报表管理项目。

    A. 插入　　　　B. 视图　　　　C. 工具　　　　D. 格式

125. 在 Project 2003 中,"报表"的类型不包括_____。

    A. 总览　　　　B. 成本　　　　C. 工作分配　　　　D. 工期

126. 在 Project 2003 中,如果要禁止在打印视图过程中手动插入分页符,则应清除"_____"复选框。

    A. 打印到文件　　　　　　　B. 手动分页符
    C. 逐份打印　　　　　　　　D. 仅打印页左侧数据栏

127. 在 Project 2003 中,打印视图时,"打印"对话框不包括"_____"选项。

    A. 打印机　　　　B. 打印范围　　　　C. 副本　　　　D. 打印内容

128. 在 Project 2003 中,打印报表要通过"_____"菜单中的"报表"命令。

    A. 文件　　　　B. 编辑　　　　C. 视图　　　　D. 插入

129. 在 Project 2003 中,打印报表前可以在"_____"对话框中进行页面设置。

    A. 打印预览　　　　B. 页面设置　　　　C. 编辑　　　　D. 文件预览

130. 在 Project 2003 中,在项目开始之后,可分析并调整计划,以确保符合甚至缩短计划的_____。

    A. 开始日期　　　　B. 完成日期　　　　C. 评审日期　　　　D. 调研日期

131. 在 Project 2003 中,在项目开始之后,可分析并检查项目计划的资源分配状况,以_____。

    A. 缩短计划的完成日期　　　　B. 优化其工作量
    C. 确保成本控制　　　　　　　D. 确保完成日期

132. 在 Project 2003 中,_____是为使项目按时完成而必须按时完成的系列任务。

    A. 关键路径　　　　B. 主要路径　　　　C. 次要路径　　　　D. 核心路径

133. 在 Project 2003 中,要查看关键路径和关键任务,可在"视图"菜单中单击

"_____"命令。

　　　　A. 任务窗格　　　B. 其他视图　　　C. 工具栏　　　D. 批注

134. 在 Project 2003 中，调整工作资源在关键任务上花费的_____，可缩短关键路径上某项任务的工期。

　　　　A. 时间　　　　　B. 人工　　　　　C. 成本　　　　D. 材料

135. 在 Project 2003 中，可检查关键路径中各个任务间的关系，查看是否有可以更改的_____。

　　　　A. 分配　　　　　B. 链接　　　　　C. 范围　　　　D. 任务

136. 在 Project 2003 中，_____是一种有开始日期和完成日期的操作，是项目计划的组成元素。

　　　　A. 任务　　　　　B. 计划　　　　　C. 链接　　　　D. 资源

137. 在 Project 2003 的"标识号"域中，如果要选择不相邻的几个任务，可以按住_____键，然后单击各标识号。

　　　　A. Shift　　　　　B. Ctrl　　　　　C. Alt　　　　　D. Enter

138. 在 Project 2003 中，应在_____域中选择要复制或移动的任务。

　　　　A. 符号　　　　　B. 序号　　　　　C. 标识号　　　D. 记录号

139. 在 Project 2003 中删除任务，需要打开 Project 文档，并切换到_____视图。

　　　　A. 绘图　　　　　B. 甘特图　　　　C. 列表　　　　D. 工具

140. 在 Project 2003 的_____域中，可选择要删除的任务。

　　　　A. 标识号　　　　B. 任务名称　　　C. 备注　　　　D. 超链接

141. 在 Project 2003 的"清除"子菜单中，单击"_____"命令，可以清除所选域中的信息。

　　　　A. 格式　　　　　B. 内容　　　　　C. 备注　　　　D. 超链接

142. 在 Project 2003 的"清除"子菜单中，单击"_____"命令，可以删除所选任务的备注。

　　　　A. 格式　　　　　B. 内容　　　　　C. 备注　　　　D. 超链接

143. 在 Project 2003 的"清除"子菜单中，单击"_____"命令，可以将所选域的格式恢复为默认格式。

　　　　A. 格式　　　　　B. 内容　　　　　C. 备注　　　　D. 超链接

144. 在 Project 2003 的甘特图视图中，双击要更改的任务链接线，将打开"_____"对话框。

　　　　A. 任务相关性　　B. 任务联系性　　C. 任务互动性　　D. 任务差异性

145. 在 Project 2003 中，更改任务链接可以更改任务间的_____。
    A. 相关性　　　B. 联系性　　　C. 互动性　　　D. 差异性
146. 在 Project 2003 中，不属于任务相关性类型的是_____。
    A. FS　　　　B. SS　　　　C. FD　　　　D. SF
147. 在 Project 2003 中，要给任务分配资源，可单击"_____"菜单的"分配资源"命令。
    A. 工具　　　B. 格式　　　C. 窗口　　　D. 数据
148. 在 Project 2003 中，给任务分配资源时，在"资源名称"中列出了资源的名称，带有复选标记的那些资源是_____的资源。
    A. 重要　　　B. 标识　　　C. 已处理过　　　D. 已分配给该任务

三、多项选择题（下列每题有 4 个选项，其中有 2 个或 2 个以上是正确的，请将其代号填写在横线空白处）

1. 网页的文件扩展名可以是_____。
    A. .html　　　B. .htm　　　C. .doc　　　D. .ppt
2. 下列关于网页的说法正确的是_____。
    A. 是 HTML 格式的文件　　　B. 文件扩展名为 .html 或 .htm
    C. 可通过 Internet 用浏览器来阅读　　　D. 是 EXE 格式的文件
3. 将一个 Word 文档另存为单个文件网页格式，下列说法不正确的是_____。
    A. 文档中的文字保存在该文件中，图片或其他对象分别建立文件夹保存
    B. 保存完毕后，生成一个网页文件和一个存放支持文件的文件夹
    C. 保存完毕后，网页中的图片或其他对象都保存在该文件中，不需要另外建立文件夹来保存支持文件
    D. 网页和图片都保存在一个文件中，该文件的扩展名为 .doc
4. 将一个 Word 文档另存为网页格式，保存类型包括_____。
    A. 单个文件网页　　　B. Web 文档　　　C. 筛选过的网页　　　D. XML 文档
5. 下列关于网页保存类型的说法正确的是_____。
    A. 单个文件网页表示将要发布的网页文件保存为只有一个文件的网页
    B. 网页表示将已经编辑好的文档发布为标准的 Web 网页
    C. 若要减小 HTML 格式网页的大小，可将其保存为经筛选的 HTML 格式
    D. 单个文件网页需要另外建立一个文件夹来存放支持文件
6. 批量转换 Word 文档时的"模板"对话框包括的选项卡有_____。
    A. 常用　　　B. 报告　　　C. 备忘录　　　D. 其他文档

7. 批量转换 Word 文档时"转换向导"提供的步骤包括_____。
   A. 转换　　　　　B. 选择文件夹　　　C. 选择文件　　　D. 备份文件
8. 对将发布的演示文稿进行网页预览时，浏览器的下方将出现 PowerPoint 工具条，上面的按钮包括_____。
   A. 显示/隐藏大纲　　　　　　　　　B. 展开/折叠大纲
   C. 显示/隐藏备注　　　　　　　　　D. 全屏幻灯片放映
9. 下列关于发布工作表的说法错误的是_____。
   A. 需使用"编辑"菜单中的"另存为网页"命令
   B. 保存时如果勾选了"添加交互"复选框，则显示的是静态的表格页面
   C. "保存位置"下拉菜单可以选择要保存到的文件夹
   D. 在"设置页标题"对话框中可设置浏览器标题栏中将显示的标题名
10. 下列关于发送文档到演示文稿的说法错误的是_____。
    A. 把已有的 Word 文档发送给 PowerPoint 可以快速制作幻灯片
    B. 应选择"编辑"菜单中的"发送"子菜单
    C. 使用"文件"菜单中"发送"的"Microsoft Office PowerPoint"命令
    D. 每个标题1样式的段落都会成为新幻灯片的第一级文本
11. "导入数据"对话框包括的项目有_____。
    A. 现有工作表　　　　　　　　　　B. 新建工作表
    C. 创建数据透视表　　　　　　　　D. 选取数据源
12. 数据库系统是一个引入数据库以后的计算机系统，它由_____组成。
    A. 数据库　　　　　　　　　　　　B. 数据库管理系统
    C. 数据库应用系统　　　　　　　　D. 数据库操作系统
13. 人们可以把数据库以文件形式存入_____。
    A. 磁盘　　　　　B. 软盘　　　　　C. 硬盘　　　　　D. 磁带
14. 用户_____都要通过数据库管理系统。
    A. 使用数据库命令　　　　　　　　B. 执行应用程序
    C. 安装软件　　　　　　　　　　　D. 编辑文档
15. 数据库管理系统还承担着数据库的维护工作，保证数据库的_____。
    A. 安全性　　　　B. 唯一性　　　　C. 完整性　　　　D. 反馈性
16. 下列属于数据库管理系统的功能的是_____。
    A. 定义数据库　　　　　　　　　　B. 存取数据
    C. 数据库运行管理　　　　　　　　D. 数据库系统维护

17. 数据库管理系统的存取数据功能包括的基本操作有_____。

    A. 输入　　　　　B. 更新　　　　　C. 查询　　　　　D. 索引

18. 下列关于数据库应用系统的说法正确的是_____。

    A. 它是指数据库应用程序系统

    B. 它是针对某一个管理对象而设计的一个面向用户的软件系统

    C. 它是建立在数据库基础上的

    D. 它具有良好的交互操作性和用户界面

19. 在 Access 2003 数据库中，关于数据表的说法正确的是_____。

    A. 表是数据库的基础

    B. 每张表都由某一主题的信息组成

    C. 表将信息以表格方式排列

    D. 表中的每条记录包含数据库中的所有字段

20. 在 Access 2003 数据库中，可以在窗体上放置控件，用于_____。

    A. 执行操作　　　　　　　　　　B. 在字段中输入数据

    C. 在字段中显示数据　　　　　　D. 在字段中编辑数据

21. 在 Access 2003 数据库中，窗体的功能包括_____。

    A. 创建数据输入窗体以显示、输入和修改数据

    B. 创建自定义对话框接收用户输入信息并执行相应的操作

    C. 利用窗体制作菜单面板

    D. 控制应用软件的执行流程

22. 在 Access 2003 数据库中，报表的数据来源包括_____。

    A. 基表　　　　　B. 查询　　　　　C. SQL 语句　　　　D. 访问页

23. 在 Access 2003 数据库中，报表可以对数据进行_____。

    A. 排序　　　　　B. 筛选　　　　　C. 分组　　　　　D. 替换

24. 在 Access 2003 数据库的数据访问页中，可_____数据库中存储的数据。

    A. 查看　　　　　B. 添加　　　　　C. 编辑　　　　　D. 操作

25. 在 Access 2003 数据库中，模块的类型包括_____。

    A. 标准模块　　　B. 变形模块　　　C. 类模块　　　　D. 宏模块

26. 在 Access 2003 数据库中，每个字段都是关于特定主题的信息，在确定需要哪些字段时，应该注意_____。

    A. 字段要包含所有需要的信息

    B. 将信息分成最小的逻辑部分存储

C. 不要包含派生或计算得到的数据

D. 不要创建相互类似的字段

27. 在 Access 2003 数据库中，关于主键的说法正确的是_____。

　　A. 用来将表与其他表中的外键相关联　　B. 不允许为 Null

　　C. 必须始终具有唯一索引　　　　　　　D. 可以有多个索引

28. 创建 Access 2003 数据库的方法包括_____。

　　A. 建立空数据库，然后在空数据库中添加表

　　B. 用数据库向导建立数据库

　　C. 利用分析工具建立数据库

　　D. 利用设计器建立数据库

29. 在 Access 2003 中，数据库模板通过对话框定义_____等对象，并定义它们之间的关系。

　　A. 表　　　　　B. 查询　　　　　C. 窗体　　　　　D. 报表

30. 在 Access 2003 中，用户可以先建立一个空数据库，然后再添加_____。

　　A. 表　　　　　B. 窗体　　　　　C. 报表　　　　　D. 其他对象

31. 在 Access 2003 中，使用"数据库向导"创建数据库时，"模板"对话框的"数据库"选项卡包括的选项有_____。

　　A. 订单　　　　B. 分类总账　　　C. 讲座管理　　　D. 库存控制

32. Access 2003 自带的模板包括_____。

　　A. 服务请求管理　　　　　　　　　B. 联系人管理

　　C. 资产追踪　　　　　　　　　　　D. 资源调度

33. 在 Access 2003 中，建立一个新数据表需输入每个字段的_____。

　　A. 名称　　　　B. 数据类型　　　C. 说明　　　　　D. 大小

34. Access 2003 可用的数据类型包括_____。

　　A. 文本　　　　B. 备注　　　　　C. 数字　　　　　D. 货币

35. Access 2003 可用的数据类型包括_____。

　　A. 自动编号　　B. 是否　　　　　C. OLE 对象　　　D. 超链接

36. 在 Access 2003 中，在表设计视图的"_____"选项卡下可以设置字段属性。

　　A. 查阅　　　　B. 常规　　　　　C. 字段名称　　　D. 数据类型

37. 在 Access 2003 中，表设计视图的"常规"选项卡所列的属性包括_____。

　　A. 字段大小　　B. 格式　　　　　C. 输入掩码　　　D. 默认值

38. 在 Access 2003 中，一个表被显示出来时，列标题的名字一般就是表的字段名，该

名称可以是_____。

  A．字母和数字的组合   B．数字和空格的组合

  C．空格和字母的组合   D．符号和数字的组合

39．下列关于 Access 2003 表的"常规"选项卡中属性的说法正确的是_____。

  A．格式属性可以设置数据的显示形式

  B．标题名称长度最多为 50 个字符

  C．字段的有效性规则可以限定用户输入数据值的范围

  D．索引将加速字段中搜索及排序的速度

40．在 Access 2003 中，关于修改表结构的说法正确的是_____。

  A．在"字段名称"列中可以修改字段的名称

  B．在"数据类型"下拉列表中可以选择数据类型

  C．在"说明"列中可输入此字段的说明

  D．如果要插入新字段，可以单击"常用"工具栏的"插入行"按钮

41．Access 2003 提供了很强的信息维护功能，用户可以_____。

  A．输入数据   B．删除、复制和粘贴数据

  C．将数据导出到其他应用程序中   D．从其他应用程序中获得数据

42．在 Access 2003 中，在维护数据库的过程中需要_____。

  A．不断修改记录   B．添加新记录

  C．删除不需要的记录   D．不做任何改变

43．在 Access 2003 中，删除表中记录的步骤正确的是_____。

  A．在"数据库"窗口中打开一个表

  B．单击行选定器，选定要删除的一个记录

  C．单击工具栏上的"删除记录"按钮

  D．单击"否"按钮删除选定的记录

44．在 Excel 2003 中，图表可以作为一个整体进行编辑，包括_____。

  A．选择图表   B．移动图表位置

  C．改变图表大小   D．复制图表

45．在 Excel 2003 中，调整图表大小时，将鼠标指向黑色标记，指针会分别变为指向_____的双向箭头。

  A．上下   B．左右   C．左对角线   D．右对角线

46．在 Excel 2003 中，图表的类型包括_____。

  A．柱形图   B．条形图   C．折线图   D．饼图

47. 下列关于数据系列的说法正确的是_____。
    A. 具有唯一的颜色
    B. 有多个图案
    C. 在图表的图例中表示
    D. 在 Excel 2003 中，可以在图表中绘制一个或多个数据系列

48. 在 Excel 2003 的"趋势线格式"对话框中，选项卡包括_____。
    A. 图案   B. 类型   C. 选项   D. 样式

49. 在 Excel 2003 中，一个图表按它分布的面积可分为_____等区域。
    A. 图表区   B. 绘图区   C. 图例区   D. 坐标轴

50. 在 Excel 2003 的三维图表中，绘图区以坐标轴为界并包含_____。
    A. 数据系列   B. 分类名称   C. 刻度线   D. 坐标轴标题

51. 在 Project 2003 中跟踪项目中的任务时，_____可以用于分析进度的任务信息。
    A. 工期   B. 工时   C. 开始日期   D. 完成日期

52. 在跟踪项目中的任务时，关于工时的说法正确的是_____。
    A. 对于任务，是指完成任务所需的人员总数
    B. 对于工作分配，是指分配给资源的工时量
    C. 对于资源，是指为完成所有任务而分配给资源的总工时量
    D. 对于任务，是指完成任务所需的有效工作时间的总范围

53. 在 Project 2003 中，比较基准计划包括_____的信息。
    A. 任务   B. 资源   C. 工作分配   D. 总览

54. 在 Project 2003 中，实际信息反映了该任务_____。
    A. 实际花费了多少成本   B. 实际用了多少天
    C. 实际的工期   D. 实际的开始日期和完成日期

55. 在 Project 2003 中，用户可以设计_____，以跟踪项目的进度。
    A. 跟踪表   B. 工时表   C. 成本表   D. 差异表

56. 在 Project 2003 中，下列关于总览项目的叙述正确的是_____。
    A. 总览项目可以使用户对报表整体情况有所了解
    B. Project 2003 提供了任务视图、资源视图和组合图视图
    C. Project 2003 提供了多个可以进行简单选择、预览和打印的内置报表
    D. Project 2003 提供的报表汇集了最常用的信息集

57. Project 2003 提供的内置报表可以用来_____。
    A. 管理项目   B. 调整资源

C. 控制成本　　　　　　　　　D. 分析潜在问题

58. 在 Project 2003 中，如果预定义视图无法完全满足需要，则可以应用不同的_____更改任务、资源，得到包含需要信息的视图。

　　A. 表　　　　B. 查询　　　　C. 筛选器　　　　D. 窗口

59. 在 Project 2003 中，打印报表前可以在"页面设置"对话框中_____。

　　A. 更改页面方向　　　　　　B. 缩放页面
　　C. 更改纸张大小　　　　　　D. 修改报表属性

60. 在 Project 2003 中，在项目开始之后，可能需要检查和分析项目的进展情况，并对_____进行优化调整。

　　A. 任务　　　　B. 资源　　　　C. 成本　　　　D. 信息

61. 在 Project 2003 中，分析和优化项目可以包括的内容有：_____。

　　A. 分析项目计划以保证完成日期
　　B. 分析项目计划以优化其工作量
　　C. 分析项目计划以安排人员
　　D. 分析项目计划以满足预算要求

62. 在 Project 2003 中，关于确定关键路径的说法正确的是_____。

　　A. 关键路径是为使项目按时完成而必须按时完成的系列任务
　　B. 当关键路径上的最后一个任务完成时，整个项目也就随之完成了
　　C. 要查看关键路径和关键任务，可通过"视图"菜单
　　D. 在对话框的"视图"列表中选择"详细甘特图"可以查看任务的关键路径

63. 在 Project 2003 中，如果不能保证目标按时完成，则可以调整_____，从而更改关键路径任务，并最终保证完成日期。

　　A. 日历　　　　B. 范围　　　　C. 任务　　　　D. 工作分配

64. 在 Project 2003 中，调整任务的方法包括_____。

　　A. 更改任务的日期限制
　　B. 更改关键路径上的任务工期
　　C. 调整工作资源在关键任务上花费的时间
　　D. 更改错误的链接或不必要的链接

65. 在 Project 2003 中，复制或移动任务的操作步骤正确的是_____。

　　A. 在"标识号"域中，选择要复制或移动的任务
　　B. 如果要移动任务，可以单击"编辑"菜单的"剪切任务"命令
　　C. 如果要复制任务，可以单击"编辑"菜单的"复制任务"命令

D. 在"标识号"域中，选择要粘贴所选任务的行

66. 在 Project 2003 中，删除任务的操作步骤错误的是_____。

   A. 打开 Excel 文档，并切换到甘特图视图

   B. 在"标识号"域中，选择要删除的任务

   C. 在"编辑"菜单上，单击"删除任务"命令

   D. 如果删除的是由子任务组成的摘要任务，则其所有子任务都将被删除

67. 在 Project 2003 中，清除任务的操作步骤正确的是_____。

   A. 单击"格式"命令，可以将所选域的格式恢复为默认格式

   B. 单击"内容"命令，可以清除所选域中的信息

   C. 单击"备注"命令，可以删除所选任务的备注

   D. 单击"超链接"命令，可以删除所选任务的超链接

68. 在 Project 2003 中，任务相关性类型包括_____。

   A. FS　　　　B. SF　　　　C. SS　　　　D. FF

69. 在 Project 2003 中，资源可以是_____。

   A. 个人　　　　　　　　　　B. 小组

   C. 设备　　　　　　　　　　D. 完成任务过程中消耗的材料

操作技能辅导练习题

【试题1】

1. 考核要求

将"素材库（高级）\ 考生素材1\ 文件素材7—1.doc"以"高级7—1A.doc"为文件名保存至考生文件夹中，进行以下操作：

（1）办公软件间信息传递（最终版面如"样文7—1A"所示）

1）将"高级7—1A.doc"中的内容发送到 Microsoft Office PowerPoint 中，共创建十张幻灯片，并对其应用设计模板"诗情画意.pot"。

2）在幻灯片母版中，将动画方案"线形退出"应用于所有幻灯片，并将动画方案的开始时间均设置为在上一事件后自动启动动画效果，速度均为快速。

3）设置完成后，将该演示文稿以"高级7—1B.ppt"为文件名，保存至考生文件夹中。

（2）演示文稿插入到文档

按"样文7—1B"所示，将演示文稿"高级7—1B.ppt"插入到"高级7—1A.doc"文

档末尾,设置显示为图标,并将图标更改为"素材库(高级)\考生素材3\图标素材7—1.exe"的样式,设置对象缩放比例为145%。

(3) 发布Web页

将"高级7—1B.ppt"以Web文件类型另存至考生文件夹中,设置文件名为"高级7—1C.mht",并将页面标题更改为"四书五经"。

样文7—1A:

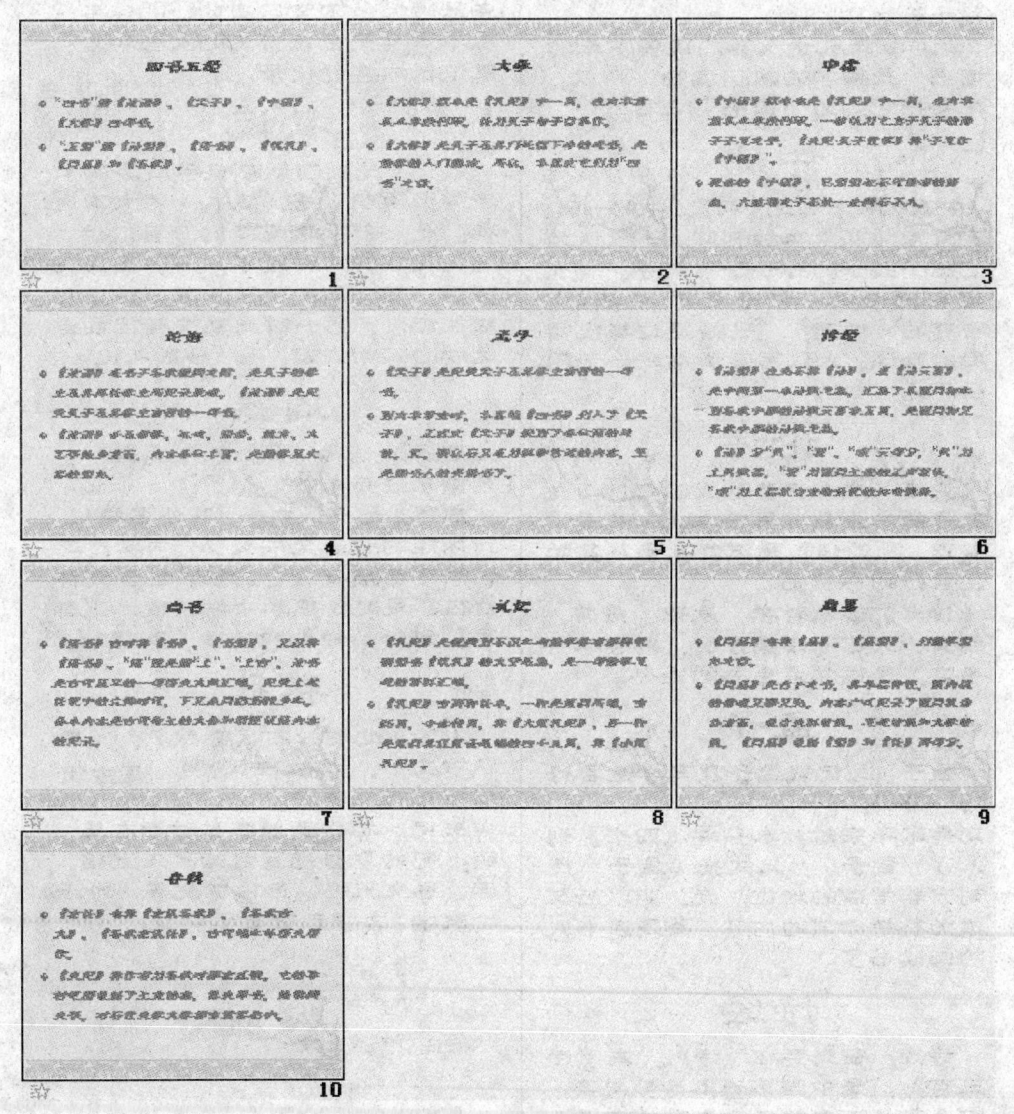

样文7—1B:

四书五经

"四书"指《论语》、《孟子》、《中庸》、《大学》四部书。
"五经"指《诗经》、《尚书》、《仪礼》、《周易》和《春秋》。

大学

《大学》原本是《礼记》中的一篇，在南宋前从未单独刊印。传为孔子弟子曾参作。
《大学》是孔子及其门徒留下来的遗书，是儒学的入门读物。所以，朱熹把它列为"四书"之首。

中庸

《中庸》原来也是《礼记》中的一篇，在南宋前从未单独刊印。一般认为它出于孔子的孙子子思之手，《史记·孔子世家》称"子思作《中庸》"。现存的《中庸》，已经经过秦代儒者的修改，大致写定于秦统一全国后不久。

论语

《论语》成书于春秋战国之际，是孔子的学生及其再传学生所记录整理。《论语》是记载孔子及其学生言行的一部书。
《论语》涉及哲学、政治、经济、教育、文艺等诸多方面，内容非常丰富，是儒学最主要的经典。

孟子

《孟子》是记载孟子及其学生言行的一部书。
到南宋孝宗时，朱熹编《四书》列入了《孟子》，正式把《孟子》提到了非常高的地位。元、明以后又成为科举考试的内容，更是读书人的必读书了。

诗经

《诗经》在先秦称《诗》，或《诗三百》，是中国第一本诗歌总集。汇集了从西周初年到春秋中期的诗歌三百零五篇，是西周初至春秋中期的诗歌总集。

《诗》分"风"、"雅"、"颂"三部分，"风"为土风歌谣，"雅"为西周王畿的正声雅乐，"颂"为上层社会宗庙祭祀的舞曲歌辞。

尚书

《尚书》古时称《书》、《书经》，至汉称《尚书》。"尚"便是指"上"、"上古"，该书是古代最早的一部历史文献汇编。记载上起传说中的尧舜时代，下至东周约1500多年。基本内容是古代帝王的文告和君臣谈话内容的记录。

礼记

《礼记》是战国到秦汉年间儒家学者解释说明经书《仪礼》的文章选集，是一部儒家思想的资料汇编。
《礼记》有两种传本，一种是戴德所编，有85篇，今存40篇，称《大戴礼记》；另一种是戴德其侄戴圣选编的四十九篇，称《小戴礼记》。

周易

《周易》也称《易》、《易经》，列儒家经典之首。
《周易》是占卜之书，其外层神秘，而内蕴的哲理至深至弘。内容广泛记录了西周社会各方面，包含史料价值、思想价值和文学价值。《周易》包括《经》和《传》两部分。

春秋

《左传》也称《左氏春秋》、《春秋古文》、《春秋左氏传》，是古代编年体历史著作。
《史记》称作者为春秋时期左丘明。它的取材范围包括了王室档案、鲁史策书、诸侯国史等，对后世史学、文学都有重要影响。

高级7-1B.ppt

2. 考核时限

完成本题操作基本时间为 25 min；超出要求时间 5 min 内（含）扣 2 分，超出要求时间 5 min 以上停止操作。

【试题 2】

1. 考核要求

（1）数据库与数据表操作

1）启动 Microsoft Office Access 2003，利用创建向导在考生文件夹中创建名称为"高级 7—2A.mdb"的数据表。

2）选择表的类型为"产品"，需要创建的字段有"产品名称""序列号""库存量""单价""再订购量"，设置表的名称为"考生创建"。

3）按"样文 7—2A"所示，在创建的数据表中输入数据。

（2）打印设置

对数据表进行打印设置，打印范围为全部内容，逐份打印数据表，共打印 5 份，且打印到文件。

样文 7—2A：

考生创建ID	产品名称	序列号	库存量	单价	再订购量
1	童鞋	20080001	10000	￥20	200
2	袜子	20080003	15000	￥2	1000
3	女上衣	20080004	8000	￥50	600
4	休闲裤	20080002	8500	￥40	750

2. 考核时限

完成本题操作基本时间为 25 min；超出要求时间 5 min 内（含）扣 2 分，超出要求时间 5 min 以上停止操作。

【试题 3】

1. 考核要求

（1）数据库与数据表操作

1）启动 Microsoft Office Access 2003，利用创建向导在考生文件夹中创建名为"高级 7—3A.mdb"的数据表。

2）选择表的类型为"学生"，需要创建的字段有"名字""地址""邮政编码""电话号码""学号"，设置表的名称为"考生创建"。

（2）图表的高级处理

将"素材库（高级）\ 考生素材 1\ 文件素材 7_3.xls"以"高级 7—3B.xls"为文件名保存至考生文件夹中，进行以下操作，最终版面如"样文 7—3"所示：

1）利用 Sheet1 工作表中的相关数据，在此工作表中创建一个簇状柱形图，设置 X 轴与

Y 轴均显示主要网格线，图表的标题为"销售统计表"，X 轴标题为"名称"，Y 轴标题为"数量（朵）"，且图例在图表下方显示。

2）对图表进行修饰：设置标题字体为方正姚体、20 磅、加粗，将标题区域填充为预设颜色中"茵茵绿原"的效果；将图表区填充为预设颜色中"薄雾浓云"的效果。

3）在图表中，为总计系列添加"多项式"趋势线，阶数为 3 阶；设置趋势线为红色、细实线。

样文 7—3：

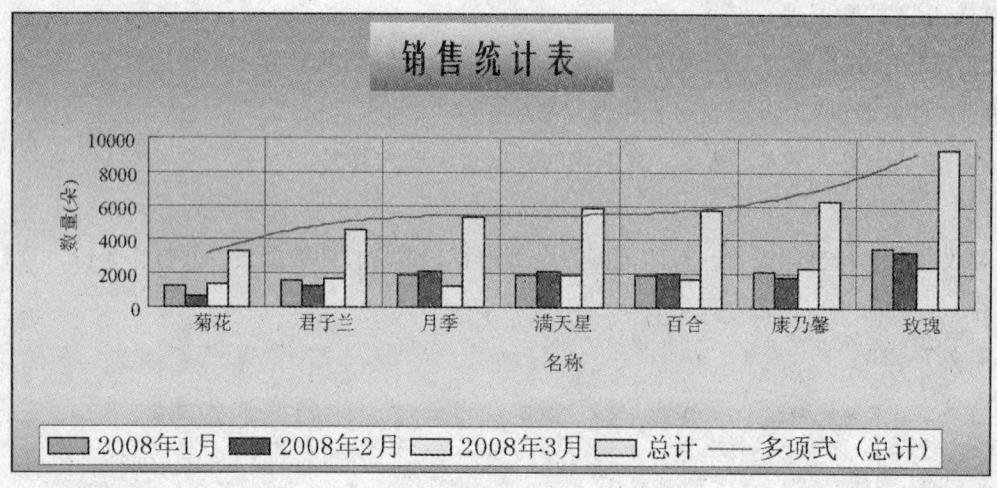

2. 考核时限

完成本题操作基本时间为 25 min；超出要求时间 5 min 内（含）扣 2 分，超出要求时间 5 min 以上停止操作。

参考答案
理论知识辅导练习题参考答案

一、判断题

1. √ 2. × 3. × 4. √ 5. √ 6. √ 7. √ 8. × 9. × 10. √ 11. √
12. × 13. √ 14. × 15. √ 16. √ 17. × 18. √ 19. √ 20. × 21. √
22. × 23. √ 24. √ 25. √ 26. √ 27. √ 28. √ 29. √ 30. √ 31. √
32. √ 33. √ 34. √ 35. √ 36. √ 37. √ 38. √ 39. × 40. √ 41. ×
42. √ 43. √ 44. √ 45. √ 46. √ 47. √ 48. √ 49. √ 50. √ 51. √
52. × 53. √ 54. √ 55. √ 56. √ 57. √ 58. √ 59. √ 60. √ 61. √
62. √ 63. √ 64. × 65. √ 66. √ 67. √ 68. √ 69. × 70. √ 71. ×

72. × 73. √ 74. × 75. × 76. √ 77. × 78. √ 79. × 80. × 81. √
82. × 83. √ 84. √ 85. × 86. √ 87. × 88. × 89. √ 90. × 91. √
92. √ 93. × 94. √ 95. × 96. × 97. √ 98. √ 99. × 100. × 101. √
102. × 103. √ 104. √ 105. × 106. × 107. √ 108. × 109. √ 110. √
111. × 112. × 113. √

二、单项选择题

1. D 2. B 3. C 4. B 5. A 6. B 7. C 8. A 9. D 10. C 11. B 12. A
13. B 14. C 15. A 16. B 17. D 18. A 19. D 20. A 21. A 22. B 23. B
24. B 25. B 26. A 27. D 28. D 29. C 30. C 31. A 32. C 33. C 34. A
35. D 36. B 37. C 38. C 39. C 40. C 41. D 42. B 43. A 44. C 45. C
46. A 47. A 48. A 49. A 50. A 51. B 52. B 53. A 54. A 55. B 56. A
57. A 58. C 59. D 60. A 61. D 62. D 63. D 64. C 65. D 66. B 67. D
68. B 69. B 70. C 71. A 72. A 73. A 74. A 75. D 76. D 77. B 78. C
79. C 80. C 81. C 82. A 83. B 84. A 85. D 86. D 87. D 88. B 89. A
90. C 91. B 92. A 93. A 94. B 95. A 96. B 97. B 98. B 99. B 100. B
101. B 102. C 103. A 104. B 105. A 106. B 107. A 108. A 109. A 110. A
111. B 112. B 113. A 114. B 115. B 116. B 117. B 118. C 119. B 120. D
121. B 122. A 123. D 124. B 125. D 126. B 127. D 128. C 129. B 130. B
131. B 132. A 133. B 134. A 135. B 136. A 137. B 138. C 139. B 140. B
141. B 142. C 143. A 144. A 145. A 146. C 147. A 148. D

三、多项选择题

1. AB 2. ABC 3. ABD 4. ACD 5. ABC 6. ABCD 7. ABC 8. ABCD 9. AB
10. BD 11. ABC 12. ABC 13. ABCD 14. AB 15. AC 16. ABCD 17. ABCD
18. ABCD 19. ABCD 20. ABCD 21. ABCD 22. ABC 23. AC 24. ABCD 25. AC
26. ABCD 27. ABC 28. AB 29. ABCD 30. ABCD 31. ABCD 32. ABCD 33. AB
34. ABCD 35. ABCD 36. AB 37. ABCD 38. ABCD 39. ACD 40. ABCD 41. ABCD
42. ABC 43. ABC 44. ABCD 45. ABCD 46. ABCD 47. ACD 48. ABC 49. ABCD
50. ABCD 51. ABCD 52. ABC 53. ABC 54. ABCD 55. ABCD 56. BCD 57. ABCD
58. AC 59. ABC 60. ABC 61. ABD 62. ABCD 63. ABCD 64. ABCD 65. ABCD
66. AB 67. ABCD 68. ABCD 69. ABCD

操作技能辅导练习题参考答案

【试题1】

1. 操作步骤及注意事项

(1) 办公软件间信息传递

1) 文档发送至演示文稿

①在"高级7—1A.doc"文档中,执行"文件"→"发送"→"Microsoft Office PowerPoint"命令,即可打开"Microsoft Office PowerPoint"程序,创建出十张幻灯片。

②在"Microsoft Office PowerPoint"中执行"格式"菜单下的"幻灯片设计"命令,面板右侧会打开"幻灯片设计"任务窗格,从中查找出设计模板"诗情画意.pot",单击即可应用。

2) 演示文稿设置

①在幻灯片中,依次执行"视图"→"母版"→"幻灯片母版"命令,切换至母版视图,执行"幻灯片放映"菜单下的"动画方案"命令,面板右侧会打开"幻灯片设计"任务窗格,从中查找出动画方案"线形退出",单击"应用于所有幻灯片"按钮。

②如图7—1所示,执行"幻灯片放映"菜单下的"自定义动画"命令,面板右侧会打开"自定义动画"任务窗格,选中第一项标题1,将开始时间设置为"之后",在速度处设置为"快速"。依据同样的方法,依次将下面几项也进行设置。

③设置完成后,执行"文件"菜单下的"保存"命令,将该演示文稿以"高级7—1B.ppt"为文件名,保存至考生文件夹中。

(2) 演示文稿插入到文档

1) 在"高级7—1A.doc"文档中,将光标置于文档的结尾处,执行"插入"菜单下的"对象"命令,在"由文件创建"选项卡下,单击"浏览"按钮,查找出考生文件夹中的"高级7—1B.ppt",再勾选"显示为图标"复选项,如图7—2所示。

2) 单击"更改图标"按钮,弹出如图7—3所示的"更改图标"对话框,单击"浏览"按钮,查找出"素材

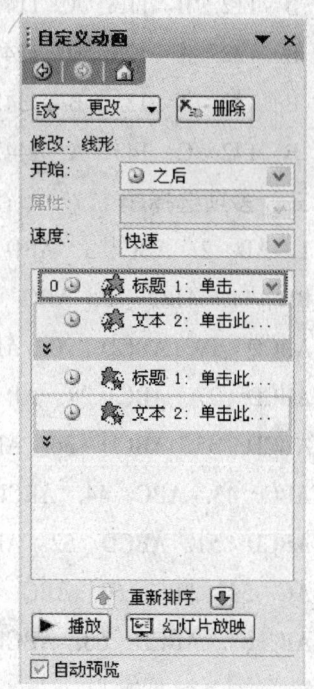

图7—1

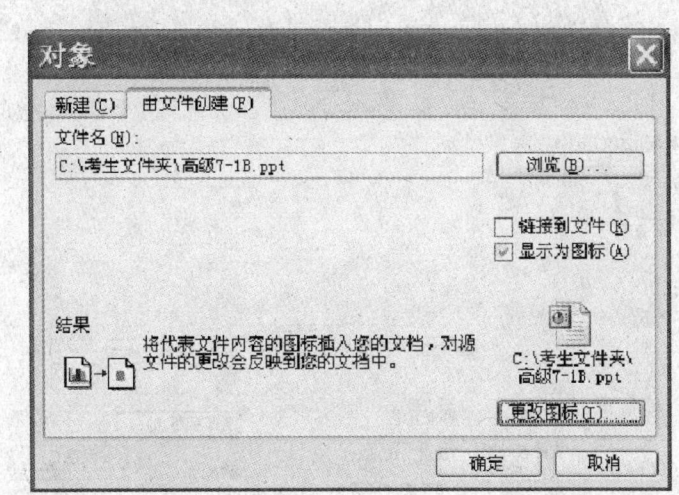

图 7—2

库（高级）\ 考生素材 3 \ 图标素材 7—1.exe"，将"题注"名称改为"高级 7—1B.ppt"，单击"确定"按钮完成设置。

3）如图 7—4 所示，在"高级 7—1A.doc"文档中，鼠标右键单击新插入对象的图标，在下拉列表中选择"设置对象格式"命令。会弹出"设置对象格式"对话框，在"大小"选项卡下，将高度和宽度的缩放比例均设置为 145%。

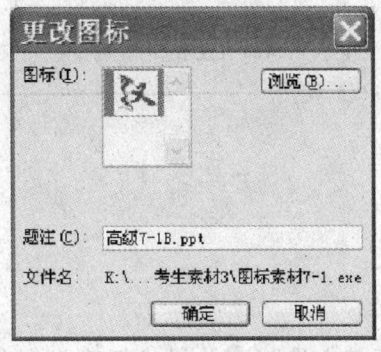
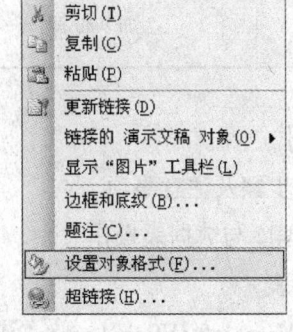

图 7—3　　　　　　　　　　　　　图 7—4

(3) 发布 Web 页

在"高级 7—1B.ppt"文档中，执行"文件"菜单下的"另存为网页"命令，弹出如图 7—5 所示的"另存为"对话框，在保存位置中选择考生文件夹，设置文件名为"高级 7—1C.mht"，并将页面标题更改为"四书五经"，单击"保存"按钮完成设置。

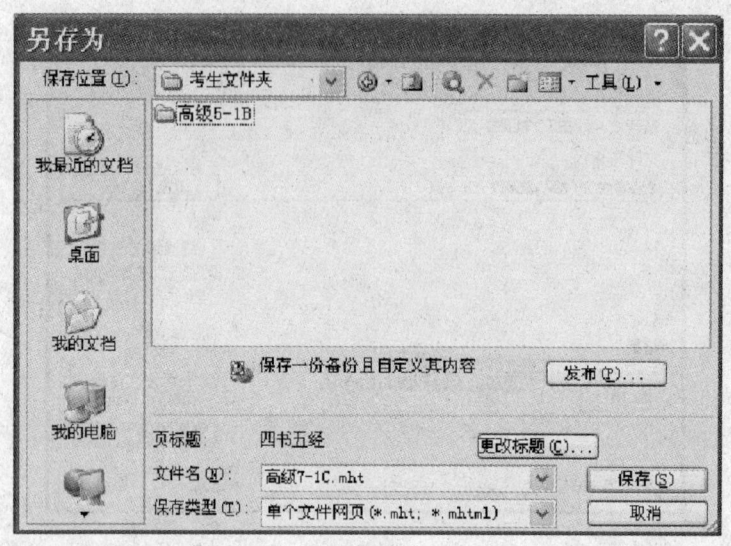

图 7—5

2. 评分项目及标准

评分项目	评分要点	配分	评分标准及扣分
办公软件间信息传递	文档发送到演示文稿并设置动画效果	3 分	文档发送到演示文稿并设置动画效果操作正确得 3 分，否则不得分
	演示文稿插入到文档	3 分	演示文稿插入到文档操作正确得 3 分，否则不得分
办公软件间工作区创建	发布 Web 页	4 分	Web 页发布操作正确得 4 分，否则不得分

【试题 2】

1. 操作步骤及注意事项

（1）数据库与数据表操作

1）创建表

①启动 Microsoft Office Access 2003，执行"文件"菜单的"新建"命令，面板右侧出现如图 7—6 所示的"新建文件"任务窗格，单击"新建"下的"空数据库"命令。

②如图 7—7 所示，在弹出的"文件新建数据库"对话框的"保存位置"下拉列表中找到考生文件夹所在位置，在"文件名"文本框中输入"高级7—2A.mdb"，单击"创建"按钮。

③如图 7—8 所示，在弹出的"数据库"对话框的"对象"列表中选择"表"选项，再双击"使用向导创建表"。

2）设置字段属性

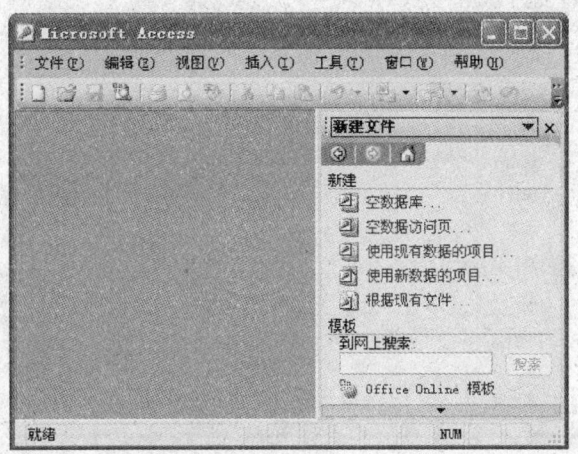

图 7—6

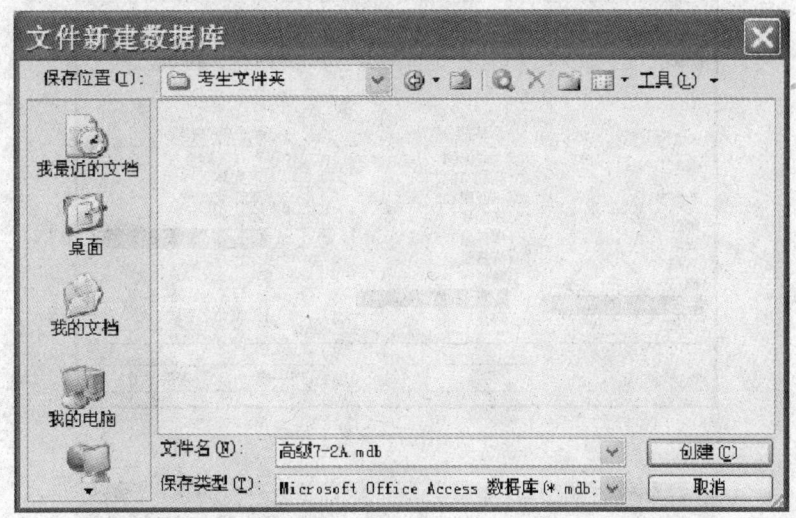

图 7—7

①如图 7—9 所示，弹出"表向导"对话框。在"示例表"列表中选择"产品"，在"示例字段"列表中依次选中"产品名称""序列号""库存量""单价""再订购量"各项，单击"添加"（ > ）按钮，将选定项按顺序添加全"新表中的字段"中，单击"下一步"按钮。

②如图 7—10 所示，在弹出的"表向导"对话框的"请指定表的名称"文本框中输入"考生创建"，单击"下一步"按钮。

③如图 7—11 所示，在弹出的"表向导"对话框中勾选"直接向表中输入数据"项，单击"完成"按钮。

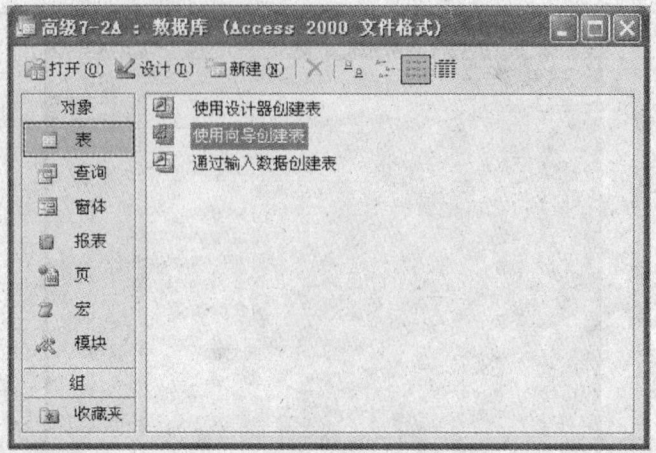

图 7—8

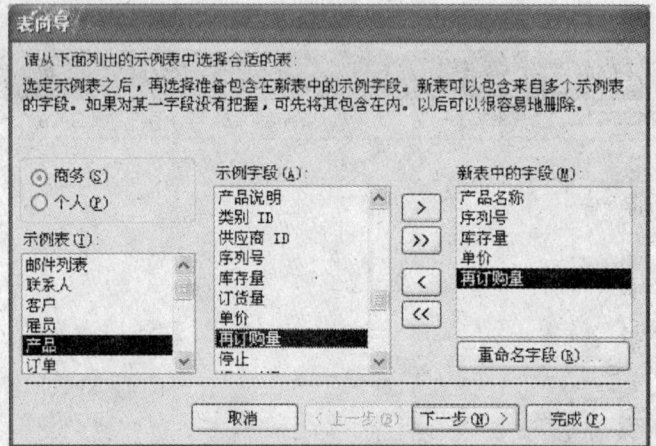

图 7—9

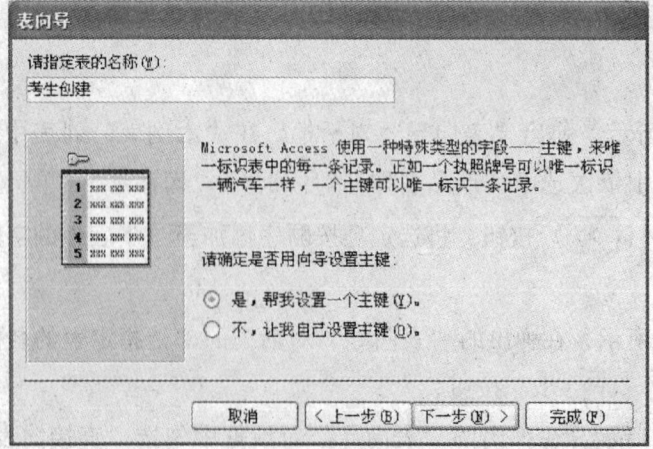

图 7—10

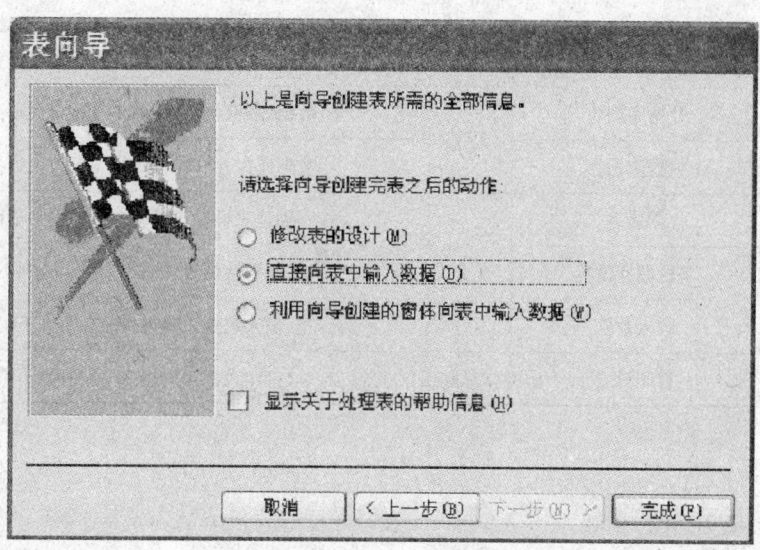

图 7—11

3) 输入数据：按样文所示在创建的数据表中输入相应的数据。

（2）打印设置

执行"文件"菜单下的"打印"命令，弹出如图 7—12 所示的"打印"设置对话框，在"打印范围"中选择"全部内容"，在"打印份数"列表中选择"5"，并勾选"逐份打印"和"打印到文件"选项，单击"确定"按钮完成打印设置。

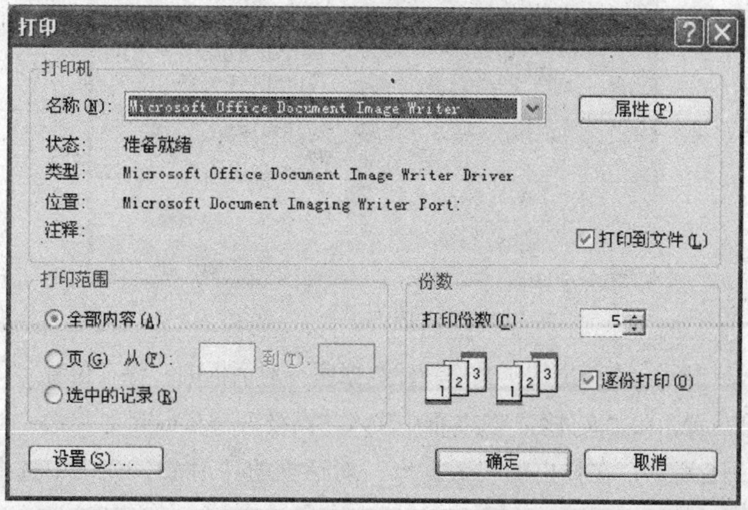

图 7—12

2. 评分项目及标准

评分项目	评分要点	配分	评分标准及扣分
创建与保存数据库	数据库创建	3分	数据库创建操作正确得2分，否则不得分
	数据库保存		数据库保存操作正确得1分，否则不得分
创建与保存表	创建表	5分	创建表操作正确得1分，否则不得分
	字段属性设置		字段属性设置正确得2分，否则不得分
	输入数据		输入数据正确得2分，否则不得分
项目打印	打印设置	2分	打印设置正确得2分，否则不得分

【试题3】

1. 操作步骤及注意事项

（1）数据库与数据表操作

1）创建表

①启动 Microsoft Office Access 2003，执行"文件"菜单下的"新建"命令，面板右侧会出现如图7—13所示的"新建文件"任务窗格，单击"新建"下的"空数据库"命令。

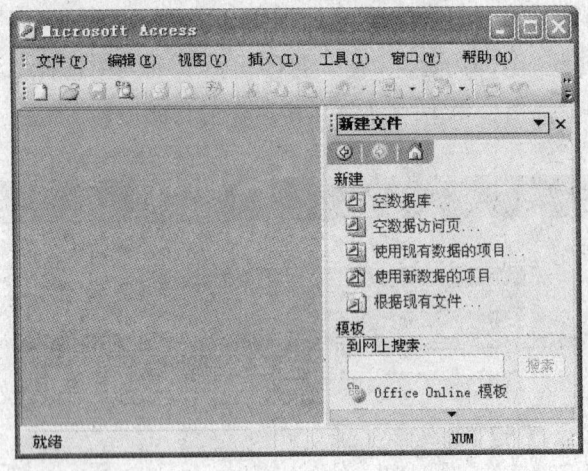

图7—13

②如图7—14所示，在弹出的"文件新建数据库"对话框的"保存位置"下拉列表中找到考生文件夹所在位置，在"文件名"文本框中输入"高级7—3A.mdb"，单击"创建"按钮。

③如图7—15所示，在弹出的"数据库"对话框的"对象"列表中选择"表"选项，再双击"使用向导创建表"。

2）设置字段属性

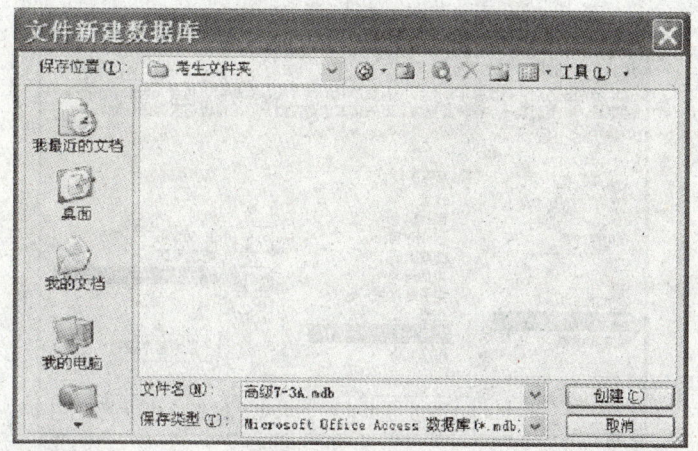

图 7—14

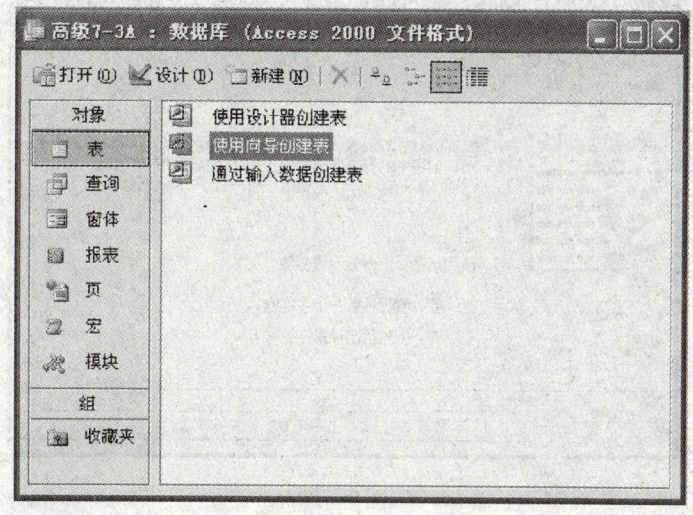

图 7—15

①如图 7—16 所示，弹出"表向导"对话框。在"示例表"列表中选择"学生"，在"示例字段"列表中依次选中"名字""地址""邮政编码""电话号码""学号"各项，单击"添加"（ > ）按钮，将选定项按顺序添加至"新表中的字段"中，单击"下一步"按钮。

②如图 7—17 所示，在弹出的"表向导"对话框的"请指定表的名称"文本框中输入"考生创建"，单击"下一步"按钮。

③最后单击"完成"按钮。

（2）图表的高级处理

1）创建图表

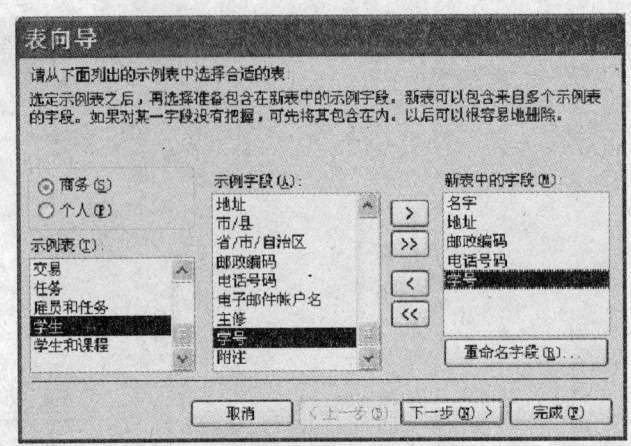

图7—16

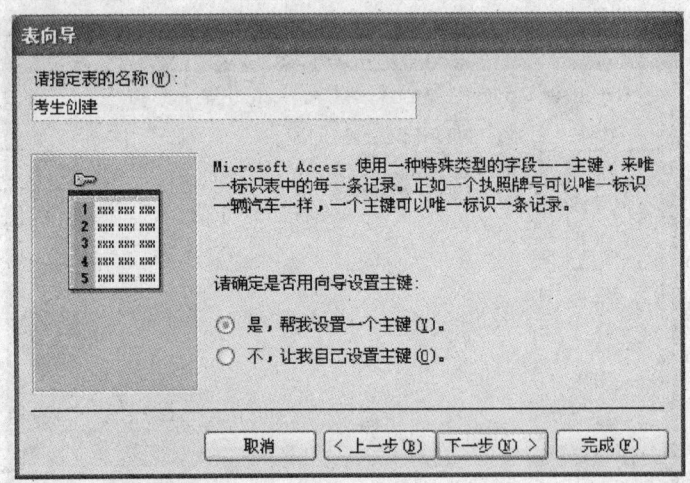

图7—17

①在"高级7—3B.xls"的Sheet1工作表中,选中除标题行外的整个表格,执行"插入"菜单下的"图表"命令,弹出如图7—18所示的"图表向导—4步骤之1—图表类型"对话框。

②在"图表类型"列表中选择"柱形图","子图表类型"中选择"簇状柱形图",单击"下一步"按钮。

③如图7—19所示,在"图表向导—4步骤之2—图表源"对话框中,选择系列产生在"列"项,单击"下一步"按钮。

④如图7—20所示,在"图表向导—4步骤之3—图表选项"对话框的"标题"选项卡下,设置图表的标题为"销售统计表",X轴标题为"名称",Y轴标题为"数量(朵)"。

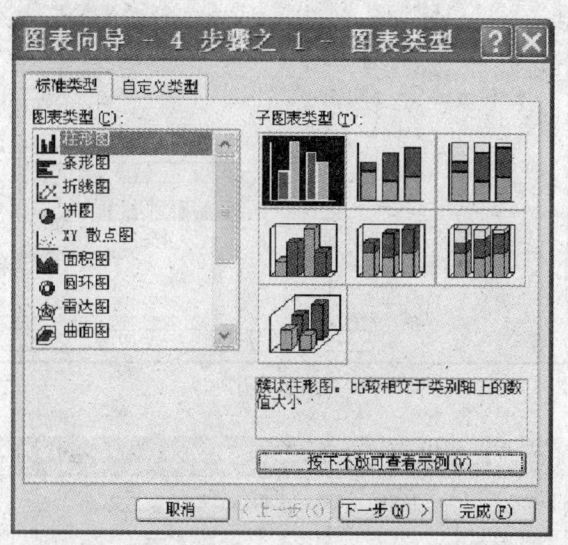

图 7—18

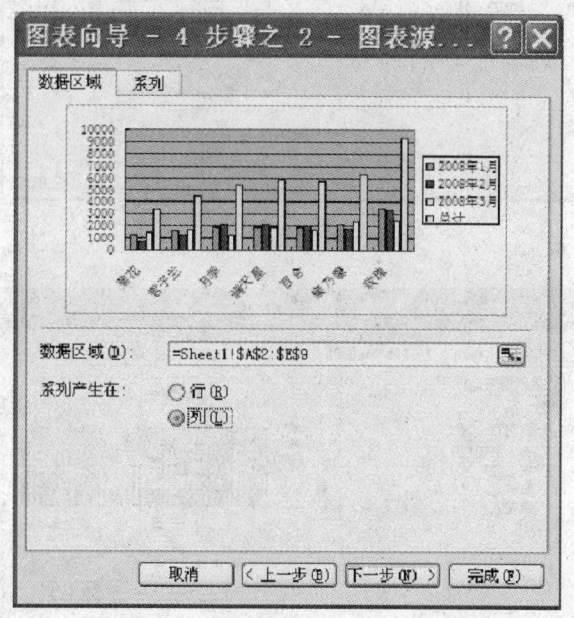

图 7—19

⑤如图 7—21 所示，在"图表向导—4 步骤之 3—图表选项"对话框的"网格线"选项卡下，分别勾选分类（X）轴的"主要网格线"和数值（Y）轴的"主要网格线"。

⑥如图 7—22 所示，在"图表向导—4 步骤之 3—图表选项"对话框的"图例"选项卡下，设置显示图例的位置是"底部"，单击"完成"按钮。

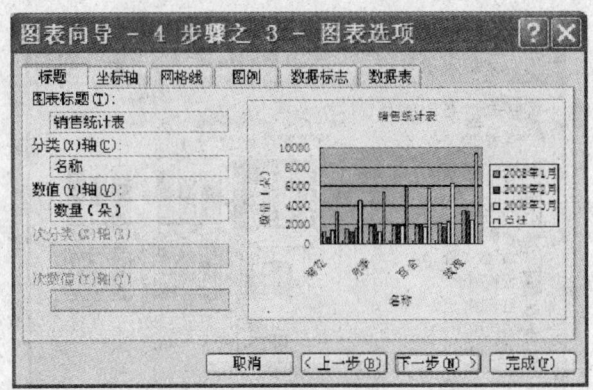

图 7—20

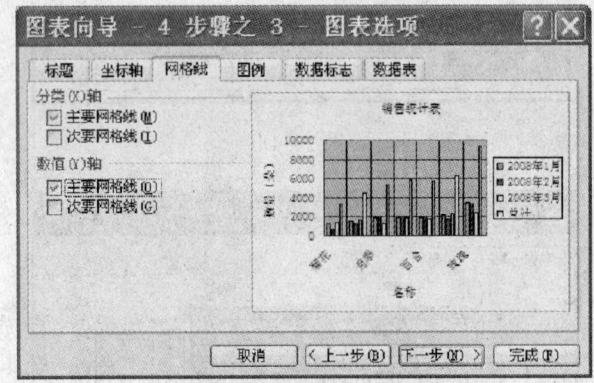

图 7—21

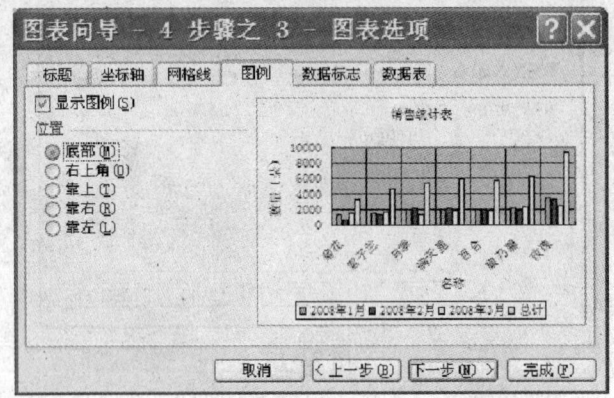

图 7—22

2）对图表进行修饰

①在"图表"工具栏的"图表对象"下拉列表中选择"图表标题"选项，单击"图表标题格式"（ ）按钮。

②在弹出的"图表标题格式"对话框的"字体"选项卡下，设置标题字体为方正姚体、

20 磅、加粗。

③如图 7—23 所示，在"图案"选项卡下，单击"填充效果"按钮，在预设颜色列表中选择"茵茵绿原"的效果，单击"确定"按钮完成格式设置。

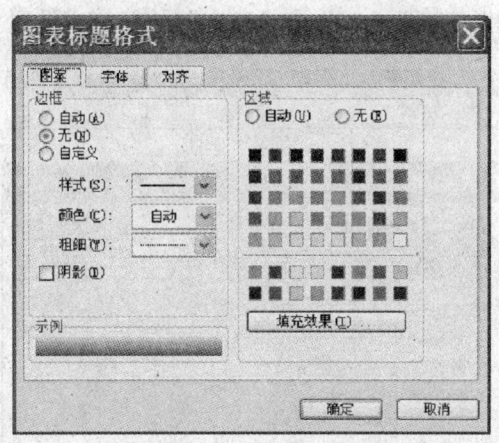

图 7—23

④在"图表"工具栏的"图表对象"下拉列表中选择"图表区"选项，单击"图表区格式"（ ）按钮。

⑤在弹出的"图表区格式"对话框的"图案"选项卡下，单击"填充效果"按钮，在预设颜色列表中选择"薄雾浓云"的效果，单击"确定"按钮完成格式设置。

3）添加趋势线

①在 Sheet1 工作表中，选中整个图表区，执行"图表"菜单下的"添加趋势线"命令，弹出如图 7—24 所示的"添加趋势线"对话框，选择"多项式"类型，阶数设置为"3 阶"，数据系列选择为"总计"系列，单击"确定"按钮完成添加。

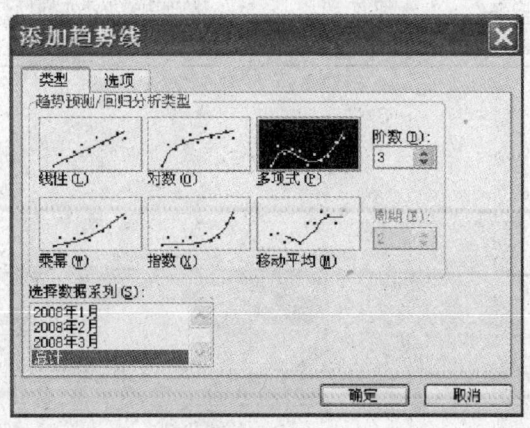

图 7—24

②在"图表"工具栏的"图表对象"下拉列表中选择"'总计'趋势线1"选项,单击"趋势线格式"( )按钮。

③如图7—25所示,在"趋势线格式"对话框的"图案"选项卡下,自定义趋势线样式为实线、颜色为红色、粗细为细线,单击"确定"按钮完成设置。

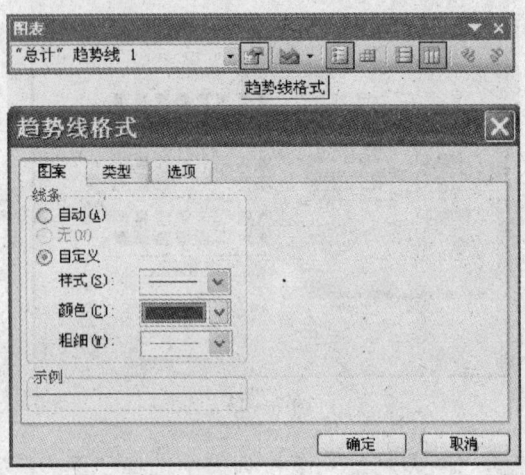

图7—25

2. 评分项目及标准

评分项目	评分要点	配分	评分标准及扣分
数据库与数据表	数据库创建	4分	数据库创建操作正确得1分,否则不得分
	数据库保存		数据库保存操作正确得1分,否则不得分
	字段属性设置		字段属性设置正确得2分,否则不得分
图表的高级处理	创建图表	6分	创建图表操作正确得2分,否则不得分
	修饰图表		修饰图表效果正确得2分,否则不得分
	添加趋势线		添加趋势线操作正确得2分,否则不得分

第二部分　模拟试卷

理论知识考核模拟试卷

一、**判断题**（下列判断正确的请在括号内打"√"，错误的请在括号内打"×"，每题0.5分，共20分）

1. 适用于非屏蔽双绞线的网卡应提供 AUI 接口。（　　）
2. 无线广域网主要基于 GPRS、CDMA 等无线网络技术。（　　）
3. 屏蔽双绞线主要分为3类、4类、5类、超5类、6类几种。（　　）
4. 对校是两人合作进行的校对方法。（　　）
5. 在 Word 2003 中，"文件"菜单最多可以列出9个最近使用的文件。（　　）
6. 在 Excel 2003 中，添加批注表示为文字添加批注。（　　）
7. 在 Word 2003 中，宏的程序是用 VC 编写的。（　　）
8. HTML 文件的结构中，在 <title> 和 </title> 之间的内容是标题的信息。（　　）
9. 校对时不必注意检索注解和参考文献的次序。（　　）
10. 进行公式排版时，变量使用白斜体。（　　）
11. 排复杂公式时，应插入适当的三分空（即 ASCII 码空），以增强阅读效果。（　　）
12. 在 PowerPoint 2003 中，建立的超链接是可以修改的。（　　）
13. 在 Excel 2003 中，图片可以隐藏。（　　）
14. 在 Word 2003 中，自动保存间隔时间可任意设置，没有限制。（　　）
15. PowerPoint 2003 中，可以为动作按钮添加声音。（　　）
16. 在公式编辑界面，利用"格式"菜单，可以改变公式中的文字、函数、变量及数字等元素的字体。（　　）
17. 语音识别不会影响计算机的性能。（　　）
18. 自造词时，如果认为系统给出的五笔字型输入码太冗长不便记忆，可以在外码后给出便于自己记忆的编码。（　　）
19. 集线器属于数据通信系统中的基础设备，是一种不需任何软件支持或只需很少管理软件管理的硬件设备。   （   ）

20. 交换机与网桥和路由器相比，性能及吞吐能力较低。   （   ）

21. 10Base-T 网的 RJ-45 端口在路由器中通常标识为"ETH"。   （   ）

22. 多硬盘的计算机可以通过在 BIOS 中指定硬盘的启动次序，实现多操作系统的共存。
                                                                  （   ）

23. 在 Excel 2003 中，按 Enter 键后活动单元格的移动方向可以设置。 （   ）

24. 其他应用程序创建的对象可以插入到工作簿中。   （   ）

25. 在 PowerPoint 2003 中，幻灯片母版的"对象区"用于所有幻灯片文字的格式化。
                                                                  （   ）

26. 在 PowerPoint 2003 中，通过"选项"对话框的"编辑"选项卡可以转换幻灯片中的文本语言。   （   ）

27. 在设置电子邮箱账户时，POP3 是指发送邮件服务器。   （   ）

28. 一般来说，搜索引擎中使用中文字符的"-"表示"非"的概念。   （   ）

29. 一般来说，搜索引擎中使用""""（英文引号）表示"精确匹配"。 （   ）

30. 网页标题就是 HTML 标记语言 <title> </title> 之间的部分。   （   ）

31. 若要减小 HTML 格式网页的大小，可将其保存为经筛选的 HTML 格式，以删除 Microsoft Office 程序使用的标记。   （   ）

32. 批量转换 Word 文档需要使用"文件"菜单中的"保存"命令。   （   ）

33. Excel 能够利用网页发布功能将工作簿或工作簿里的部分内容保存为 HTML 格式的网页文件。   （   ）

34. 用户可以把已有的 Word 文档发送给 PowerPoint，以快速制作幻灯片。（   ）

35. 在 Excel 的"插入数据"对话框中可以创建数据透视表。   （   ）

36. 数据库管理系统还承担着数据库的维护工作，保证数据库的安全性和完整性。
                                                                  （   ）

37. 在 Access 2003 数据库中，窗体是 Access 与用户交互的界面。   （   ）

38. 在 Access 2003 数据库中，每个表应该只包含关于一个主题的信息。   （   ）

39. 在 Excel 2003 中，用鼠标单击需要移动的图表，会看到图表四角及四边的中央出现红色的标记。   （   ）

40. 在 Project 2003 中，用户要跟踪域，可以在"格式"菜单中单击"列"命令。（   ）

二、单项选择题（下列每题有 4 个选项，其中只有 1 个是正确的，请将其代号填写在横线空白处，每题 0.5 分，共 60 分）

1. _____ 技术就是具有集成性、实时性和交互性的计算机综合处理音频和视频信息的技术。

  A. 网络 B. 多媒体 C. 维修 D. 应用

2. 根据所覆盖地域范围的不同，网络基本上可分为 WAN 和_____两大类。

  A. LAN B. FAN C. HAN D. CAN

3. 下列关于局域网主要用途的说法中错误的是_____。

  A. 能使用户共享打印机 B. 能使用户共享大容量的存储设备

  C. 允许网络用户之间进行信息交换 D. 能实现 Internet 上的所有功能

4. IP 地址是由一组以小数点分隔的_____个 0～255 之间的数字组成的。

  A. 1 B. 2 C. 3 D. 4

5. 适用粗缆的网卡应提供_____。

  A. FDDI 接口 B. AUI 接口 C. BNC 接口 D. RJ－45 接口

6. _____基于 WAP 等无线网络技术。

  A. 无线局域网 B. 无线广域网 C. 互联网 D. Internet

7. 从功能上划分，可以把无线网卡分为_____。

  A. 单模无线网卡和双模无线网卡

  B. USB 无线网卡和 PCMCIA 无线网卡

  C. 中速无线网卡和高速无线网卡

  D. GPRS 无线网卡和 CDMA 无线网卡

8. 一般来说，网卡安装在计算机上，通过_____连接到电缆上。

  A. 中继器 B. 水晶头 C. 交换机 D. 路由器

9. 一般计算机网络主要使用的是_____类双绞线。

  A. 2 B. 3 C. 4 D. 5

10. _____端口常是通过专用连线与计算机连接，用来对路由器进行基本配置。

  A. Console B. AUX C. DDN D. PSTN

11. Boot. ini 文件的引导加载部分中，_____表示等待用户选择操作系统的时间。

  A. timeout = xx B. timeout = xxxxx C. default = xxxxx D. default = xx

12. Boot. ini 文件的操作系统部分中，_____表示 SCSI 总线号。

  A. Rdisk(0) B. Disk(0) C. Partition(3) D. Partition(0)

13. MMC 是_____的简称。

  A. 管理工具 B. 网络设备

  C. 微软管理控制台 D. 工作站

14. _____是影响计算机安全性的安全设置的组合。

A. 服务策略　　B. 安全策略　　C. 网络策略　　D. 配置策略

15. 用户可以通过在"开始"菜单中选择"_____"命令来设置"本地安全策略"。

　　A. 控制面板　　B. 网络连接　　C. 运行　　D. 搜索

16. 逻辑坏道通常为软件操作或使用不当造成，可通过_____来解决。

　　A. 更改硬盘分区　　　　　B. 更改扇区
　　C. 软件修复　　　　　　　D. 网络升级

17. 物理坏道能通过_____来解决。

　　A. 更改硬盘分区或扇区　　B. 查杀病毒
　　C. 软件修复　　　　　　　D. 网络升级

18. 修复逻辑坏道时，选择"扫描并试图恢复坏扇区"复选框，运行时必须_____。

　　A. 进行格式化操作　　　　B. 关闭所有文件
　　C. 使用磁盘软件　　　　　D. 隐藏文件

19. 如果已不能进入 Windows 系统，也可用软盘或光盘启动计算机后，在提示符后键入"_____"来扫描硬盘。

　　A. disk 盘符　　　　　　　B. scandisk 盘符
　　C. scan 盘符　　　　　　　D. fdisk 盘符

20. 在注册表中，_____包含计算机上所有用户的配置文件的根目录。

　　A. HKEY_CURRENT_USER
　　B. HKEY_LOCAL_MACHINE
　　C. HKEY_CURRENT_CONFIG
　　D. HKEY_USERS

21. 校对人员的基本职责是_____。

　　A. 查找错误　　　　　　　B. 修改错误
　　C. 对原稿负责　　　　　　D. 对安排校对工作的人负责

22. 一般书刊所采取的是_____校付印。

　　A. 一　　B. 三　　C. 五　　D. 七

23. 下列关于校对要求的说法中错误的是_____。

　　A. 不必注意检索注解和参考文献的次序
　　B. 统一各级标题
　　C. 改正符号和公式的错误
　　D. 校正图的位置方位的平正

24. 进行公式排版时，_____使用黑斜体。

A. 变量　　　B. 函数符号　　　C. 矢量　　　D. 张量

25. 进行公式排版时，反三角函数符号使用_____。

A. 白正体　　　B. 白斜体　　　C. 黑正体　　　D. 黑斜体

26. 不必嵌入三分空的情况是_____。

A. 正体与正体符号之间　　　B. 正体与斜体之间
C. 数值与度量单位之间　　　D. 大小写字母之间

27. "公式"工具栏的顶行是"符号"工具条，其中的按钮可插入_____多个数学符号。

A. 100　　　B. 150　　　C. 200　　　D. 250

28. 在公式编辑界面，利用"_____"菜单，可以改变公式中字符等元素的对齐方式。

A. 格式　　　B. 样式　　　C. 尺寸　　　D. 积分

29. 在 Windows XP 中，捆绑的输入法不包括_____。

A. 微软拼音输入法　　　B. 英语（英文）输入法
C. 郑码输入法　　　D. 五笔输入法

30. 下列关于输入法软件的说法错误的是_____。

A. 都有自动安装程序
B. 提供自动卸载程序
C. 也可通过输入法的设置对话框来卸载
D. 用户安装完了一种输入法，它一定会在语言栏上显示出来

31. 在"语言栏设置"中，选中"_____"选项是激活其他各选项的前提条件。

A. 在桌面上显示语言栏
B. 处于非活动状态时，将语言栏显示为透明
C. 在任务栏中显示其他语言栏图标
D. 在语言栏上显示文字标签

32. 要使用麦克风进行文字输入，计算机 CPU 主频需要为_____MHz 或更高。

A. 100　　　B. 200　　　C. 300　　　D. 400

33. 要查看计算机上是否已经安装了语音识别，需要通过"开始"菜单中的"_____"命令。

A. 控制面板　　　B. 搜索　　　C. 运行　　　D. 连接到

34. 使用语音识别进行文字输入时语调要_____。

A. 平稳　　　B. 过低　　　C. 过高　　　D. 柔和

35. 用鼠标单击任务栏中的输入法图标后，选择输入法，在屏幕的_____会出现输入法指示器图标。

　　A. 左下方　　　　　　　　　　B. 左上方
　　C. 右上方　　　　　　　　　　D. 右下方

36. _____输入法指示器时会出现"版本信息""帮助""造词""设置"等选项列表。

　　A. 左键单击　　　　　　　　　B. 左键双击
　　C. 右键单击　　　　　　　　　D. 右键双击

37. 我国内地计算机普遍使用的是简体汉字 GB 字库，字库中大约只有_____个汉字可用。

　　A. 1 000　　B. 2 000　　C. 2 500　　D. 3 000

38. 繁体字使用的是_____。

　　A. 简体汉字 GB 字库　　　　　　B. GBK 繁体字库
　　C. 简体汉字 GBK 字库　　　　　D. GB 繁体字库

39. 要输入特殊符号，可以通过单击"开始"→"所有程序"→"_____"→"系统工具"→"字符映射表"命令。

　　A. 启动　　B. 附件　　C. 远程协助　　D. 系统

40. 通过"_____"菜单可以把新造汉字的编码加到输入法中去。

　　A. 编辑　　B. 视图　　C. 插入　　D. 工具

41. 在 Word 2003 中，"选项"命令在"_____"菜单中。

　　A. 文件　　B. 工具　　C. 格式　　D. 视图

42. 在 Word 2003 中，在"选项"对话框的"_____"选项卡中有"使用智能指针"复选框。

　　A. 常规　　B. 编辑　　C. 修订　　D. 拼写和语法

43. 在 Word 2003 中，自动保存间隔时间以_____为单位。

　　A. 秒　　B. 分钟　　C. 小时　　D. 天

44. Word 2003 的自动统计字数功能可以统计_____。

　　A. 段落数　　B. 更改次数　　C. 各行字数　　D. 数据类型数

45. 在 Word 2003 中，"自动编写摘要"命令在"_____"菜单中。

　　A. 文件　　B. 编辑　　C. 插入　　D. 工具

46. 在 Word 2003 中，_____是摘要类型之一。

　　A. 突出显示要点　　　　　　　B. 把要点移到首行

C. 把要点移到文档开头　　　　　D. 对要点不做任何处理

47. 在 Word 2003 中，要对文档进行加密，应在"选项"对话框中选择"＿＿＿＿"选项卡。

　　A. 加密　　　B. 保密　　　C. 设置密码　　　D. 安全性

48. 在 Word 2003 中，在"保护文档"任务窗格中选择"＿＿＿＿"，则文档只能以只读方式打开。

　　A. 修订　　　B. 批注　　　C. 填写窗体　　　D. 未做任何更改

49. 在 Word 2003 中，样式是有特定的样式名的一组＿＿＿＿。

　　A. 函数　　　B. 模板　　　C. 格式　　　D. 数据

50. 在 Word 2003 中，样式包罗了一系列的格式特征，包括边框和底纹、制表位和＿＿＿＿等。

　　A. 项目符号　　B. 网格线　　C. 段落符号　　D. 换行符

51. 在 Word 2003 中，以＿＿＿＿结尾的模板为向导类模板。

　　A. doc　　　B. wiz　　　C. tem　　　D. dot

52. Word 2003 表格的编址方式中，列用＿＿＿＿表示，行用＿＿＿＿表示。

　　A. 字母　数字　　B. 数字　字母　　C. 数字　数字　　D. 字母　字母

53. 通过运行宏可以完成一系列的 Word 2003 命令，达到＿＿＿＿的目的。

　　A. 阶段操作　　　　　　　　B. 程序化操作
　　C. 简化编辑操作　　　　　　D. 结构化操作

54. 在 Word 2003 中，通过"＿＿＿＿"菜单可打开"宏"对话框。

　　A. 文件　　　B. 视图　　　C. 格式　　　D. 工具

55. 在 Word 2003 中，XML 是一项用于管理和共享文本文件中的＿＿＿＿的技术。

　　A. 结构化数据　　　　　　　B. 多元化数据
　　C. 重复性数据　　　　　　　D. 特异数据

56. 在 Excel 2003 的"选项"对话框中，选择"＿＿＿＿"复选框后，滚动滚轮将缩放工作表。

　　A. 最近使用的文件列表　　　B. 用智能鼠标缩放
　　C. 新工作簿内的工作表数　　D. 启动时打开此目录中的所有文件

57. 在 Excel 2003 的"选项"对话框中选中"任务栏中的窗口"复选框，则表示可以在 Windows ＿＿＿＿上显示多个工作簿的任务按钮。

　　A. 菜单栏　　B. 任务栏　　C. 状态栏　　D. 时间栏

58. 在 Excel 2003 的"选项"对话框中，"显示占位符"表示将图片和图表显示为

_____矩形。

    A. 灰色   B. 红色   C. 蓝色   D. 绿色

59. 在 Excel 2003 中，最少每隔_____会自动保存。

    A. 1 min   B. 10 min   C. 5 min   D. 3 min

60. 在 Excel 2003 中，模拟运算表有_____类型。

    A. 两种   B. 三种   C. 四种   D. 五种

61. 在 Excel 2003 中，_____用于汇总和分析表格中的数据。

    A. 数据透视表   B. 数据页表
    C. 数据表   D. 数据分析表

62. 在 Excel 2003 中，以下不属于数据透视表 3 个区的是_____。

    A. 页字段区   B. 表字段区   C. 行字段区   D. 列字段区

63. 在 Excel 2003 中，要在工作簿中插入公式，需选择"插入"菜单的"_____"命令。

    A. 公式   B. 数学公式   C. 函数   D. 对象

64. 在 Excel 2003 中进行高级筛选时，要在可用做条件区域的数据清单上插入至少_____空白行。

    A. 一个   B. 两个   C. 三个   D. 四个

65. 在 Excel 2003 中，列表中包含_____的行称为插入行。

    A. $ 号   B. 星号   C. % 号   D. ！号

66. 在 Excel 2003 中，可以使用"列表"工具栏的"_____"按钮隐藏汇总行。

    A. 汇总行   B. 切换汇总行
    C. 隐藏汇总行   D. 显示汇总行

67. 在 Excel 2003 中调整列表时，结果列表必须与原始列表_____。

    A. 部分覆盖   B. 部分重叠
    C. 全部覆盖   D. 全部重叠

68. 在 Excel 2003 中，单击"自动筛选"按钮，选择"_____"命令，表示显示该列表所有的数据。

    A. 非空白   B. 全部   C. 显示全部   D. 全部显示

69. 在 Excel 2003 中进行高级筛选时，条件区域必须具有_____。

    A. 行标志   B. 列标志   C. 批注   D. 标记

70. 在 Excel 2003 中，_____是对已经存在的宏进行改变说明、改变内容以及删除等操作。

A. 管理宏　　　B. 复制宏　　　C. 移动宏　　　D. 删除宏

71. 在PowerPoint 2003中，标题幻灯片就是_____幻灯片。
    A. 第一张　　　B. 下一张　　　C. 上一张　　　D. 最后一张

72. 在PowerPoint 2003中，_____用于格式化讲义。
    A. 讲义样式　　B. 讲义格式　　C. 标题母版　　D. 讲义母版

73. 在PowerPoint 2003中，讲义母版视图中可以调整_____占位符。
    A. 两个　　　　B. 三个　　　　C. 四个　　　　D. 五个

74. 在PowerPoint 2003中，备注母版包含_____占位符。
    A. 四个　　　　B. 五个　　　　C. 六个　　　　D. 七个

75. 在PowerPoint 2003中，要创建一个表格，应在"_____"菜单中选择"表格"命令。
    A. 文件　　　　B. 视图　　　　C. 插入　　　　D. 格式

76. 在PowerPoint 2003中，在表格中，可以使用_____键跳至前一单元格。
    A. Ctrl + Shift　B. Shift + Tab　C. End + Tab　　D. End + Alt

77. 在PowerPoint 2003中，如果要在表格内输入制表符，可以按_____键。
    A. Ctrl + Tab　　B. Ctrl + Alt　　C. Alt + Tab　　D. Shift + Tab

78. 如果要将已有的文件作为对象插入演示文稿，可以在"插入对象"对话框中选择"_____"单选按钮。
    A. 创建从文件　B. 新建　　　　C. 由文件创建　D. 从文件创建

79. 在PowerPoint 2003中，在"插入"菜单的"_____"选项中选择"组织结构图"菜单项，也可弹出"组织结构图"窗口。
    A. 图片　　　　B. 结构图　　　C. 组织　　　　D. 图表

80. 在PowerPoint 2003中，选择"插入"菜单的"_____"子菜单中的"文件中的声音"后，会打开"插入声音"对话框。
    A. 影片　　　　B. 影片和声音　C. 声音　　　　D. 对象

81. 为了保证演示文稿正常播放，可以把演示文稿与该演示文稿所涉及的有关文件_____。
    A. 一起打包　　B. 放在一起　　C. 一起复制　　D. 一起移动

82. 在PowerPoint 2003中，在"_____"框中输入的数值，可以设置用户能够撤销操作的最大数量。
    A. 最大可取消操作数　　　　　　B. 最多可撤销操作数
    C. 最多可取消操作数　　　　　　D. 最大可撤销操作数

83. 一般 PowerPoint 2003 不会检查_____。
    A. 大写的一致性   B. 字形的最大数目
    C. 标题文本的最大字号   D. 正文文本的最小字号

84. 在 PowerPoint 2003 中,"_____"菜单含有"动作按钮"子菜单。
    A. 文件   B. 视图   C. 幻灯片放映   D. 窗口

85. 在 PowerPoint 2003 中,单击需要的动作按钮,鼠标指针将变为_____。
    A. 十字形   B. 手形   C. 竖线   D. I形

86. 设置多用户管理后,退出 Outlook Express 时,需要选择"文件"菜单下的"_____"菜单项。
    A. 切换标识   B. 注销标识   C. 添加新标识   D. 关闭标识

87. Outlook Express 可以通过"_____"菜单的"邮件规则"子菜单来阻止垃圾邮件。
    A. 工具   B. 编辑   C. 视图   D. 插入

88. 一般来说,搜索引擎中使用_____表示"与"的概念。
    A. 空格   B. +   C. _   D. =

89. 一般来说,搜索引擎中使用_____表示"或"的概念。
    A. 空格   B. +   C. _   D. OR

90. 一般来说,搜索引擎中使用_____代表一连串字符。
    A. *   B. ?   C. ;   D. !

91. 一般来说,搜索引擎中使用_____代表单个字符。
    A. *   B. ?   C. ;   D. !

92. "_____"表示搜索范围局限于某个具体网站。
    A. site: B. filetype: C. inurl: D. intitle:

93. 搜索指定的网站时,网站频道需使用"_____"方式。
    A. 域名/频道名   B. 频道名.域名
    C. 域名.频道名   D. 频道名/域名

94. _____是"Web Log"的缩写。
    A. Blog   B. 播客   C. 网页   D. 邮件

95. 博客的功能不包括_____。
    A. 写日记   B. 发照片   C. 发视频   D. 发邮件

96. 将文档发布为 Web 页面可以使文档通过 Internet_____,实现文档的共享。
    A. 修改   B. 传播   C. 保存   D. 发送

97. 在保存为 Web 页前，用户可以选择"文件"菜单中的"_____"命令，观看页面效果，并据此编辑调整。

   A. 文件搜索　　B. 网页预览　　C. 页面设置　　D. 打印预览

98. 批量转换 Word 文档时，在"模板"对话框中要选择"_____"选项卡。

   A. 常用　　　　B. 报告　　　　C. 备忘录　　　D. 其他文档

99. 对将发布的演示文稿进行网页预览时，浏览器的下方将出现 PowerPoint 工具条，左边的第一个按钮是_____。

   A. 显示/隐藏大纲　　　　　　　B. 展开/折叠大纲

   C. 显示/隐藏备注　　　　　　　D. 全屏幻灯片放映

100. "导入数据"对话框的项目不包括_____。

   A. 现有工作表　　　　　　　　B. 新建工作表

   C. 创建数据透视表　　　　　　D. 选取数据源

101. 数据库简称为_____。

   A. DB　　　　　B. DBMS　　　C. DBS　　　　D. DBM

102. 人们把数据库以_____形式存入磁盘（软盘、硬盘或磁带）中。

   A. 数据　　　　B. 文件　　　　C. 信息　　　　D. 表格

103. 数据库管理系统简称为_____。

   A. DB　　　　　B. DBMS　　　C. DBS　　　　D. DBM

104. 数据库管理系统的_____功能是根据用户设计的数据结构，建立数据库结构组织。

   A. 定义数据库　　　　　　　　B. 存取数据

   C. 数据库运行管理　　　　　　D. 数据库系统维护

105. 以数据库为核心，并对其进行管理和应用的计算机系统称为_____。

   A. DB　　　　　B. DBMS　　　C. DBS　　　　D. DBM

106. 国际标准化组织（ISO）公布的标准数据库语言是_____。

   A. SQL　　　　B. JAVA　　　 C. VB　　　　　D. VF

107. 在 Access 2003 数据库中，数据表将_____以表格方式排列。

   A. 文字　　　　B. 信息　　　　C. 符号　　　　D. 字母

108. 在 Access 2003 数据库中，_____是用来自动执行任务的一个操作或一组操作。

   A. 表　　　　　B. 窗体　　　　C. 模块　　　　D. 宏

109. 设计数据库的第一个步骤是_____。

   A. 确定数据库中需要的表　　　B. 确定数据库的用途

C. 确定表与表之间的关系　　　　D. 使用分析工具

110. 数据库中的每个表都必须包含表中唯一标识每个记录的字段或字段集，这种字段或字段集称为_____。

　　　A. 主键　　　B. 外键　　　C. 索引　　　D. 域

111. Access 2003 的"数据类型"缺省为_____。

　　　A. 文本　　　B. 备注　　　C. 数字　　　D. 货币

112. 启动 Access 2003 后，如果当前不是"数据库"窗口，可以按_____键从其他窗口切换到"数据库"窗口。

　　　A. F7　　　B. F8　　　C. F11　　　D. F12

113. 在 Access 2003 中，向表中输入记录时按_____键可以转至下一个字段。

　　　A. Shift　　　B. Ctrl　　　C. Tab　　　D. Enter

114. 在 Excel 2003 中，调整图表大小时，在拖拽鼠标的过程中用_____表示图表大小。

　　　A. 虚线　　　B. 实线　　　C. 双虚线　　　D. 双实线

115. 在 Excel 2003 中，_____指在图表中绘制的相关数据点，这些数据源自数据表的行或列。

　　　A. 数据系列　　　B. 数据来源　　　C. 数据集合　　　D. 数据汇总

116. 在 Project 2003 中，对于任务，_____是指完成任务所需的人员总数。

　　　A. 工期　　　B. 工时　　　C. 开始日期　　　D. 完成日期

117. 在 Project 2003 中，在项目开始之后，应分析并检查项目计划的资源分配状况以_____。

　　　A. 缩短计划的完成日期　　　B. 优化其工作量
　　　C. 确保成本控制　　　　　　D. 确保完成日期

118. 在 Project 2003 中，_____是为使项目按时完成而必须按时完成的系列任务。

　　　A. 关键路径　　　B. 主要路径　　　C. 次要路径　　　D. 核心路径

119. 在 Project 2003 中，在_____域中，可选择要复制或移动的任务。

　　　A. 符号　　　B. 序号　　　C. 标识号　　　D. 记录号

120. 在 Project 2003 中，不属于任务相关性类型的是_____。

　　　A. FS　　　B. SS　　　C. FD　　　D. SF

三、**多项选择题**（下列每题的多个选项中，至少有 2 个是正确的，请将正确答案的代号填在横线空白处，每题 1 分，共 20 分）

1. 按结构和功能分类，集线器可分为_____。

A. 未管理的集线器 B. 堆叠式集线器
C. 底盘集线器 D. 10 Mb/s 集线器

2. 通常集线器上的每一个连接端口有两个状态指示灯，颜色分别是_____。
   A. 绿色　　　　B. 红色　　　　C. 黄色　　　　D. 棕黄色

3. 高速同步串口（SERIAL）主要是用于连接_____等网络连接模式。
   A. DDN　　　　B. X.25　　　　C. PSTN　　　　D. Modem

4. "公式"工具栏是 Microsoft 公式 3.0 的核心，该工具栏包括_____。
   A. "模板"工具条 B. "数字"工具条
   C. "符号"工具条 D. "字母"工具条

5. 常用的校对方法包括_____。
   A. 对校　　　　B. 折校　　　　C. 读校　　　　D. 看校

6. 下列关于输入法默认热键的说法正确的是_____。
   A. 切换中英文输入法：Ctrl + Space 组合键
   B. 全角/半角切换：Shift + Space 组合键
   C. 中英文标点符号切换：Ctrl + 。（句号键）组合键
   D. 全角/半角切换：Shift + Alt 组合键

7. 在 Word 2003 中，在"选项"对话框的"视图"选项卡中可以设置是否显示_____。
   A. 屏幕提示　　B. 菜单栏　　　C. 状态栏
   D. 页码　　　　E. 制表符

8. 在 Word 2003 中，为当前文档加载新的模板会影响文档中的_____。
   A. 文本　　　　B. 宏　　　　　C. 自动图文集
   D. 菜单命令　　E. 图片清晰度

9. Word 2003 中，常用函数包括_____。
   A. SUM( ) B. COUNT( )
   C. TIME( ) D. MAX( )
   E. DATE( )

10. 在 Excel 2003 中，数据透视图包括_____。
    A. 图形区 B. 编辑区
    C. 绘图区 D. 图例格式
    E. 坐标轴格式

11. 在 Excel 2003 中，可创建的映射单元格包括_____。

A. 唯一映射单元格 B. 影子单元格

C. 重复单元格 D. 匹配单元格

E. 从属单元格

12. 在 PowerPoint 2003 中，幻灯片母版包括_____。

A. 标题母版 B. 讲义母版

C. 备注母版 D. 表格母版

E. 幻灯片母版

13. 在 PowerPoint 2003 中，幻灯片母版中的占位符有_____。

A. 对象区 B. 标题区

C. 日期区 D. 页脚区

E. 数字区

14. Google 可以搜索微软的_____文档。

A. .xls B. .ppt C. .doc D. .pdf

15. 博客的种类包括_____。

A. 日记博客 B. 知识博客

C. 新闻博客 D. 技术博客

16. 下列关于网页的说法正确的是_____。

A. 是 HTML 格式的文件

B. 文件扩展名为 .html 或 .htm

C. 可通过 Internet 用浏览器来阅读

D. 是 EXE 格式的文件

17. 将一个 Word 文档另存为单个文件网页格式，下列说法不正确的是_____。

A. 文档中的文字保存在该文件中，图片或其他对象分别建立文件夹保存

B. 保存完毕后，生成一个网页文件和一个存放支持文件的文件夹

C. 保存完毕后，网页中的图片或其他对象都保存在该文件中，不需要另外建立文件夹来保存支持文件

D. 网页和图片都保存在一个文件中，该文件的扩展名为 .doc

18. 将一个 Word 文档另存为网页格式，保存类型包括_____。

A. 单个文件网页 B. Web 文档

C. 筛选过的网页 D. XML 文档

19. 下列关于数据库应用系统的说法正确的是_____。

A. 它是指数据库应用程序系统

B. 它是针对某一个管理对象而设计的一个面向用户的软件系统

C. 它是建立在数据库基础上的

D. 它具有良好的交互操作性和用户界面

20. Access 2003 可用的数据类型包括_____。

　　A. 文本　　　　B. 备注　　　　C. 数字　　　　D. 货币

理论知识考核模拟试卷参考答案

一、判断题

1. × 2. √ 3. × 4. × 5. √ 6. √ 7. × 8. √ 9. × 10. √
11. √ 12. √ 13. √ 14. × 15. √ 16. × 17. × 18. √ 19. √ 20. ×
21. √ 22. √ 23. √ 24. √ 25. √ 26. √ 27. × 28. × 29. √ 30. √
31. √ 32. × 33. √ 34. √ 35. √ 36. √ 37. √ 38. √ 39. × 40. ×

二、单项选择题

1. B 2. A 3. D 4. D 5. B 6. A 7. A 8. B 9. D 10. A 11. A
12. B 13. C 14. B 15. A 16. C 17. A 18. B 19. B 20. D 21. C 22. B
23. A 24. C 25. A 26. D 27. B 28. B 29. D 30. D 31. A 32. D 33. A
34. A 35. A 36. C 37. D 38. B 39. B 40. A 41. B 42. B 43. B 44. A
45. D 46. A 47. D 48. D 49. C 50. A 51. B 52. A 53. C 54. B 55. A
56. B 57. B 58. A 59. A 60. A 61. A 62. B 63. D 64. C 65. B 66. B
67. B 68. B 69. B 70. B 71. B 72. B 73. C 74. B 75. C 76. B 77. B
78. C 79. A 80. B 81. A 82. C 83. C 84. C 85. A 86. A 87. A 88. A
89. D 90. A 91. B 92. A 93. B 94. A 95. D 96. B 97. B 98. D 99. A
100. D 101. A 102. B 103. B 104. A 105. C 106. C 107. B 108. D
109. C 110. B 111. A 112. C 113. C 114. A 115. A 116. B 117. B
118. A 119. C 120. C

三、多项选择题

1. ABC 2. AD 3. ABC 4. AC 5. ABC 6. ABC 7. ACE 8. BCD 9. ABD
10. CDE 11. AC 12. ABCE 13. ABCDE 14. ABC 15. ABCD 16. ABC 17. ABD
18. ACD 19. ABCD 20. ABCD

操作技能考核模拟试卷

一、计算机安装、连接、调试（本题总分值为 5 分）
1. 禁用计算机系统错误汇报，但在发生严重错误时通知用户。（2.5 分）
2. 用注册表设置禁止屏幕保护功能。（2.5 分）

二、文字录入（本题总分值为 20 分）
1. 英文基本录入：在 10 min 之内录入以下内容。（8 分）

There were already signs that he had a good deal of talent. The summer after ninth grade, Jordan and Smith both went to Pop Herring's basketball camp. Neither of them had yet come into his body, and almost all of the varsity players, two and sometimes three years older, seemed infinitely stronger at that moment when a year or two in physical development can make all the difference. In Smith's mind there was no doubt which of the two of them was the better player—it was Michael by far. But on the day the varsity cuts were announced—it was the big day of the year, for they had all known for weeks when the list would be posted—he and Roy Smith had gone to the Laney gym. Smith's name was on it, Michael's was not.

It was the worst day of Jordan's young life. The list was alphabetical, so he focused on where the Js should be, and it wasn't there, and he kept reading and rereading the list, hoping somehow that he had missed it, or that the alphabetical listing had been done incorrectly. That day he went home by himself and went to his room and cried. Smith understood what was happening—Michael, he knew, never wanted you to see him when he was hurt.

"We knew Michael was good," Fred Lynch, the Laney assistant coach, said later, "but we wanted him to play more and we thought the jayvee was better for him." He easily became the best player on the jayvee that year. He simply dominated the play, and he did it not by size but with quickness. There were games in which he would score forty points. He was so good, in fact, that the jayvee games became quite popular. The entire varsity began to come early so they could watch him play in the jayvee games.

Smith noticed that while Jordan had been wildly competitive before he had been cut, after the cut he seemed even more competitive than ever, as if determined that it would never happen again. His coaches noticed it, too. "The first time I ever saw him, I had no idea who Michael Jordan was. I was helping to coach the Laney varsity," said Ron Coley. "We went over to Goldsboro, which was our big rival, and I entered the gym when the jayvee game was just ending up. There were nine players on the court just coasting, but there was one kid playing his heart out. The way he was playing I thought his team was down one point with two minutes to play. So I looked up at the clock and his team was down twenty points and there was only one minute to play. It was Michael and I quickly learned he was always like that."

2. 中文基本录入：在10 min之内录入以下内容。(8分)

中国茶文化：

中国是茶的故乡，制茶、饮茶已有几千年历史，主要品种有绿茶、红茶、乌龙茶、花茶、白茶、黄茶。茶有健身、治疾之药物疗效，又富欣赏情趣，可陶冶情操。品茶是中国个人高雅的娱乐和社交活动，坐茶馆、茶话会则是社会性群体茶艺活动。中国茶艺在世界享有盛誉，在唐代传入日本，形成日本茶道。

饮茶始于中国。茶叶冲以煮沸的清水，顺乎自然，清饮雅尝，寻求茶的固有之味，重在意境，是中式品茶的特点。同样质量的茶叶，用水不同、茶具不同或冲泡技术不一，茶汤会有不同的效果。自古以来国人十分讲究茶的冲泡，积累了丰富的经验。泡好茶，要了解各类茶叶的特点，掌握科学的冲泡技术，使茶叶的固有品质充分地表现出来。

饮茶，注重一个"品"字。"品茶"不但能鉴别茶的优劣，也带有神思遐想和领略饮茶情趣之意。在百忙之中泡上一壶浓茶，择雅静之处，自斟自饮，可以消除疲劳、涤烦益思、振奋精神，也可以细啜慢饮，达到美的享受，使精神世界升华。品茶的环境一般由建筑物、园林、摆设、茶具等因素组成。饮茶要求安静、清新、舒适、干净。利用园林或自然山水间，搭设茶室，让人们小憩，意趣盎然。

中国是文明古国、礼仪之邦，很重礼节。凡来了客人，沏茶、敬茶的礼仪是必不可少的。以茶敬客时，对茶叶适当拼配也是必要的。主人在陪伴客人饮茶时，要注意客人杯、壶中的茶水残留量，一般用茶杯泡茶，如已喝去一半，就要添加开水，随喝随添，使茶水浓度基本保持前后一致，水温适宜。

中国酒文化：

酒，作为世界客观物质的存在，它是一个变化多端的精灵，它炽热似火，冷酷像冰；它缠绵如梦萦，狠毒似恶魔；它柔软如锦缎，锋利似钢刀；它无所不在，力大无穷；它可敬可泣，该杀该戮；它能叫人超脱旷达，才华横溢；它能叫人忘却人世的痛苦忧愁和烦恼到绝对自由的时空中尽情翱翔；它也能叫人肆行无忌，叫人丢掉面具，原形毕露，口吐真言。

在中国，酒神精神以道家哲学为源头。庄周主张：物我合一，天人合一，齐一生死。庄周高唱绝对自由之歌，倡导"乘物而游""游乎四海之外""无何有之乡"。庄子宁愿做自由地在烂泥塘里摇头摆尾的乌龟，而不做受人束缚的昂首阔步的千里马。追求绝对自由、忘却生死利禄及荣辱，是中国酒神精神的精髓所在。

世界文化现象有着惊人的相似之处，西方的酒神精神以葡萄种植业和酿酒业之神狄奥尼苏斯为象征，西方酒神精神上升到理论高度。德国哲学家尼采的哲学使这种酒神精神得以升华，尼采认为，酒神精神喻示着情绪的发泄，是抛弃传统束缚回归原始状态的生存体验，人类在消失个体与世界合一的绝望痛苦的哀号中获得生的极大快意。

因醉酒而获得艺术的自由状态，这是古老中国的艺术家解脱束缚获得艺术创造力的重要途径。"李白斗酒诗百篇，长安市上酒家眠，天子呼来不上船，自称臣是酒中仙。""醉里从为客，诗成觉有神。""俯仰各有志，得酒诗自成。""一杯未尽诗已成，涌诗向天天亦惊。"南宋政治诗人张元年说："雨后飞花知底数，醉来赢得自由身。"酒醉而成传世诗作，这样的例子在中国诗史中俯拾皆是。

3. 公式录入：在文档的结尾处录入下列公式。（4 分）

$$P = \sqrt{\frac{1}{T}\iint_0^T P^2(t)\,dt}$$

三、通用文档处理（本题总分值为 20 分）

打开"素材库（高级）\ 考生素材 1 \ 综合素材 3. doc"，将其以"DAAN3A. doc"为文件名保存至考生文件夹中（此操作不计分），进行以下操作，最终版面如【样文 3A】所示：

1. 宏的使用

（1）创建宏

在文档"DAAN3A. doc"中录制新宏，宏名为 GJ3A，指定快捷键为 Ctrl + Shift + C，并将该宏保存在当前文档中，设定宏的功能为将选定的文本字体设置为方正舒体、四号、加粗、深红色，行距为固定值 20 磅，并添加灰色 –25% 底纹。（3 分）

（2）使用宏

利用快捷键将新录制的宏应用于正文的第 3 段。（1 分）

2. 样式与文档模板应用

（1）修改样式

对"标题 1"的样式进行修改：设置字体为华文楷体、四号、加粗、深蓝色，段落间距为段前、段后各 0.5 磅，行距为固定值 18 磅，首行缩进 2 字符，并为段落添加绿色 1.5 磅实线边框。设置完成后，将该样式应用于正文的第 2 段。（2 分）

（2）新建样式

以正文为样式基准，以"考生样式 3B"为样式名新建样式：设置字体为华文新魏、四号、加粗、倾斜、靛蓝色，设置行距为固定值 18 磅，并为其添加"乌龙绞柱"

的文字效果。创建完成后,将该样式应用于正文的最后两段。(2分)

(3)模板应用

将文章正文的第1段套用"素材库(高级)\考生素材3\模板素材3.dot"中的"段落样式1"的样式。(2分)

3. 表格的统计处理

按【样文3B】所示,利用公式计算出每种原料的总金额,并以"工程1"为关键字,按降序排序。(2分)

4. 选项设置

在"打印"选项中设置:选择打印选项"草稿输出",添加打印文档的附加信息"背景色和图像"。(2分)

5. 创建、编辑Web页

(1)保存当前文档后,将其以Web文件类型进行另存,文件名为"DAAN3B.mht",并将页面标题更改为"世界第一台计算机的诞生"。(2分)

(2)按【样文3C】所示,在网页中插入图片"素材库(高级)\考生素材2\图片素材3.jpg",设置图片的环绕方式为四周型,缩放比例为35%。(2分)

6. 文档保护

启动强制保护,任何人只能在文档中插入批注,而不能进行其他更改,设置保护密码为"KSMM3C"。(2分)

【样文3A】:

世界第一台计算机的诞生

第二次世界大战期间,美国军方为了解决计算大量军用数据的难题,成立了由宾夕法尼亚大学莫奇利和埃克特领导的研究小组,开始研制世界上第一台电子计算机。

经过三年紧张的工作,第一台电子计算机终于在1946年2月14日问世了。它由17468个电子管、6万个电阻器、1万个电容器和6千个开关组成,重达30吨,占地160平方米,耗电174千瓦,耗资45万美元。这台计算机每秒只能运行5千次加法运算,仅相当于一个电子数字积分计算机(ENIAC即"埃尼阿克")。

第一台计算机诞生至今已过去60多年了,在这期间,计算机以惊人的速度发展着,首先是晶体管取代了电子管,继而是微电子技术的发展,使得计算机处理器和存储器上的元件越做越小,数量越来越多,计算机的运算速度和存储容量逐渐增加。1994年12月,美国Intel

公司宣布研制成功世界上最快的超级计算机，它每秒可进行3280亿次加法运算（是第一台电子计算机的6600万倍）。如果让人完成它一秒钟进行的运算量的话，需要一个人昼夜不停地计算一万多年。

当年的"埃尼阿克"和现在的计算机相比，还不如一些高级袖珍计算器，但它的诞生为人类开辟了一个崭新的信息时代，使得人类社会发生了巨大的变化。

1996年2月14日，在世界上第一台电子计算机问世50周年之际，美国副总统戈尔再次启动了这台计算机，以纪念信息时代的到来。

【样文3B】：

工程原料款（元）				
原料	工程1	工程2	工程3	工程4
钢筋	40000	500	30000	70000
水泥	20000	4000	30000	40000
空心砖	10000	2000	20000	15000
大沙	8000	800	7000	10000
木材	3000	500	5000	8000
细沙	3000	1000	2000	8000
总计	84000	8800	94000	151000

【样文3C】：

世界第一台计算机的诞生

第二次世界大战期间，美国军方为了解决计算大量军用数据的难题，成立了由宾夕法尼亚大学莫奇利和埃克特领导的研究小组，开始研制世界上第一台电子计算机。

经过三年紧张的工作，第一台电子计算机终于在1946年2月14日问世了。它由17468个电子管、6万个电阻器、1万个电容器和6千个开关组成，重达30吨，占地160平方米，耗电174千瓦，耗资45万美元。这台计算机每秒只能运行5千次加法运算，仅相当于一个电子数字积分计算机（ENIAC即"埃尼阿克"）。

第一台计算机诞生至今已过去60多年了，在这期间，计算机以惊人的速度发展着，首先是晶体管取代了电子管，继而是微电子技术的发展，使得计算机处理器和存储器上的元件越做越小，数量越来越多，计算机的运算速度和存储容量迅速增加。1994年12月，美国Intel公司宣布研制成功世界上最快的超级计算机，它每秒可进行3280亿次加法运算（是第一台电子计算机的6600万倍）。如果让人完成它一秒钟进行的运算量的话，需要一个人昼夜不停地计算一万多年。

当年的"埃尼阿克"和现在的计算机相比，还不如一些高级袖珍计算器，但它的诞生为人类开辟了一个崭新的信息时代，使得人类社会发生了巨大的变化。

1996年2月14日，在世界上第一台电子计算机问世50周年之际，美国副总统戈尔再次启动了这台计算机，以纪念信息时代的到来。

工程原料款（元）				
原料	工程1	工程2	工程3	工程4
钢筋	40000	500	30000	70000
水泥	20000	4000	30000	40000
空心砖	10000	2000	20000	15000
大沙	8000	800	7000	10000
木材	3000	500	5000	8000
细沙	3000	1000	2000	8000
总计	84000	8800	94000	151000

四、电子表格处理（本题总分值为20分）

打开"素材库（高级）\ 考生素材1 \ 综合素材4.xls"，将其以"DAAN4.xls"为文件名保存至考生文件夹中（此操作不计分），进行以下操作：

1. 宏的使用

（1）录制宏

在 Sheet1 工作表中录制新宏，宏名为 GJMacro4，指定快捷键为 Ctrl + Shift + C，将该宏保存在当前工作簿中，设定宏的功能为将选定单元格的字体设置为隶书、12 磅、深青色；对齐方式为水平居中、垂直居中；并为选定单元格添加灰色 –50% 实线边框、浅绿色底纹，设置行高为 14.75。（3分）

（2）运用宏

按【样文4A】所示，利用快捷键将新录制的宏应用在 Sheet1 工作表的"销售部员工业绩表"表格中（标题行除外）。（1分）

2. 插入对象

按【样文4A】所示，在 Sheet1 工作表中"销售部员工业绩表"表格的下方插入公式。（2分）

$$\vec{c} = \vec{a} \times \vec{b} \begin{vmatrix} i & j & k \\ a_x & a_y & a_z \\ b_x & b_y & b_z \end{vmatrix}$$

3. 列表的创建与分析（最终结果如【样文4B】所示）

（1）将 Sheet2 工作表中相应的数据创建为列表形式。（1分）

（2）将列表中的数据以"销售数量"为主要关键字、"单价"为次要关键字、"产品名称"为第三关键字，进行降序排列。（1分）

（3）排列完成后，筛选出性别为男、销售数量在 50～150 之间的数值，筛选完成后显示汇总行。（1分）

4. 单变量模拟运算

按【样文4C】所示，在 Sheet3 中利用模拟运算表进行单变量问题分析，运用 FV 函数，

通过"每月存款额"的变化计算出"最终存款额"相应变化的结果。(3分)

5. 数据分析处理

(1) 导入数据

按【样文4D】所示,将外部数据"素材库(高级)\考生素材2\数据素材4.txt"导入到当前工作簿 Sheet4 工作表的 A1 单元格处,设置文本的列宽为最合适的列宽。(2分)

(2) 数据透视表

按【样文4E】所示,利用 Sheet5 工作表中的相应数据,以"性别"为分页,以"姓名"为列字段,以"产品名称"为行字段,以"单价""销售数量"为求平均值项,在 Sheet5 工作表的 B23 单元格处建立数据透视表。(2分)

(3) 数据透视图

按【样文4F】所示,利用该数据透视表,创建出相应的数据透视图。(2分)

6. 保护工作簿

设置保护工作簿的窗口,密码为"KSMM4A"。(2分)

【样文4A】:

销售部员工业绩表

姓名	性别	产品编号	产品名称	单价	销售数量
文雯	女	GT5K01	FYB	59	85
余旺	男	GT5K02	DRN	75	52
刘坤	男	GT5K03	AGY	128	25
商桓	男	GT5K04	KUN	35	64
王莹	女	GT5K05	FYB	79	28
孙桐	男	GT5K06	MDC	199	120
贾丹璐	女	GT5K07	LYJ	108	142
鲁海	男	GT5K08	SRM	85	28
强宛南	男	GT5K09	MUC	46	80
文斌	男	GT5K10	NTB	76	110
葛涛	男	GT5K11	VTF	90	27
孙宏睿	男	GT5K12	BHU	158	24
石磊	男	GT5K13	EVR	147	22
杜鹃	女	GT5K14	SWN	88	90
刘默	男	GT5K15	NGR	32	183

$$\vec{c} = \vec{a} \times \vec{b} = \begin{vmatrix} i & j & k \\ a_x & a_y & a_z \\ b_x & b_y & b_z \end{vmatrix}$$

【样文4B】：

销售部员工业绩表

姓名	性别	产品编号	产品名称	单价	销售数量
孙桐	男	GT5K06	MDC	199	120
文斌	男	GT5K10	NTB	76	110
魏晓南	男	GT5K09	MUC	46	80
商桓	男	GT5K04	KUN	35	64
余旺	男	GT5K02	DRN	75	52
*					
汇总					426

【样文4C】：

最终存款试算表		每月存款额变化	最终存款额
		-3000	¥505,209.46
每月存款额		-4000	¥673,612.62
年利率	6.50%	-5000	¥842,015.77
存款期限（月）	120	-6000	¥1,010,418.93
		-7000	¥1,178,822.08
		-8000	¥1,347,225.23

【样文4D】：

姓名	性别	产品编号	产品名称	单价	销售数量
文雯	女	GT5K01	FYB	59	85
余旺	男	GT5K02	DRN	75	52
刘坤	男	GT5K03	AGY	128	25
商桓	男	GT5K04	KUN	35	64
王莹	女	GT5K05	FYB	79	28
孙桐	男	GT5K06	MDC	199	120
贾丹璐	女	GT5K07	LYJ	108	142
鲁海	男	GT5K08	SRM	85	28
魏晓南	男	GT5K09	MUC	46	80
文斌	男	GT5K10	NTB	76	110
葛涛	男	GT5K11	VTF	90	27
孙宏雷	男	GT5K12	BHU	158	24
石磊	男	GT5K13	EVR	147	22
杜鹃	女	GT5K14	SWN	88	90
刘默	男	GT5K15	NGR	32	183

【样文4E】：

性别	女				
		姓名			
产品名	数据	杜鹃	贾丹璐	王莹	文雯	总计
FYB	平均值项:单价			79	59	69
	平均值项:销售数量			28	85	56.5
LYJ	平均值项:单价		108			108
	平均值项:销售数量		142			142
SWN	平均值项:单价	88				88
	平均值项:销售数量	90				90
平均值项:单价汇总		88	108	79	59	83.5
平均值项:销售数量汇总		90	142	28	85	86.25

【样文4F】：

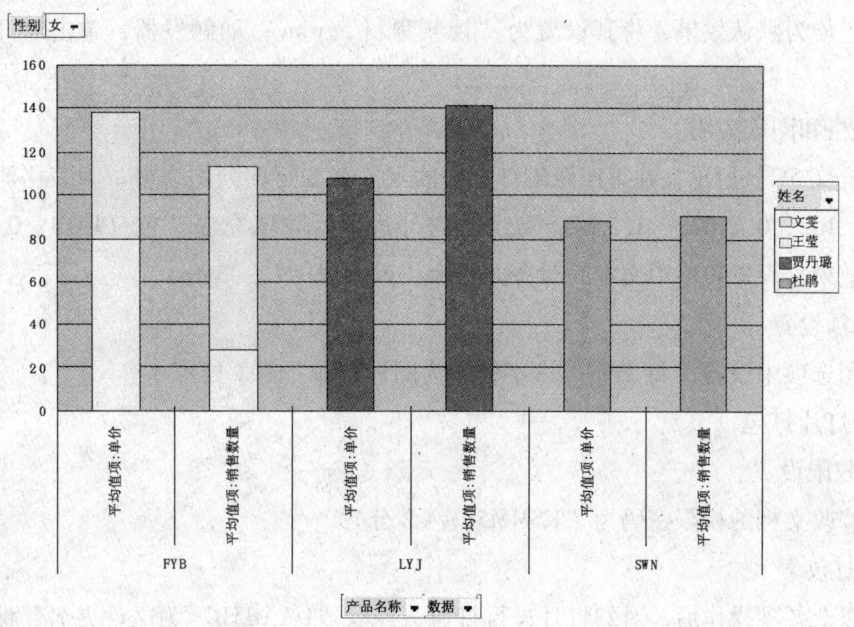

五、演示文稿处理（本题总分值为20分）

打开"素材库（高级）\考生素材1\综合素材5.ppt"，将其以"DAAN5A.ppt"为文件名保存至考生文件夹中（此步骤不计分），进行以下操作：

1. 母版的修改

（1）在幻灯片母版中，将标题的动画效果设置为"向内溶解"，速度为快速；文本的动画效果设置为"颜色打字机"，速度为非常快，按字母发送，字母之间延迟20%；均从上一动作后开始启动动画效果。(2分)

（2）在标题母版中，将主标题的动画效果设置为"滑翔"，速度为快速，从上一动作后开始启动动画效果。(1分)

2. 影片应用及效果处理

按【样文5B】所示，在第三张幻灯片中插入视频文件"素材库（高级）\考生素材2\视频素材5.wmv"，设置在上一动作之后自动开始播放，播放时缩放至全屏，不播放时隐藏。(3分)

3. 动作与超链接设置

（1）超链接设置

按【样文5A】所示，将第一张幻灯片中的六项内容与相应的幻灯片建立超链接。(3分)

(2) 动作按钮设置

按【样文5B】所示，在第三张幻灯片中插入链接到"影片"的动作按钮，动作按钮的大小和颜色均为默认效果，将其设置为"视频素材5.wmv"的触发器，单击时开始播放影片。(2分)

4. 表格和图表应用

按【样文5C】所示，在第四张幻灯片中插入一个五行四列的表格，为表格添加紫罗兰色（RGB：102，0，102）、1.5磅、实线的内外边框，并填充深蓝色（RGB：0，0，153）的半透明效果，设置表格中文本的对齐方式为"垂直居中"。(3分)

5. 选项设置

在打印选项中设置"将TrueType字体作为图形打印"。(2分)

6. 幻灯片打包

(1) 权限设置

设定修改文档的权限密码为"KSMM5"。(2分)

(2) 打包

完成以上各项操作后，对幻灯片进行打包，并以"DAAB5B"为文件夹名，保存至考生文件夹中。(2分)

【样文5A】：

【样文 5B】：

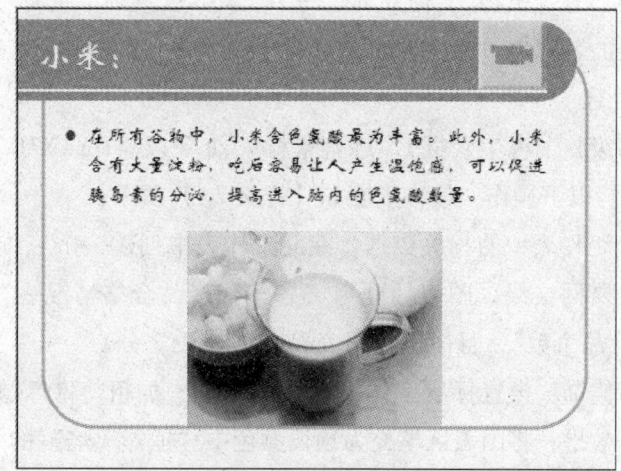

【样文 5C】：

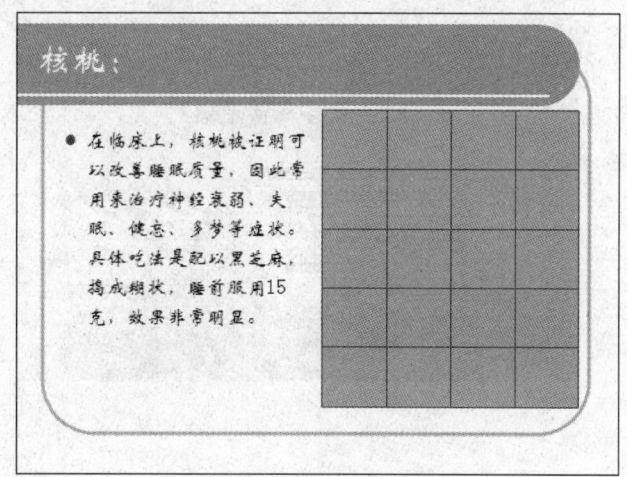

六、网络登录与信息浏览（本题总分值为 5 分）

配置和管理电子邮箱：

1. 将 Microsoft Office Outlook 设置为电子邮件、联系人和日历的默认程序，退出时清空"已删除邮件文件夹"。(2 分)

2. 运行 Microsoft Office Outlook，将"素材库（高级）\ 考生素材 1 \ 综合素材 6.pst"导入至个人文件夹中，用导入的项目替换重复的项目。(3 分)

七、办公信息综合处理（本题总分值为 10 分）

1. 数据库与数据表

（1）启动 Microsoft Office Access 2003，利用创建向导在考生文件夹中创建名为

"DAAN7A. mdb"的数据表。(2分)

(2)选择表的类型为"植物",需要创建的字段有"公共名""属""类""施肥频率""浇水频率",设置表的名称为"考生创建"。(2分)

2. 图表的高级处理

将"素材库(高级)\ 考生素材1\ 综合素材7. xls"以"DAAN7B. xls"为文件名保存至考生文件夹中,进行以下操作,最终版面如【样文7A】所示:

(1)利用Sheet1工作表中的相关数据,在此工作表中创建一个三维簇状条形图,设置X轴与Z轴均显示主要网格线,图表标题为"各车间产品合格情况表",X轴标题为"车间",Z轴标题为"产品个数",且图例在图表靠右显示。(2分)

(2)对图表进行修饰:设置标题字体为隶书、22磅、加粗,将标题区域填充为预设颜色中"漫漫黄沙"的效果;将图表区填充为预设颜色中"熊熊火焰"的效果。(2分)

(3)将背景墙设置为三维视图格式,上下仰角为24°,左右转角为20°;将背景墙填充为预设颜色中"麦浪滚滚"的效果。(2分)

【样文7A】:

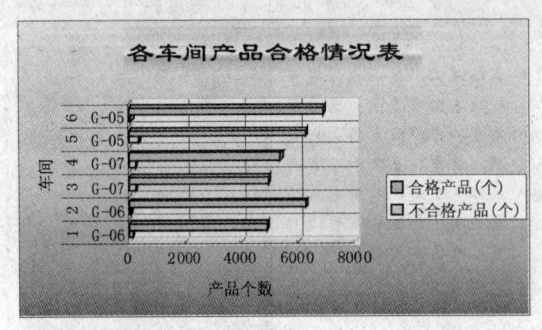